国家出版基金项目
NATIONAL PUBLICATION FOUNDATION

冻融与干湿循环对
无机材料固化硫酸盐渍土的
固化反应及强度影响

王生新 吕擎峰 卡毛措 谢 荣 著

兰州大学出版社
LANZHOU UNIVERSITY PRESS

图书在版编目（CIP）数据

冻融与干湿循环对无机材料固化硫酸盐渍土的固化反
应及强度影响 / 王生新等著. -- 兰州：兰州大学出版
社，2024.12
（西北地区自然灾害应急管理研究丛书 / 赖远明总
主编）
ISBN 978-7-311-06625-3

Ⅰ．①冻… Ⅱ．①王… Ⅲ．①盐渍土－相变－固化－
研究 Ⅳ．①S155.2

中国国家版本馆 CIP 数据核字(2024)第 023324 号

责任编辑　包秀娟　魏春玲
封面设计　汪如祥

丛 书 名　西北地区自然灾害应急管理研究丛书
丛书主编　赖远明　总主编
　　　　　（第一辑共5册）
本册书名　冻融与干湿循环对无机材料固化硫酸盐渍土的
　　　　　固化反应及强度影响
　　　　　DONGRONG YU GANSHI XUNHUAN DUI WUJI CAILIAO GUHUA LIUSAN YANZITU DE
　　　　　GUHUA FANYING JI QIANGDU YINGXIANG
本册作者　王生新　吕擎峰　卡毛措　谢　荣　著
出版发行　兰州大学出版社　（地址：兰州市天水南路222号　730000）
电　　话　0931-8912613(总编办公室)　0931-8617156(营销中心)
网　　址　http://press.lzu.edu.cn
电子信箱　press@lzu.edu.cn
印　　刷　广西昭泰子隆彩印有限责任公司
开　　本　787 mm×1092 mm　1/16
成品尺寸　185 mm×260 mm
印　　张　20
字　　数　411千
版　　次　2024年12月第1版
印　　次　2024年12月第1次印刷
书　　号　ISBN 978-7-311-06625-3
定　　价　118.00元

（图书若有破损、缺页、掉页，可随时与本社联系）

丛书序言

近年来，在气候变化与地质新构造运动的双重影响下，我国西北地区生态脆性日益突出，山体滑坡、泥石流、地震、沙尘暴等自然灾害时有发生，给当地人民的生命财产和工农业生产带来了严重威胁和危害。西北地区是基础设施建设的重镇，其经济社会发展是国家"十四五"规划战略的重要组成部分，但自然灾害的频发，严重影响和制约了当地国民经济和社会的发展。

《中共中央关于制定国民经济和社会发展第十四个五年规划和二〇三五年远景目标的建议》提出"统筹推进基础设施建设。构建系统完备、高效实用、智能绿色、安全可靠的现代化基础设施体系"的战略要求；党的二十大报告强调了构建国家大安全大应急框架，提升防灾救灾以及重大突发公共事件处置和保障能力；《中共中央关于进一步全面深化改革、推进中国式现代化的决定》对"推进国家安全体系和能力现代化"作出系统部署，提出"强化基层应急基础和力量，提高防灾减灾救灾能力"；国务院发布的《"十四五"国家应急体系规划》，提出了2025年显著提高自然灾害防御能力和社会灾害事故防范及应急能力的具体目标。这些战略目标的制定和推出，对我国尤其是西北地区自然灾害防范及应急管理能力的提升提供了根本遵循。

在全球化背景下，科技创新是当今世界各国综合国力的重要体现，也是各国竞争的主要焦点，科技创新在我国全面进行社会主义现代化建设中具有核心地位。为了顺利实现国家"十四五"规划目标，迫切需要对自然灾害产生的影响因素及发生机理进行研究，创新预防自然灾害的防治技术，以降低自然灾害的发生率；迫切需要构建我国西北地区自然灾害应急管理能力评估的知识框架与指标体系，提高灾后应急管理能力，做到早预防、早处理，以提升人民的幸福感和安全感。

为了呼应和服务西部大开发、西气东输等国家重大战略的实施，为西北地区自然灾害防治提供技术支持，为西北地区的工程建设提供实验数据、理论支持和实践保障，我们在研究防治自然灾害的同时，也重视对自然环境的保护和修复，协调人与自然的关系。基于此，我们以专业学术机构为依托，以研究团队的研究成果为基础，融合自然科学与社会科学、技术与管理多学科交叉成果，策划编写了"西北地区自然灾害应急管理研究丛书"，力图从学理上分析西北地区自然灾害发生的原因和机理，创新西北地区自然灾害的防治技术，提升自然灾害防御的现代化能力和自然灾害的危机管理水平，为国家"十四五"规划中重大工程项目在西北地区的顺利实施提供技术支持。本丛书从科学角度阐释了西北地区自然灾害发生的影响因素和机理，并运用高科技手段提升对自然灾害的防治能力和应急管理水平。

本丛书为开放式系列丛书，按研究成果的进度，分辑陆续出版。

是为序。

中国科学院院士 李远明

2024.11.29

前　言

　　我国盐渍土的分布面积约为 $3.6 \times 10^5 \, \text{km}^2$，占全国可利用土地面积的 4.88%，其主要分布在西北、华北、东北及沿海等地区。其中，仅西北的新疆、甘肃、青海、宁夏、陕西及内蒙古（西部）六省（区）的盐渍土面积就占到全国盐渍土面积的 69.03%。内陆盐渍土多为硫酸盐渍土，少量为氯盐渍土。西北为典型的内陆干旱气候区，昼夜温差大，有利于盐分的累积，结果使盐渍土在西北地区的分布占有较大比例。随着国家西部大开发战略的深入实施和地区社会经济的发展，以公路建设为重点，全面开展西北铁路、机场、油气管道干线建设，提升和完善了西部物流运输系统。这类重大生命线工程在穿越西部地区不同地貌单元时不可避免要遇到盐渍土。

　　盐渍土的成因复杂，影响因素繁多，而且具有时域性、动态性、多变性，相互间还存在复杂的耦合作用等。西北地区夏季气候较为炎热，地表的蒸发作用强烈，干缩效应明显，同时毛细作用会引起盐分在地表积聚，在降雨等条件下产生的水分介入时，一些易溶盐类成分溶解，使得土体性质变化显著；而冬季比较寒冷，在温差变化为主要的风化营力作用下，土体受到反复的冻与融的交替作用，内部水分、盐分的相互转换致使其结构越来越不稳定，加速了盐渍土的劣化。

　　西北地区自然环境条件使盐渍土的利用遇到了众多不稳定因素和工程问题。盐渍土工程问题分为三大类：盐胀性破坏、溶陷性破坏和腐蚀性破坏，这些都极大地制约着西部盐渍土的工程性能和开发利用。

　　国内外对固化土的研究大多是针对非盐渍土展开的，对固化盐渍土的研究相对较少，对冻融循环和干湿循环条件下固化盐渍土的强度性能与耐久性能的研究则更少，对固化盐渍土中水分盐分的迁移、固化盐渍土浸出液对环境及地下水的影响研究就更为欠缺了。这些问题是我国西部盐渍土地区工程建设亟待解决的工程问题与科学问题，故值得研究。

　　在盐渍土无机固化材料的选择上，国内外除选择传统的石灰和粉煤灰等材料外，较少掺入水玻璃，尤其是很少掺入改性后的水玻璃。探索冻融循环和干湿循环条件下，改性水玻璃、石灰与粉煤灰对甘肃河西走廊硫酸盐渍土的固化反应及强度影响，对开发固化内陆硫酸盐渍土新技术有积极意义。含盐量对硫酸盐渍土固化强度有较大的影响，固化机理与固化盐渍土的微观特征密切相关。冻融循环和干湿循环条件下，固化土强度及其耐久性与盐胀或冻胀有关，与盐分水分的迁移特征有关，与固化土微结构性质，尤其与胶结物性质有关，与盐胀冻胀、胶结物的相互作用更是密切相关。

王生新、吕擎峰等人联合申请到国家自然科学基金项目——冻融与干湿循环对无机材料固化硫酸盐渍土的固化反应及强度影响（项目批准号：51469001），柴寿喜、谢荣等人联合申请到天津市自然科学基金重点项目——温度、pH及含盐量对石油污染盐渍土的吸附解吸及水理性质的影响（项目编号：17JCZDJC39200），本专著为以上两项目的研究成果。

王生新撰写了第一章、第二章和第九章，共计6.3万字；吕擎峰撰写了第四章，共计5.0万字；卡毛措撰写了第五章和第七章，共计12.6万字；谢荣撰写了第三章、第六章和第八章，共计13.3万字。全书由王生新和吕擎峰统稿，卡毛措、谢荣等参加了书稿的校对工作。

在此，对于多年来给予我们大量指导和支持的天津城建大学柴寿喜教授、兰州大学谌文武教授表示衷心的感谢！对为本书研究成果付出了艰辛劳动的常承睿、陈辉、贾梦雪、孟惠芳、申贝、王沪生、周刚等同行表示衷心的感谢！书中参阅了国内外许多专家学者的论文、著作及教材，在此深表谢意！

由于编者水平所限，书中不妥之处在所难免，敬请同行专家及读者批评指正。

著　者

2024年3月

目　录

第1章 绪 论

1.1 引言

盐渍土分布于世界100多个国家和地区,面积近 $1.0×10^7 km^2$ [1, 2]。我国盐渍土分布面积大,约为 $3.6×10^5 km^2$,占全国可利用土地面积的4.88%,主要分布在西北、华北、东北及沿海等地区。其中,仅西北的新疆、甘肃、青海、宁夏、陕西及内蒙古(西部)六省(区)的盐渍土面积就占到全国盐渍土面积的69.03% [3, 4]。内陆盐渍土多为硫酸盐渍土,少量为氯盐渍土 [5-7]。

我国西北为典型的内陆干旱气候区,冬季干冷,夏季炎热,昼夜温差大,干旱少雨,蒸发强烈,风大沙多。例如甘肃省的河西走廊,多年平均气温在4.9~9.2 ℃之间,最高气温为38.4 ℃,最低气温为-33.3 ℃,最大冻土深度为132 cm;多年平均降雨量从西至东为46.70~186.67 mm,且降雨年分布不均,主要集中在7—9月,多以暴雨形式降落;年蒸发量从东至西为2000~4500 mm。西北地区的盐渍土遭受着严重的干湿循环作用与冻融循环作用,这极大地制约着盐渍土的工程性能及其开发利用 [8]。

我国西部大开发战略的深入实施,不可避免地促进了土木工程界对盐渍土工程性能、地基固化与处理等方面的深入研究。

盐渍土具有盐胀、溶陷和腐蚀三大工程问题,在不同的分布区域这三大工程问题所占的比重不同 [6]。内陆硫酸盐渍土的物理、力学性质在温度、含水率等环境条件改变时,如发生冻融转变、干湿交替,土体易出现膨胀变形,致使建构筑物产生严重破坏。对此,如何采用长效防治措施,多年来一直是西部盐渍土地区亟待解决的重大问题 [5, 7]。

盐渍土化学固化法是采用固化剂对其处理,以满足不同工程对地基强度、水稳性和耐久性的要求,从而解决不均匀沉降或高填方路堤后期沉降问题。盐渍土固化剂种类可划分为传统无机固化剂、新型无机固化剂和高分子材料固化剂 [9-12]。

传统无机固化剂多以石灰、粉煤灰、水泥等按比例组成的胶凝材料为主 [6, 12],较少涉及钠、钾水玻璃及其激发的地聚物材料。水玻璃是硅酸盐在水中真溶液和胶体溶液并存的体系，具有黏附力强、胶结性能好的特点。水玻璃有钠水玻璃、钾水玻璃、锂水玻璃、铷水玻璃和季铵水玻璃[13]。钠水玻璃是最常用的水玻璃，钠水玻璃固化土的黏结性能优于钾水玻璃固化土的黏结性能。我国西北地区文物土遗址表面存在不同程度的盐渍化现象，钾水玻璃用于文物土遗址保护也取得了良好的效果[14, 15]。多年来在西北地区使用钠水玻璃进行化学注浆加固湿陷性黄土地基，通过添加、拌和的形式固化黄土[16, 17]。以往岩土工程实践中，水玻璃虽获得了良好的工程应用，但人们却忽视了水玻璃的老化性质。然而，机械铸造业新的研究证明水玻璃具有老化性质[13, 18]，在岩土工程新的实践中需消除水玻璃的老化性质，细化凝胶胶粒对水玻璃改性后再使用，固化土的力学性能、水稳定性、抗冻融性更好。另外，早期性能好、体积稳定性好和耐久性好的地聚物是目前材料科学界的重点研究内容之一，在固化滨海盐渍土中已有探索性研究[19-22]。

无机固化材料固化土的研究成果及其成功的工程应用[9-11]，为固化西北盐渍土提供了良好的借鉴。针对西北地区特殊气候特征，有必要以甘肃河西走廊硫酸盐渍土为代表，研究干湿循环与冻融循环下改性水玻璃、石灰和粉煤灰三者联合固化硫酸盐渍土的强度性能。

西北为典型的内陆干旱气候区，昼夜温差大，这种环境条件本身就有利于盐类成分的累积，因此导致盐渍土在西北地区的分布具有较大比例。由于西北地区夏季气候较为炎热，地表的蒸发作用强烈，干缩效应明显。同时，毛细作用会引起盐分在地表积聚，且当降雨等条件引起水的介入时，一些易溶盐类成分溶解，使得土体性质变化显著。然而，西北地区冬季比较寒冷，在温差变化为主要成因的风化营力作用下，土体受到反复的冻与融的交替作用，内部水分、盐分的相互转换，致使土体结构越来越趋于不稳定，从而加速了盐渍土的劣化。这一系列的特征造成了西北地区对盐渍土的工程利用遇到了众多的不稳定因素和工程问题。

伴随西部的发展和崛起，以公路建设为重点，全面开展铁路、机场和管道干线等线性工程的建设，是提升和完善西部运输系统的重要举措，也是西部开发贯彻实施的关键步骤。然而，线性工程在穿越不同地貌单元时不可避免要经过盐渍土地区，工程也将面临盐渍土带来的不同形式、不同程度的工程影响[6-8]，如公路、铁路的地基由于土体盐分流失而溶陷，承载力下降，产生不均匀沉降变形。盐胀和冻胀引起的地表隆起和开裂，导致公路、铁路地基的稳定性大大降低，进而威胁到公路、铁路的正常使用；在长期的盐碱化环境中，油气管道及附属设施的防腐层和阴保桩等会受到腐蚀侵害，而溶陷和盐胀严重时甚至会引起埋设管道的土体流失，致使管道裸露或悬空而威胁管道运营安全；工业与民用建筑遇到的盐渍土病害现象也比比皆是，如高压输电铁塔、通信信号塔会因地基的失稳而寿命大大降低，这带来众多隐患和不便的同时，也会影响人们正常生活的供电、通信需求等[9]；混凝土和金属等建筑材料受到盐渍土的腐蚀作用，致使地基不均匀地溶陷沉降，地基的稳定性受到影响，从而造成居民房屋墙壁和地板出现裂缝，甚至出现房屋倒塌，房屋寿命大大缩短。总结起来，盐渍土工程问题分为三大类：盐胀性破坏、溶陷性破坏和腐蚀性破坏，这些问题极大地制约着西部盐渍土的工程性能和开发利用。另据不完全统计，我国盐渍土病害造成危害的直接经济损失每年可达上亿元。

关于盐渍土的成因，在五六十年代的时候，老一辈的学者王遵亲、徐攸在等就对我国盐渍土成因及特点展开过探索研究。近年来，学者们仍不懈努力致力于盐渍土理论研究，温利强等[10]总结了盐渍土成因和影响因素（表1-1）。

表1-1　盐渍土成因及影响因素

成因	影响因素
含盐地表水造成	气候因素
含盐地下水造成	地形、地貌因素
海水造成	地表水因素
盐湖、沼泽退化造成	地下水因素
人类经济活动造成	生物作用因素
其他,如生物积盐等造成	人类活动因素

由此可见，盐渍土的成因复杂，影响因素不仅繁多，而且具有时域性、多变性，相互间联系还存在复杂的耦合作用等，这也给盐渍土的开发和利用带来了不少难题。工程实践表明，西北地区盐渍土在浸水条件下，土体会发生变形，从而产生不同程度的湿陷。而在完全浸水时发生的崩解变形，不仅对土石坝工程的变形、稳定、开裂和渗透稳定等有很大的影响，而且也常影响某些地基基础工程、渠道边坡、挡土结构物等水工建筑物的性状。基于黄土湿陷性的研究，有学者认为盐渍土的崩解规律与土的结构特征紧密联系，也与含有的易溶盐有关。目前研究多集中在盐渍土的溶陷特性上，而专门针对某些环境因素变化触发的崩解规律的研究还比较少。

从目前情况看，盐渍土地区的工程勘察、工程设计和施工方面确确实实也还存在着许多实际问题。模拟不同环境条件，进行不同作用下盐渍土性质的试验研究仍很有必要，并且具有较大实践意义。将微观特征与宏观性质的解释联系起来，科学开展盐渍土的开发利用尚需不断深化。

1.2 国内外研究现状及发展动态分析

固化土耐久性是评价固化材料与固化土可否使用的至关重要的指标，与工程所处的自然环境条件密切相关。西北地区寒冷或降雨的环境条件下，盐渍土存在周期性的冻融循环与干湿循环，这对固化盐渍土耐久性具有重大影响。

1.2.1 国外研究现状

20世纪70年代以来，国外对固化土力学性质的研究取得了很多成果。近年来，针对多种无机、有机材料，固化膨胀土、黏土、软土、粉土与盐渍土的干湿循环及冻融循环等耐久性研究也受到广泛关注，以下对国外典型的研究成果予以总结[23-26]。

Bin-Shafiquea 等[23]（2010）通过干湿循环及冻融循环试验，研究了粉煤灰固化高塑性膨胀土和低塑性黏土的耐久性。Seco 等[24]（2011）采用石灰、石膏、稻壳灰、谷物灰、粉煤灰、矾土固化膨胀土，结果发现固化土的膨胀性和抗压强度均得到较好的改善，其中稻壳灰的固化效果最好。Kalkan[25]（2011）采用硅粉对膨胀土进行固化研究，结果表明在干湿循环下硅粉固化膨胀土的膨胀性降低了。

Khalife 等[26]（2012）使用石灰、粉煤灰及水泥炉灰固化了2种常见黏土，采用无侧限抗压强度、弹性模量、真空饱和度和水稳定性，对固化黏土冻融循环及干湿循环的耐久性进行综合评价，发现含有6%石灰、10%粉煤灰及10%水泥炉灰的固化土具有最好的抗冻融循环及抗干湿循环性能，真空饱和度、水稳定性试验也显示了相似的趋势。Zaimoglu[27]（2010）探讨了在冻融循环条件下聚丙烯纤维固化细颗粒土的质量损失及无侧限抗压强度特征，发现易遭受冻融循环的试样强度随聚丙烯纤维掺量的增加而增加，且固化土样显示了更好的韧性。

Kamei 等[28]（2013）研究认为干湿环境条件下再生石膏及煤灰加固软土可显著增加固化土的强度，提高固化土抗干湿循环的能力。Ahmed 和 Ugai[29]（2011）对再生石膏固化土在干湿循环及冻融循环条件下的抗压强度、质量损失和体积变化进行了研究，发现随着干湿循环及冻融循环次数的增加，固化土的强度减小、质量损失增大，冻融循环对固化土的影响大于干湿循环。

Naeini 等[30]（2010）探讨了环氧树脂固化粉砂土在干湿循环下的强度性能，在减湿变干条件下，固化土的强度及弹性模量显著提高了。Cetin 等[31]（2010）对粉煤灰、石灰炉灰固化道路基层产生的浸出液与其对环境的影响进行研究，发现浸出液中的微量金属含量低于饮用水标准。

Dobrovol'skll 等[32]（2008）利用工业废料和矿化水等对盐渍土进行化学加固，同时研究了预浸水进行盐渍土地基处理的有效性。Ismeika 等[33]（2013）进行海水加固细粒土试验，发现海水可提高细粒土的工程性质。Moayed 等[34]（2012）采用石灰和微硅石加固盐渍土，探讨了浸水及天然状态下固化土的 CBR 值及无侧限抗压强度特征，发现 2% 石灰与 3% 微硅石可满足一般道路工程对强度及变形的要求。Shihata 等[35]（2001）研究长期浸泡盐水中水泥固化土的耐久性能和压缩性能，发现浸泡了 90 d 的固化土强度持续增长，随时间延长压缩强度收敛到一个确定值后，其增长的百分量变得很小。Al-Amoudi 等[36]（2010）采用石灰石粉尘固化剂对干燥的海湾 sabkha 盐渍土进行固化处理。固化剂由石灰、水泥岩、水泥和乳化沥青组成。固化土的最大强度发生在最优含水率较低的某点，掺入相同量的水泥和石灰，对固化土的强度和耐久性而言，水泥优于石灰。Sahin 等[37]（2008）采用污泥、粉煤灰分别固化含钠岩土体，探讨在冻融循环过程中固化土的物理性质，发现在冻融循环过程中，污泥的加入对土颗粒的稳定性、密度、渗透性具有积极的影响。同样，粉煤灰的加入也可减少冻融循环对固化土的负面影响。

1.2.2　国内研究现状

在中国知网以关键词"盐渍土"进行检索，统计到发表的研究论文约为 3620 篇。按照年代可大概划分为三个阶段，其各年代分布数量见表 1-2。

表 1-2　我国不同年代发表的盐渍土论文数量统计表

	1950—1959 年	1960—1969 年	1970—1979 年	1980—1989 年	1990—1999 年	2000—2009 年	2010—2019 年	2020—2023 年	合计
数量/篇	30	46	21	110	250	639	1697	826	3619

第一个阶段是 20 世纪 50—70 年代，研究重点是盐渍土的分布、分类、基本工程性质及治理原则与措施[38]。第二个阶段是 20 世纪 80—90 年代，在继续认识盐渍土工程性质的基础上，重点探索了盐渍土地基处理技术[39]。第三个阶段是 2000 年至今，尤其是国家实施西部大开发以来，国内数十家研究机构的学者采用更为先进的研究方法，对盐渍土进行了广泛而深层次的研究，在盐渍土基础理论方面取得了丰硕成果[5-7, 40-46]，极大地促进了盐渍土固化与地基处理技术的发展[6-8, 12, 47-52]。

国内对固化盐渍土的研究多集中在压实度、无侧限抗压强度、抗剪强度、CBR 值、渗透性和体积变化等方面，这大大丰富了盐渍土的研究内容[6-8, 12, 47-52]。近年来，人们开始关注在冻融循环和干湿循环条件下固化盐渍土的耐久性研究，并取得了一些重要的研究成果[53-57]。

罗鹏程等[53]（2011）、罗鸣等[54]（2010）对石灰、石灰粉煤灰（二灰）及石灰粉煤灰水泥（三灰）作为填料固化盐渍土的性能与耐久性进行试验研究，发现干湿循环条件下石灰、二灰和三灰固化硫酸盐渍土中，石灰固化土的强度降低率最多，三灰固化土强度降低率最少，二灰固化土的强度降低率介于中间。冻融循环试验结果与干湿循环试验结果相吻合，石灰固化土冻融循环后质量损失率最大，三灰固化土的质量损失率最小，二灰固化土的质量损失率介于中间。石灰固化土抗冻性差，但随着石灰掺量增加，其抗冻性相应地得到了改善。粉煤灰的增加，可提高石灰固化土的抗冻性。三灰固化土的抗冻性最好，但当石灰掺量为9%，石灰、粉煤灰的比例为1∶2时，抗冻性可与三灰固化土的抗冻性接近，这个发现无疑可节约水泥，降低工程造价，故具有良好的经济效益。

周永祥等[55]（2007）采用固化剂YZS对硫酸盐-氯盐型盐渍土进行固化，对固化样进行无压力四周给水和无压力单向给水冻融试验，发现无压力四周给水冻融循环，水分先在试件的外围部分集中饱和，形成表层剥蚀；无压力单向给水冻融试验，水分得以高度分散而不能局部集中，当整个试件的含水率达到临界值时，试件整体发生粉碎性破坏。固化剂掺量会影响固化盐渍土的抗冻性能，但足够长的养护期是提高固化盐渍土抗冻融性能的关键性因素。

周琦等[56]（2007）通过室内饱水试验、干湿循环试验和抗冻性试验，对4种固化滨海盐渍土的水稳性和抗冻性进行了初步研究，发现滨海盐渍土经石灰、水泥、SH固土剂固化后，表现出良好的水稳性和抗冻性，可满足滨海地区公路工程建设的要求。

宋俊涛[57]（2009）通过干湿循环、冻融循环、冷热循环和盐分侵蚀试验，对工业废渣固化盐渍土耐久性进行了研究，发现固化盐渍土能够在一定程度上满足工程对土体耐久性能的要求。

崔新壮等[58]（2013）为了防止黄河三角洲含盐水泥土劣化，建议采用粉煤灰和矿渣微粉等质量替代60%的水泥，且矿渣微粉掺量不少于40%。

基于许多文献[5-12, 23-59]及上述分析，国内外对固化土的研究大多基于非盐渍土，对固化盐渍土的研究则相对较少，对冻融循环和干湿循环条件下固化盐渍土的强度性能与耐久性能的研究则更少，对固化盐渍土中水分盐分的迁移以及固化盐渍土浸出液对环境及地下水的影响研究也较欠缺。这些问题值得研究，也是我国西部盐渍土地区工程建设亟待解决的工程问题与科学问题。

在盐渍土无机固化材料的选择上，国内外除选择传统的石灰和粉煤灰等材料外，较少掺入水玻璃，尤其是较少掺入改性后的水玻璃。本研究拟对冻融循环和干湿循环条件下改性水玻璃、石灰与粉煤灰固化甘肃河西走廊硫酸盐渍土的强度性能和固化土中水分及盐分的迁移进行探索。含盐量对盐渍土固化强度有较大的影响，固化机理与固化盐渍土的微观特征密切相关。冻融循环和干湿循环条件下，固化土强度及其耐久性与盐胀或冻胀有关，与盐分水分的迁移特征有关，与固化土微结构性质，尤其是与胶结物性质有关，与盐胀冻胀、胶结物的相互作用更是密切相关。

1.3　研究方法及内容

通过室内常规试验认识固化土的物理性质和水理性质。通过室内特殊试验测试固化土不同工况，如正常养护、浸水饱和、干湿循环、冻融循环以及冻融-干湿循环联合下的抗压强度，探讨不同工况下固化土的强度变化规律。固化土强度形成及损失与其水分盐分的迁移、粒度成分、矿物成分、化学成分与化学性质、微结构性质，尤其是胶结物成分、性质及胶结方式密切相关，需进行室内化学分析试验及现代多种实验测试。对获得的数据进行数理统计与分析，例如可采用多元逐步回归法逐步优选微结构参数，建立强度与微结构参数间的关系。

国内外对固化土耐久性的研究思路、研究内容、试验方法等方面的成果[25, 28, 55-59]，可为冻融干湿循环下改性水玻璃、石灰与粉煤灰固化硫酸盐渍土强度性能的研究提供良好借鉴。本研究工作主要内容如下：

（1）复合固化剂配比确定

研究水玻璃的改性技术，选择可与石灰、粉煤灰较好结合的水玻璃改性技术。针对不同硫酸盐含量的盐渍土，采用不同配比的改性水玻璃、石灰、粉煤灰进行复合固化。

（2）冻融循环与干湿循环下固化土的强度性能研究

研究固化土正常养护与浸水饱和条件下的强度变化规律、吸水性能。研究冻融循环、干湿循环及冻融循环与干湿循环联合条件下的固化土试件的外观特征和强度变化规律，探讨冻融循环、干湿循环、冻融循环与干湿循环联合条件下固化土强度变化规律，建立强度、质量损失、循环次数临界值间的关系，探讨循环次数临界值的特征。

（3）固化土盐分水分的迁移特征探讨

模拟野外冻融循环与干湿循环联合条件下固化土不同位置的含盐量、含水率及温度，探讨固化土水分盐分的迁移特征及其对固化土强度耐久性的影响。

(4) 固化机理研究

研究固化土的物理性质、水理性质、颗粒成分、矿物成分与化学成分。

研究固化土微结构特征和骨架颗粒、孔隙、胶结物的相互关系。其中，骨架颗粒特征包括颗粒形状、大小、表面特征、定量的比例关系；孔隙特征包括孔隙形态、孔隙体积、孔径分布、平均孔径、孔隙表面积；胶结物特征包括成分、性质、胶结方式。通过数理统计与分析理论，建立固化土强度与微结构参数的关系。

研究固化土化学性质、新相物质、生成产物化学元素价态、位移及其键合形式，探索固化土的化学作用、物理化学作用、物理作用。结合固化土冻融循环与干湿循环下强度变化规律、盐分水分迁移特征，利用盐渍土基础理论相关成果，深入探讨固化土强度形成及损失机理，开发固化硫酸盐渍土新技术。

参考文献

[1]李建国,濮励杰,朱明,等.土壤盐渍化研究现状及未来研究热点[J].地理学报,2012,67(9):1233-1245.

[2]缑倩倩,韩致文,王国华.中国西北干旱区灌区土壤盐渍化问题研究进展[J].中国农学通报,2011,27(29):246-250.

[3]王遵亲.中国盐渍土[M].北京:科学出版社,1993.

[4]杨劲松.中国盐渍土研究的发展历程与展望[J].土壤学报,2008,45(5):837-845.

[5]牛玺荣,李志农,高江平.盐渍土盐胀特性与机理研究进展[J].土壤学报,2008,39(1):163-168.

[6]柴寿喜,王晓燕,王沛.滨海盐渍土改性固化与加筋利用研究[M].天津:天津大学出版社,2011.

[7]高江平,王永刚.盐渍土工程与力学性质研究进展[J].力学与实践,2011,33(4):1-7.

[8]赖天文.内陆盐渍土地区铁路路基的CFG桩复合地基试验研究[D].兰州:兰州大学,2012.

[9]李琴,孙可伟,徐彬,等.土壤固化剂固化机理研究进展及应用[J].材料导报A,2010,25(5):64-67.

[10]樊恒辉,高建恩,吴普特.土壤固化剂研究现状与展望[J].西北农林科技大学学报(自然科学版),2006,34(2):141-152.

[11]周永祥,阎培渝.土壤加固技术及其发展[J].铁道工程与科学学报,2006,3(4):35-40.

[12]申晓明,李战国,霍达.盐渍土固化剂的研究现状[J].路基工程,2010(5):1-4.

[13]樊自田,董选普,陆浔.水玻璃砂工艺原理及应用技术[M].北京:机械工业出版社,2004.

[14]赵海英,王旭东,李最雄,等.PS材料模数、浓度对干旱区土建筑遗址加固效果的影响[J].岩石力学与工程学报,2006,25(3):557−562.

[15]和法国,谌文武,赵海英,等.PS材料加固遗址土试验研究[J].中南大学学报(自然科学版),2010,41(3):1132−1138.

[16]王生新.硅化黄土的机理与时效性研究[D].兰州:兰州大学,2005.

[17]尹亚雄,王生新,韩文峰,等.加气硅化黄土的微结构研究[J].岩土力学,2008,29(6):1629−1633.

[18]王惠祖,陈水林,朱伟员.纳米技术解水玻璃老化百年之谜[J].化工新型材料,2003,31(3):37−39.

[19]孙家瑛.地聚合物与粉煤灰复合灌浆材料的物理力学性能研究[J].房材与应用,2004(3):7−8.

[20]杨久俊,何成寿,张磊,等.盐渍土活性的碱化学激发效果研究[J].硅酸盐通报,2010,29(6):1284−1289.

[21]高璐,张意,周尚永.地聚物胶凝材料研究现状[J].中国储运,2012(6):128−129.

[22]IKEDA K,FENG D,MIKUNI A.Recent development of geopolymer technique[J].Earth science frontiers,2005,12(1):206−213.

[23]BIN-SHAFIQUEA S,RAHMANB K,YAYKIRAN M,et al.The long-term performance of two fly ash stabilized fine-grained soil subbases[J].Resources,conservation and recycling,2010,54(10):666−672.

[24]SECO A,RAMÍREZ F,MIQUELEIZ L,et al.Stabilization of expansive soils for use in construction[J].Applied clay science,2011,51(3):348−352.

[25]KALKAN E.Impact of wetting-drying cycles on swelling behavior of clayey soils modified by silica fume[J].Applied clay science,2011,52(4):345−352.

[26]KHALIFE R,SOLANKI P,ZAMAN M M.Evaluation of durability of stabilized clay specimens using different laboratory procedures[J].Journal of testing and evaluation,2012,40(3):363−375.

[27]ZAIMOGLU A S.Freezing-thawing behavior of fine-grained soils reinforced with polypropylene fibers[J].Cold regions science and technology,2010,60(1):63−65.

[28]KAMEI T,AHMED A,SHIBI T.The use of recycled bassanite and coal ash to enhance the strength of very soft clay in dry and wet environmental conditions[J].Construction and building materials,2013,38:224−235.

[29]AHMED A, UGAI K.Environmental effects on durability of soil stabilized with recycled gypsum[J].Cold regions science and technology,2011,66(2/3):84-92.

[30]NAEINI S A, GHORBANALIZADEH M.Effect of wet and dry conditions on strength of silty sand soils stabilized with epoxy resin polymer[J].Journal of applied sciences,2010,10(22):2839-2846.

[31]CETIN B, AYDILEK A H, GUNEY Y.Leaching of trace metals from high carbon fly ash stabilized highway base layers[J].Resources,conservation and recycling,2010,58:8-17.

[32]DOBROVOL'SKII G V, STASYUK N V.Fundamental work on saline soils of Russia[J].Eurasian soil science,2008,41(1):100-101.

[33]ISMEIKA M, ASHTEYAT A M, RAMADANB K Z. Stabilization of fine - grained soils with saline water[J]. European journal of environmental and civil engineering,2013,17(1): 32-45.

[34]MOAYED R Z, IZADI E, HEIDARI S.Stabilization of saline silty sand using lime and micro silica[J].Journal of Central South University,2012,19(10):3006-3011.

[35]SHIHATA S A, BAGHDADI Z A, MEMBERS. Long-term strength and durability of soil cement[J].Journal of materials in civil engineering,2001,13(3):161-165.

[36]AL-AMOUDI O S B, KHAN K, AL-KAHTANI N S.Stabilization of a Saudi calcareous marl soil[J].Construction and building materials,2010,24(10):1848-1854.

[37]SAHIN U, ANGIN I, KIZILOGLU F M. Effect of freezing and thawing processes on some physical properties of saline-sodic soils mixed with sewage sludge or fly ash[J].Soil & tillage research,2008,99(2):254-260.

[38]卢肇钧,杨灿文.盐渍土工程性质的研究[J].铁道研究通讯,1956,2(3):15-20.

[39]徐攸在.盐渍土地基[M].北京:中国建筑工业出版社,1993.

[40]张彧,房建宏,刘建坤,等.察尔汗地区盐渍土水热状态变化特征与水盐迁移规律研究[J].岩土工程学报,2012,34(7):1344-1348.

[41]邴慧,何平.不同冻结方式下盐渍土水盐重分布规律的试验研究[J].岩土力学,2011,32(8):2307-2312.

[42]冯忠居,成超,王廷武,等.荒漠极干旱区板块状盐渍土微结构变化对其强度特性的影响分析[J].岩土工程学报,2011,33(7):1142-1145.

[43]包卫星,杨晓华,谢永利.典型天然盐渍土多次冻融循环盐胀试验研究[J].岩土工程学报,2006,28(11):1992-1995.

[44]耿鹤良,杨成斌.盐渍土化学潜蚀溶陷过程阶段化模型分析[J].岩土力学,2009,30(增2):232-234.

[45]杨昭,席福来,缪元勋,等.新疆盐渍土分散性研究[J].岩土力学,2003,24(增1):35-39.

[46]徐学祖,王家澄,张立新.冻土物理学[M].北京:科学出版社,2001.

[47]杨雄辉,于伯毅,陈海明.盐渍土对机场危害的分析及处理措施[J].路基工程,2010(6):207-208.

[48]谭冬生,孙毅敏,胡力学,等.新建兰新铁路新疆段沿线盐渍土盐胀特性、机理与防治对策[J].铁道学报,2011,33(9):83-88.

[49]吴爱红,蔡良才,顾强康.硫酸盐渍土机场地基处理换填覆重法研究[J].岩土力学,2010,31(12):3880-3886.

[50]王小生,章洪庆,薛明.盐渍土地区道路病害与防治[J].同济大学学报(自然科学版),2003,31(10):1178-1182.

[51]张登武,赖天文,方建生.改良盐渍土的工程特性试验研究[J].铁道建筑,2006,3(4):81-83.

[52]王沛,王晓燕,柴寿喜.滨海盐渍土的固化方法及固化土的偏应力-应变[J].岩土力学,2010,31(12):3939-3944.

[53]罗鹏程,宋奇,刘旭.无机结合料改良盐渍土路基填料路用性能研究[J].公路交通科技,2011(8):135-137.

[54]罗鸣,陈超,杨晓娟.改良盐渍土路基耐久性试验研究[J].公路与汽运,2010(3):88-90.

[55]周永祥,阎培渝.固化盐渍土抗冻融性能的研究[J].岩土工程学报,2007,29(1):14-19.

[56]周琦,邓安,韩文峰,等.固化滨海盐渍土耐久性试验研究[J].岩土力学,2007,28(6):1129-1132.

[57]宋俊涛.盐渍土路基填料改良利用研究[D].西安:长安大学,2009.

[58]崔新壮,张娜,王聪,等.黄河三角洲改性含盐水泥土搅拌桩耐久性研究[J].建筑材料学报,2013,16(3):481-486.

[59]陈渊召,李振霞.盐渍土改良机理研究[J].华东公路,2007(6):92-96.

第2章 河西走廊典型盐渍土及其固化

2.1 河西走廊典型盐渍土

2.1.1 河西走廊地质环境

2.1.1.1 气候条件

河西走廊位于我国甘肃省的西北部，是一个东南—西北向的狭长地带，因其地理位置在我国黄河的西部而得此名。它的地理位置处于黄土高原、青藏高原和内蒙古高原三大高原的交会地带，海洋暖湿气流不易到达，成雨机会少，具有典型的干旱、半干旱大陆性气候特征。该区内冬冷夏炎，昼夜温差大，干旱少雨，蒸发强烈，风大沙多，灾害性天气频发；降雨自东向西迅速减少，年平均降雨量一般为40~150 mm，且降雨年分布不均匀，主要集中于7—9月；年平均蒸发量为2000~3000 mm，蒸降比为16~80；多年平均气温为4.9~8.8 ℃，由东南至西北气温逐渐降低，最低气温为−33.3 ℃，年温差为30~34 ℃，日温差为12~16 ℃。同时，该区内气温随纬度、海拔的变化而差异较大，总体上自景泰、古浪一带至张掖一线气温逐渐降低。但随地势海拔的变化，局部地段出现差异性气候。河西走廊属季风强活动带，冬、春季以西北风为主，风力大、频率高，二者均有由东向西逐渐增强的态势，年平均风速为3~5 m/s。区内冻土层深度介于99.0 cm（景泰）至159.0 cm（永昌）之间，均为季节性冻土。时间上每年的11月至翌年的3月，存在一定的冻融冻胀危害。

2.1.1.2 地形地貌

河西走廊地处黄河以西的甘肃西北部，为东西走向的长达几千公里的山间宽谷，东西从东边的乌鞘岭开始至西边的甘肃和新疆边界结束，南北从南边的南山（祁连山和阿尔金山）开始至北边的北山（马鬃山、合黎山和龙首山）结束。受青藏高原隆升和外动力地质作用的共同影响，河西走廊地貌形态各异，具有山地、丘陵、平原、盆地、沙漠和戈壁等类型齐全的独特西部地貌景观。河西走廊总体地形呈南、北高，中间低，自西向东依次分布有绣花庙、昌岭山等构造剥蚀山丘，将走廊东西向分隔为多个水力上自成体系的盆地和流域。

龙首山南麓、祁连山北麓山丹—永昌一带和昌岭山—白墩子—红岘子一带的地形平坦开阔，是以洪积地貌为主的洪积倾斜平原，海拔为1590~2100 m，地形坡度为15‰~40‰，冲沟较为发育，沟宽为5~50 m，沟深为0.5~2.5 m，沟床坡降较缓。

山丹煤矿、绣花庙、昌岭山一带的河西走廊中低山区和东部昌岭山一带的构造剥蚀中低山区地层主要由寒武系、石炭系、二叠系片麻岩，新近系-侏罗系板岩、页岩、泥岩和砾岩等组成，剥蚀强烈，海拔为1500~2100 m，切割深度为10~100 m，最大切割深度达150 m，部分地段为波状地形。

祁连山北麓山丹—武威—古浪一带，主要为西大河、东大河、金塔河、黄羊河、古浪河、大靖河以及昌岭山山前冲洪积扇群带，以冲洪积地貌为主，地层主要由第四系砂砾卵石、砂碎石组成，局部覆盖有1~3 m的粉土。海拔为1400~2300 m，地形坡度一般为10‰~35‰，地势总体平坦开阔，南北向冲沟发育，沟宽为10~250 m，沟深一般为1~20 m。

武威黄羊农场古浪古山墩一带为腾格里沙漠南缘，岩性主要由第四系风积中粗砂、中细砂组成，海拔为1650~1700 m。除腾格里沙漠南缘外主要以新月形高大沙丘为主，其他地段都以低矮沙链、沙包和沙垄为主。沙丘高差一般小于20 m，腾格里沙漠南缘沙丘由中细砂、细粉砂组成，高度多为20~40 m。地形呈波状起伏，海拔为1720~1850 m，相对高差为5~30 m。以上沙地边缘皆受到人工绿洲以及不断的治沙防沙工程庇护，现大多处于半固定型。

2.1.1.3 地层岩性

河西走廊西段分属于塔里木地层区，河西走廊东段分属于华北地层区。河西走廊各时代地层由老至新分述如下：

河西走廊龙首山一带广泛分布震旦系（Z），为海相碎屑岩-冰积碎屑岩组合，由板岩、砂岩和砾岩组成，厚度>800 m。北祁连山山丹—永昌一带分布寒武系（∈），厚度>2303 m，为绿片岩相碎屑岩、火山岩和火山碎屑岩，后期侵入红棕色中粗粒钾长花岗岩，清泉镇南湾村红沟一带可发现岩体露头。昌岭山一带为奥陶系车轮沟群，主要由砂岩和千枚岩夹白云岩组成。昌岭山和祁家店一带零星出露石炭系（C），厚度为91~355 m，为一套碎屑岩、泥质岩和灰岩组合。永昌、昌岭山和祁家店一带均有零星分布二叠系（P），厚度为56～420 m，由砂岩、页岩和少量砾岩夹灰岩组成。昌岭山和祁家店一带分布有三叠系、侏罗系、白垩系（T、J、K），厚度为141～2277 m，岩性由一套砾岩及砂砾岩夹少量泥岩组成。古近系及新近系（E、N）主要分布于祁连山山前和昌岭山等地，厚度为300～935 m，为 E_3h、N_2s、N_2l、N_1x、Nk组红色粉砂质泥岩、泥岩和泥质粉砂岩、夹砂岩及石膏薄层，为湖相沉积。第四系（Q）广泛分布于内陆盆地、山间盆地和山间河谷等地，厚度一般为2～500 m，由全新统（Q_4^{al-pl}、Q_4^{al}）、上更新统（Q_3^{al-pl}、Q_3^{pl}、Q_3^{eol}）、中更新统（Q_2^{al-pl}、Q_2^{eol}）和下更新统（Q_1^l）砂砾石、砂砾卵石、砂碎石、粉土、黏性土、黄土、黄土状土和淤泥等组成。

2.1.1.4　水文地质条件

河西走廊平原区是地下水最丰富的区域，特别是一些大型盆地内，含水层厚达100～500 m。地下水主要来源于出山口地表水以及渠系、田间水的入渗补给，总体上自南部山前向北或北西运移，南部山前地下水水力坡度为5‰～10‰，而细土平原区地势平缓处地下水水力坡度减为2‰～3‰。自南而北基本可分为砾质平原区潜水含水岩组和细土平原区潜水–承压水含水岩组两类。砾质平原区地层岩性以砂砾石、砂砾卵石为主，属于单一巨厚层状含水岩组，细土平原区地层岩性为砂砾石、砂及土层互层状，属多层结构含水岩组。受大断裂及沿断裂产生的断块分异，又进一步被分割为许多规模不等的水文地质盆地。

山丹—丰城堡盆地为潜水分布区，富水性丰富，单井涌水量为1000～3000 m³/d，水位埋深为10～100 m，矿化度为0.5～1.0 g/L。

永昌水泉子—古浪土门属永昌—武威盆地，评估区内为潜水分布区。永昌及武威城区周围富水性丰富，单井涌水量达3000～5000 m³/d，其他大部分地段弱富水—富水，单井涌水量为500～3000 m³/d，埋深为30～100 m，矿化度为0.5～1.0 g/L。

刘家滩—岳家滩属大靖—海子滩盆地，基本为潜水分布区。富水性中等，单井涌水量为500～1000 m³/d，水位埋深为50～100 m，矿化度为0.5～1.0 g/L。景泰白墩子盆地是一个封闭的断陷盆地，四周为潜水，中部为细土平原，地下水由四周向中部由潜水过渡为承压水，边缘富水性达1000～2000 m³/d，中部减少为<500 m³/d，水位埋深由四周>50 m到中心过渡为1～3 m，地下水矿化度达2.4～4.7 g/L。

除上述水文地质盆地外，山丹西南部的山丹煤矿、古浪古山墩煤矿等地为基底隆起带，属不含水或不均匀含水区。

2.1.2　河西走廊盐渍土

甘肃省河西走廊分布着大量硫酸盐渍土。河西走廊属温带干旱荒漠气候，两侧山体的岩石，在长期风化作用下，易溶性盐分随地面径流随处漫流，一部分易溶盐溶解在水中被带到低洼之处，相当部分的易溶盐随水渗入土壤和地下水中，从而导致地下水的矿化度不断升高，当矿化度较高的地下水受到毛细管吸力时，会上升到地面表层，在干旱多风的季节，蒸发作用较强，盐分先后被析出而留在表层土壤内，地表出现较厚的盐壳，这样日积月累地常年积盐就形成了河西走廊的盐渍土[1]。河西走廊的盐渍土主要位于民勤、高台、酒泉和敦煌之间，分布面积大并集中连片。

甘肃省在1990年进行的土壤普查结果显示：河西地区约有$8.94×10^5$ hm²的土地都属于盐渍化土地，占该地区总土地面积的3.24%。在盐渍化土地中，约有$1.17×10^5$ hm²属于重度盐渍化土地，$3.84×10^3$ hm²属于盐漠。河西地区盐渍化土地中，有盐碱化危害的耕地为$7.09×10^4$ hm²，其中：轻度盐碱化的为$1.32×10^4$ hm²，中度盐碱化的为$2.02×10^4$ hm²，重度盐碱化的为$3.70×10^4$ hm²[1]。

姚兴荣[2]对酒泉地区和民勤县1987年与1998年的卫星拍摄照片进行遥感解译，得出了以下结论：这两个地区的盐渍化土地面积以非常明显的速度扩大。1987年酒泉地区还无明显的盐渍化土地，民勤的盐渍化土地面积仅有142.73 km²。但到了1998年，酒泉地区的盐渍化土地已超过3275.28 km²，而民勤的盐渍化土地已经达到了5076.65 km²。其中，重度盐渍化土地占到最大比例，中等盐渍化土地所占的比例稍小一些。

根据土壤内所含盐的化学成分，可将盐渍土分为氯盐渍土、亚氯盐渍土、亚硫酸盐渍土、硫酸盐渍土和碳酸盐渍土五个类别。根据土壤含盐量多少可将盐渍土分为弱盐渍土、中盐渍土、强盐渍土和超盐渍土四大类别。按可溶盐的溶解度将盐渍土分为易溶盐渍土、中溶盐渍土与难溶盐渍土三类。西北干旱及半干旱地区的盐渍土以硫酸盐渍土、氯盐渍土和碳酸盐渍土为主，其中硫酸盐渍土对工程造成的影响最为巨大。

土壤里的盐分主要来源于含盐矿物的各种风化、地表水的蒸发、人类活动和地下水渗流等。土壤经过缓慢的盐化或者碱化，量变达到一定的质变，导致盐渍土形成。盐化过程是指水里的盐分受到蒸发影响随水分一起向地表或者某个方位运动，当水分蒸发消散后盐分却富集留存下来形成盐渍土的过程。碱化过程是土壤胶体逐步吸附较多的交换性钠，使土壤呈碱性反应，并引起土壤物理性质恶化，形成碱土或碱性土壤的过程。

盐渍土的三大不良问题给建构筑物带来了多方面危害，同时也导致了经济上的巨大损失。当温度或者湿度变化时，土中的某些盐类从溶液中结晶析出，由此造成体积增长的现象即被称为盐胀。在含芒硝（Na_2SO_4）较多的盐渍土地区，盐胀是对建设工程危害最大的病害之一。大量事故调查表明，盐渍土地区的盐胀病害可造成路面、路基、溜冰场、机场跑道、停机坪、花坛、散水、门斗、廊道、挡土墙、围墙等的破坏，某些工民建的地基发生盐胀时会造成建构筑物墙体开裂和倾斜等不良病害[3]。当盐渍土中的易溶盐类溶于水时所引起的路基或基础的沉陷称为溶陷。在含氯盐较多的地区，路基或基础浸水后，氯盐溶解，土颗粒之间的连接强度降低，土体结构塌陷，从而引起地基承载力降低，形成明显的地基沉降[4]。盐渍土的腐蚀病害是由土体本身的腐蚀和盐渍土中盐类的腐蚀共同作用的结果，就发生原因来说，盐渍土的腐蚀病害包括物理性腐蚀破坏和化学性腐蚀破坏两种。盐渍土的腐蚀病害给建构筑物带来的破坏是比较普遍的，如宁波北仑港码头在投入使用不足十年时其外部构造就因盐渍土的腐蚀产生了不同程度的毁坏；连云港某两个杂货码头在使用不足五年时就出现了裂隙和腐蚀，使用不足10年时上部结构已有较多的钢筋裂隙[5]。

由于盐渍土会给建构筑物带来诸多病害，故在工程实践中必须进行盐渍土固化或地基处理。目前，针对盐渍土地基，降低其工程危害的处理方法很多，每种方法都具有各自的适用领域和局限性。

2.1.3　河西走廊盐渍土的影响因素

河西走廊盐渍土的成土受以下几个因素影响：盐类物质来源、气候、地形、水文、母质与植被。

2.1.3.1　盐类物质来源

盐渍土的盐分来源途径：①岩石风化的产物；②含盐地层风化和再循环形成的盐分；③火山活动的产物；④深层含盐水外冒形成的盐分；⑤随风带来的盐类；⑥生物（植物）累积的盐分。上述只是盐分来源的一些主要途径，是一般性概念。对于一个区域或一个地段上的盐渍土，其盐分来源的方式可能是不同的。当研究盐分来源的主要方式时，应该考虑各个地区的特点，同时结合气候、地形、水文地质等加以分析研究。然而对于大面积的土壤盐渍化，归根结底主要是由于水的运移带来大量盐分。地表水和地下水既是风化产物的溶剂，又是盐类的载体，对盐渍土的形成起着巨大的作用。

2.1.3.2　气候

充足的盐类物质来源只是生成盐渍土的物质前提，有了这一前提就具备了生成盐渍土的可能性。如果要形成盐渍土，还要具备其他条件，就是盐分的富集条件。气候对水分的运动影响较大，土壤中水分最为关键的补给为大气降水。当大气降水达到一定数量时，土壤会产生自然淋洗作用。但是蒸发作用又可让土壤的水分产生汽化作用，导致土壤产生积盐现象，所以人们采用蒸降比值的大小作为气候条件的指标来判断土是否能够产生积盐。从国内外盐渍土的产生及分散区域看，盐渍土常常同干旱、半干旱的气候带相吻合，这是由于这部分区域的蒸发量是降水量的数倍至数十倍，土壤淋洗作用差，具备盐分聚集的气候条件。

内陆盐渍土大多分布在较为干旱的地区，区域内年平均降雨量少，日照时间长且蒸发量大，地表水系较少，因此土壤内的盐分比较容易保存下来，致使形成盐渍土。受到季节性集中降雨的影响，雨季降雨量较多且集中，盐分会随着地表雨水的流动而出现部分流失减少；非雨季时，雨水较少且蒸发量较高，使得土壤内盐分增多富集。在寒冬节气，过低的温度导致水结冰，也会导致土壤内盐分富集，使土壤盐渍化。

2.1.3.3　地形

土壤盐分的累积，除了要具备充足盐分来源和适宜的气候条件之外，还要有适宜的地形条件，满足了这些条件盐分才能富集起来，才能形成盐渍土。地形高低的差异，实质上是反映了土壤的差异、水文状况的差异和水文地质（地下水位的高低、矿化度的大小）等的差异。在蒸发量大于降水量数倍的条件下，地下水位越浅，由于蒸发作用而供给表层的水盐也越多，地表积盐也越重，越容易形成盐渍土。

盐渍土所处大环境地形多为低洼平地、内陆盆地和沿海低地等。有利的低洼地形会使水分向该处汇集，也会让风积残余物堆积。地势高处水分相对较少，含水率较低，因此相对干燥，蒸发也较快，水分不断蒸发的过程中，土壤的含盐量会不断升高甚至饱和结晶析出，导致高处的土壤演变成盐渍土。

2.1.3.4　水文

土壤的盐渍化离不开其所处的水文地质状况。水文地质状况包括地下水的深浅以及水体的含盐量等。一般来说，地下水位越浅，地下水含盐量越高，土壤越容易盐渍化。在一年蒸发最强烈的季节中，不致引起土壤表层积盐的最浅地下水埋藏深度，称为地下水临界深度。临界深度不是常数，一般地说，气候越干旱，蒸降比越大，地下水矿化度越高，临界深度越大。

2.1.3.5 母质

盐渍土的成土母质一般是近代或古代的沉积物。成土母质中不含盐的土壤要发展成盐渍土必须同时具备盐类物质来源、气候因素和地形等条件；当土壤母质含盐时，不需要同时具备上述条件也能形成盐渍土。盐渍化的程度与土壤母质的内部结构、质地等直接关联。例如黏性土的孔隙较小，毛细水的上升高度会受到影响；砂性土的孔隙相对较大，但形成的有效毛细孔压较少，导致水头上升的高度有限，因此这两种土质都不利于盐的累积。粉砂质土的孔隙相对适中，较好的水头压力使得地下水能有较好的上升空间。土壤母质结构主要是指土壤结构体的形态与结构体表现出来的物理性能。土壤结构体实际上是土壤颗粒按照不同的排列方式堆积、复合而形成的土壤团聚体，大概可以分成片状结构体、块状结构体、柱状结构体、团粒结构体四类。这些不同形态的结构体的赋存形态对土壤的排列方式、孔隙分布、裂隙等都有影响。

2.1.3.6 植被

干旱及半干旱环境下生长的植被有海莲子、猪毛菜、剪刀股、碱蓬等，因为降雨少、地表水位较深或者地下水矿物度较高等，这些植物根系较为发育或属于耐盐型植物，它们能从埋深较深、含水量相对较大的土层中或者从地下水中吸收水分和盐分。植被死亡后，其有机残体分解，植被内的盐分保留在土壤内，产生积盐作用。不少植被能在体内合成生物碱，还有的植被能将体内的盐分排出体外，如生长在荒漠地区的胡杨、龟裂土表的蓝藻等。

2.2 盐渍土的固化

2.2.1 试验材料及方案

2.2.1.1 盐渍土取样

本次试验用土取自酒泉玉门市，见图2-1。

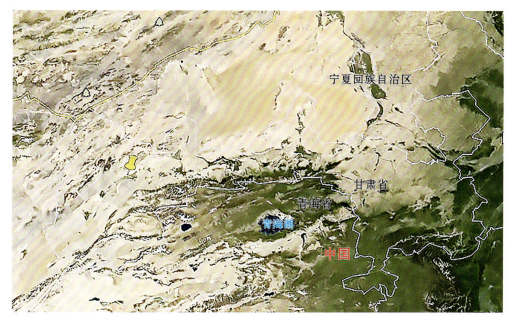

图 2-1　取样地点

2.2.1.2　硫酸盐渍土的基本性质测试试验

（1）击实试验

土的压实水平主要与压实能、压实方法、含水量等因素有关。压实功与压实方法保持恒定的条件下，含水量升高，干密度先增大后减小，干密度最大值出现在某一特定的数值处。此时，最大值处所对应的干密度就是硫酸盐渍土的最大干密度 ρ_{dmax}，相应的含水率即为最优含水率 ω_{opt}。制备多种工况含水率试样进行击实试验，获得含水率和干密度的变化关系，也就是击实曲线。

击实试验分重型和轻型两个类别，所用仪器尺寸见表 2-1。本次试验选用轻型击实，采用的仪器如图 2-2、图 2-3。试样采用干法制备，依据硫酸盐渍土的液塑限估算出硫酸盐渍土的最优含水率，加水润湿配备 5 个含水率试样。含水率依次相差 2%，分别是 7%、9%、11%、13%、15%，依照公式（2-1）计算各个含水率所需要加入的水量。按式（2-2）计算试样的干密度，试验成果见表 2-2、图 2-4。

表 2-1　击实仪主要部件尺寸规格表

试验方法	锤底直径/mm	锤质量/kg	落高/mm	击实筒			护筒高度/mm
				内径/mm	筒高/mm	容积/cm³	
轻型	51	2.5	305	102	116	947.9	50
重型	51	4.5	457	152	116	2104.9	50

图 2-2　击实仪

图 2-3　推土器

$$m_{\mathrm{w}} = \frac{m_0}{1 + 0.01\omega_0} \times 0.01(\omega - \omega_0) \qquad (2\text{-}1)$$

式中，m_{w}——所需的加水量（g）；

　　　ω_0——风干含水率（%）；

　　　m_0——干土质量（g）；

　　　ω——目标含水率（%）。

$$\rho_{\mathrm{d}} = \frac{\rho}{1 + 0.01\omega} \qquad (2\text{-}2)$$

式中，ρ_{d}——试样的干密度（g/cm³）；

　　　ω——某点试样的含水率（%）；

　　　ρ——某点试样的湿密度（g/cm³）。

表 2-2　盐渍土击实试验结果

盐渍土 /g	含水率 /%	水 /g	护筒内径 /cm	土体体积 /cm³	密度 /(g·cm⁻³)	最大干密度 /(g·cm⁻³)
2100	7	147	102	947.4	1.73	1.62
2100	9	189	102	947.4	1.88	1.72
2100	11	231	102	947.4	2.03	1.82
2100	13	273	102	947.4	2.01	1.78
2100	15	315	102	947.4	2.01	1.75

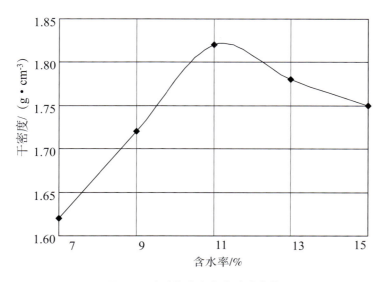

图 2-4　硫酸盐渍土击实试验曲线

由图 2-4 可知，硫酸盐渍土的最优含水率为 11.2%，最大干密度为 1.83 g/cm³。

（2）易溶盐含量测试试验

土中比较容易溶解在水中的盐类统称为易溶盐，它包含易溶的硫酸盐、易溶的碳酸盐（Na_2CO_3、K_2CO_3等）、所有的盐酸盐及碳酸氢盐等。土中易溶盐含量可直接影响和控制盐渍土的工程特性，因此易溶盐含量是评价盐渍土工程地质特性的重要指标，易溶盐含量测试是盐渍土地基勘察项目中必不可少的项目。本次试验在兰州大学资源环境学院实施，所用仪器为 ICS-2500 研究型离子色谱仪（图 2-5），试验结果见表 2-3。

图 2-5　ICS-2500 研究型离子色谱仪

表2-3   土样中盐的化学成分分析结果

SO_4^{2-}	Cl^-	NO_3^-	Na^++K^+	Ca^{2+}	Mg^{2+}	盐渍土分类
31840	9413	289.30	15732	4077	4986	硫酸盐渍土

2.2.1.3 改性剂的性质及基本参数

（1）粉煤灰

试验所用粉煤灰取自兰州西固热电有限公司，组成成分为CaO、SiO_2、MgO、Fe_2O_3、Al_2O_3及烧失量等。我国热电厂粉煤灰各化学成分组成范围如表2-4所示：

表2-4   我国热电厂粉煤灰的主要质量指标

单位：%

成分	SiO_2	CaO	MgO	Al_2O_3	Fe_2O_3	烧失量
范围	1.3～65.8	1.4～16.8	1.2～3.7	1.6～6.2	1.5～40.1	1.6～30.0

（2）石灰

试验所用石灰为生石灰，主要化学组成是CaO，接触到水时产生水解作用，形成的水解产物为$Ca(OH)_2$，同时放出较多的热。

（3）水玻璃的基本性质

1）水玻璃的基本参数

水玻璃的经验式为$M_2O\cdot mSiO_2\cdot nH_2O$，M为$Na^+$、$K^+$、$Li^+$、$Rb^+$和$R_4N^+$，$m$和$n$是$M_2O$、$SiO_2$、$H_2O$三个组成物质的量的相互比例。水玻璃的参数主要有密度、模数及客盐浓度。

①模数。经验式$M_2O\cdot mSiO_2\cdot nH_2O$中的$m$就是水玻璃的模数，以钠水玻璃为例，$m$是$SiO_2$与$Na_2O$的物质的量的比值，可以采用式（2-3）表示。

$$m = \frac{SiO_2(物质的量)}{Na_2O(物质的量)} \qquad (2-3)$$

因为SiO_2的相对分子质量为60，Na_2O的相对分子质量为62，所以

$$m = 硅碱比 \times 1.033 \qquad (2-4)$$

或

$$硅碱比 = \frac{m}{1.033} \qquad (2-5)$$

模数不同时，水玻璃的多项性质也会发生相应的改变。

②密度与浓度。密度愈大，则固体硅酸钠的含量愈高。密度可用密度计来计量，用g/cm^3或波美度（°Bé）表示。密度ρ（g/cm^3）与波美度的关系如式（2-6）、（2-7）

所示。

$$\rho = \frac{144.3}{144.3 - 波美度} \tag{2-6}$$

或

$$波美度 = 144.3 - \frac{144.3}{\rho} \tag{2-7}$$

③水玻璃中的客盐（如氯化钠、硫酸钠、碳酸钠等）含量给水玻璃的黏度、密度、硬化速度、黏结强度及表面张力都带来了显著的负面影响。遗憾的是，这个问题还没有引起水玻璃生产者和铸造者足够的重视。

2）水玻璃的碱性

硅酸钠是由强碱与弱酸生成的盐，在水溶液中容易电离：

$$Na_2SiO_3 \rightleftharpoons 2Na^+ + SiO_3^{2-} \tag{2-8}$$

水的电离：

$$H_2O \rightleftharpoons H^+ + OH^- \tag{2-9}$$

SiO_3^{2-} 与 H^+ 生成电离度很小的硅酸：

$$SiO_3^{2-} + 2H^+ \rightleftharpoons H_2SiO_3 \tag{2-10}$$

所以整个水玻璃溶液体系中的 OH^- 浓度高，而 H^+ 浓度低，水玻璃表现出强碱性。本次试验所用水玻璃取自兰州富明化工有限公司，是钠水玻璃，其模数为3.2。

2.2.1.4　改性剂掺量范围选择

使用石灰、粉煤灰中的一种或者两种同时改良盐渍土的试验在以往的研究中也曾出现过，有些试验成果可为本次试验改良剂范围的选择提供一定的参考。刘付华等[6]选取滨海盐渍土采用二灰进行固化，对石灰含量分别为6%、9%、12%、15%、18%，二灰比（石灰：粉煤灰）分别为1:1、1:2、1:3和1:4的固化土做强度试验。当二灰比逐渐降低时，固化盐渍土强度逐渐增大，二灰比为1:3时固化盐渍土的抗压强度最大，而继续降低二灰比，固化盐渍土的抗压强度逐渐下降；石灰掺量升高的条件下，固化土的抗压强度先升高后下降，峰值点掺量为12%，即石灰：粉煤灰：土的最佳配比为12:36:52。刘镇[7]选取石灰掺量分别为6%、12%、18%，石灰和粉煤灰的比分别为1:1、1:2、1:3和1:4的固化剂固化盐渍土，得出了同样的结果，即固化土抗压强度达到最大的二灰配合比为1:3，石灰的最优掺量为12%。马吉倩[8]研究了石灰掺量分别为3%、6%、8%、10%，二灰比分别为1:1、1:2、1:3的固化剂固化盐渍土的强度变化规律，发现石灰含量为6%、二灰比为1:1或1:2时固化土的强度最优。罗鸣等[9]选取嘉安（嘉峪关-瓜州）高速公路路基对二灰、三灰改良盐渍土的耐久性进行了研究，其中二灰固化剂中石灰含量分别为3%、9%，石灰和粉煤灰比为1∶2；三灰固化剂中石灰掺量分别为3%、9%，石灰和粉煤灰比为1∶1，水泥掺量为4%。经过4次干湿循环后，石灰含量为9%、石灰和粉煤灰比为1∶2的固化样的强度降低率与石灰含量为3%、石灰和粉煤灰比为1∶1、水泥含量为4%的固化样的强度损失率相当；冻融循环试验也得出了相同的结论。总体来看，取粉煤灰和石灰比为2∶1，掺入适量的石灰对路基进行处理，能够达到提高路基耐久性的需求。肖利明[10]也做了同样的研究，发现石灰和粉煤灰比为1∶2的固化样的综合性能优于石灰和粉煤灰比为1∶1的固化样的综合性能。综上所述，石灰粉煤灰能较好地改善盐渍土的工程特性，但为使固化效果达到最佳，分别选择石灰的掺和比（质量分数）为5%、7%、9%、11%（相对盐渍土干土质量），石灰与粉煤灰的掺和比为1∶2。

2.2.1.5 土样制备及试验安排

本次试验采用静压法制样，每个试样质量为400～500 g。孙军溪[11]提出，土的含水量接近最优含水率时，强度可达到峰值，所以本次试验采用最优含水率配制相关试件。

盐渍土、粉煤灰及石灰在制样前均需过2 mm的标准筛，根据上一节改性剂掺量范围的选择，石灰的掺和比分别确定为5%、7%、9%、11%，石灰与粉煤灰的掺和比为1∶2，水玻璃浓度为20 °Bé，制备不同工况的二灰固化硫酸盐渍土和20 °Bé水玻璃石灰粉煤灰固化硫酸盐渍土试样，以探究水玻璃石灰对粉煤灰的碱性激发效果及地聚物材料的固土效果，并获得石灰粉煤灰的最优含量值。按照混合料的最大干密度1.83 g/cm³、最优含水率11.3%制样，各试件的配料见表2-5。在石灰粉煤灰为最佳掺量条件下，分别加入浓度为20 °Bé、30 °Bé、40 °Bé的水玻璃，进而分析水玻璃浓度改变给固化硫酸盐渍土性质带来的影响。

表2-5 固化盐渍土试样参数

干密度/(g·cm⁻³)	含水率/%	石灰/%	粉煤灰/%	水玻璃浓度/°Bé
1.83	11.3	0	0	0
1.83	11.3	5	10	0
1.83	11.3	7	14	0
1.83	11.3	9	18	0
1.83	11.3	11	22	0
1.83	11.3	5	10	20
1.83	11.3	7	14	20
1.83	11.3	9	18	20
1.83	11.3	11	22	20

制样时首先在盐渍土中添加计算得到的所需蒸馏水，拌匀之后静置8 h，此法俗称"闷样"。在搅拌的同时分别加入石灰粉煤灰（石灰+粉煤灰固化盐渍土）、石灰粉煤灰水玻璃（石灰+粉煤灰+水玻璃固化盐渍土）拌匀并迅速制样，目的是使改性盐渍土试样中的水分均匀分布并使粉煤灰的活性得到充分激发。制作的试件为圆柱体，直径为65 mm，密度统一为1.83 g/cm³。将制好的土样用密封薄膜包裹，常温常压条件下养护28 d。

本次试验采用两组平行试验，试件组编号1#、2#、3#、4#，共需制样60个，其中1#、2#两组试件做无侧限抗压强度试验，测试固化前后硫酸盐渍土强度的变化情况；3#、4#试件做抗剪强度试验，测试固化后硫酸盐渍土的抗剪强度参数。最后，将破坏后的1#、2#试件做化学成分分析试验、X射线衍射试验，分析地聚物胶凝材料固化硫酸盐渍土的机制。

2.2.2 固化盐渍土的强度特性

2.2.2.1 固化盐渍土抗压强度特性

本次试验采用CSS-1120电子万能材料试验机（图2-6）测试改良前后硫酸盐渍土的无侧限抗压强度。

图2-6 CSS-1120电子万能材料试验机

（1）无侧限抗压强度随粉煤灰含量的变化

固化硫酸盐渍土无侧限抗压强度随石灰掺量的变化情况如表2-6和图2-7所示。从图和表可得：①经20 °Bé水玻璃固化后的硫酸盐渍土的抗压强度为683 kPa，较未固化的硫酸盐渍土抗压强度（175 kPa）有大幅度提高，表明水玻璃能较好地改良盐渍土的性能；②当石灰含量发生改变时，二灰固化硫酸盐渍土与水玻璃石灰粉煤灰固化硫酸盐渍土的无侧限抗压强度改变趋势基本相同，即当石灰含量不断递增时，抗压强度先上升随后下降，当石灰含量为7%时抗压强度达到峰值，最大值分别为813 kPa和976 kPa；③石灰含量分别为5%和7%时，水玻璃石灰粉煤灰固化土的抗压强度大于石灰粉煤灰固化土的抗压强度，较石灰粉煤灰固化土的抗压强度分别提高了11%和20%；④石灰含量超过9%时，石灰含量增大，两类固化硫酸盐渍土的抗压强度均逐渐降低，且水玻璃石灰粉煤灰固化硫酸盐渍土的抗压强度下降速度大于二灰固化硫酸盐渍土的抗压强度下降速度，导致水玻璃石灰粉煤灰固化硫酸盐渍土的抗压强度低于二灰固化硫酸盐渍土的抗压强度。

表2-6　固化盐渍土无侧限抗压强度试验结果

试样类别	固化材料掺入量			无侧限抗压强度/kPa
	石灰/%	粉煤灰/%	水玻璃浓度/°Bé	
硫酸盐渍土	0	0	0	175
石灰粉煤灰固化土	5	10	0	788
	7	14	0	813
	9	18	0	703
	11	22	0	645
水玻璃固化土	0	0	20	683
石灰粉煤灰水玻璃固化土	5	10	20	876
	7	14	20	976
	9	18	20	591
	11	22	20	383

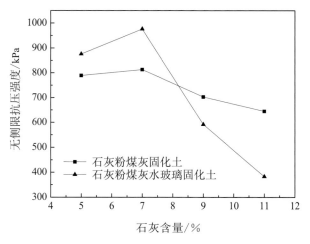

图2-7　固化土无侧限抗压强度和石灰含量的关系

　　固化土抗压强度随粉煤灰含量的提高先上升后下降，说明添加的石灰和粉煤灰并不是越多越好，大于某个特定的数值后，过量的石灰因堆积于固化土孔隙中以及不能和粉煤灰充分结合等原因，导致粉煤灰的活性不能被充分激发出来，两类材料的火山灰反应不彻底，导致固化硫酸盐渍土试样强度降低[12]。另一方面，由于生石灰及水玻璃的碱激发作用，粉煤灰中释放出更多的活性 Al_2O_3 及 SiO_2，当粉煤灰（石灰）含量增加时，形成更多的水化硅酸钙和水化铝酸钙，复杂的物理化学反应使得固化试样中的水分不断减少（表2–7），当石灰含量超过9%时，固化试样表面裂隙增大（图2–8），整体性较差，抗压强度下降较快。综上所述，石灰含量7%和粉煤灰含量14%为最优掺入值，此时可以使固化硫酸盐渍土的抗压强度达到峰值。

表 2–7　养护 28 d 盐渍土及固化土试样含水率

试样类别	含水率/%	试样类别	含水率/%
盐渍土	10.7	20 °Bé 水玻璃	10.9
5%石灰+10%粉煤灰	10.3	5%石灰+10%粉煤灰+20 °Bé 水玻璃	10.6
7%石灰+14%粉煤灰	10.2	7%石灰+14%粉煤灰+20 °Bé 水玻璃	10.3
9%石灰+18%粉煤灰	9.9	9%石灰+18%粉煤灰+20 °Bé 水玻璃	9.8
11%石灰+22%粉煤灰	9.2	11%石灰+22%粉煤灰+20 °Bé 水玻璃	8.8

(a)　　　　　　　　　　　　　　(b)

图 2–8　养护 28 d 固化盐渍土试样

　　图2–8（a）自左向右逐一是石灰含量为5%、7%、9%和11%的二灰固化硫酸盐渍土试样，图2–8（b）自左向右分别是石灰含量为5%、7%、9%和11%的20 °Bé水玻璃+二灰固化硫酸盐渍土试样。

（2）无侧限抗压强度和水玻璃浓度的关系

由表2-6及图2-7可知，在石灰含量为7%和粉煤灰含量为14%时，固化盐渍土抗压强度最高，固化土的性能最好。表2-8及图2-9是石灰含量为7%和粉煤灰含量为14%时固化硫酸盐渍土抗压强度随水玻璃浓度变化的情况。

由图2-9可知，在石灰粉煤灰含量确定的条件下，当水玻璃浓度增大时，固化盐渍土的抗压强度不断增大，上升趋势呈非线性，最大值约为1826 kPa。30 °Bé水玻璃+二灰固化硫酸盐渍土和40 °Bé水玻璃+二灰固化硫酸盐渍土的抗压强度较20 °Bé水玻璃+二灰固化硫酸盐渍土提高了37%和87%，即水玻璃的浓度愈大，固化硫酸盐渍土的抗压强度愈高。

表2-8　不同浓度水玻璃固化盐渍土无侧限抗压强度试验结果

试样类别	固化条件			无侧限抗压强度/kPa
	石灰/%	粉煤灰/%	水玻璃浓度/°Bé	
水玻璃+二灰固化硫酸盐渍土	7	14	20	976.1
	7	14	30	1338.2
	7	14	40	1825.9

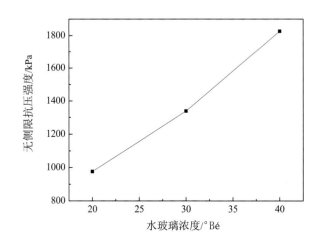

图2-9　固化土无侧限抗压强度和水玻璃浓度的关系

（3）固化盐渍土的变形特征

图2-10和2-11分别为不同石灰含量的二灰固化硫酸盐渍土和20 °Bé水玻璃+二灰固化硫酸盐渍土的应力应变曲线，图2-12为不同浓度的水玻璃+二灰固化硫酸盐渍土应力应变曲线。

①由图2-10和2-11可知，当粉煤灰含量不断增多时，应力应变曲线不断变陡，对

应的峰值应力值不断增大,破坏后强度衰减较快,应变软化现象明显。在石灰含量超过 7% 的条件下,弹性变形趋势逐步趋于平缓,固化硫酸盐渍土的初始弹性模量逐步减小,对应的峰值应力值也在逐步下降,破坏后强度衰减慢,应变软化现象减弱,当石灰含量提高时,峰值应力相应的应变逐步变大。

②由图 2-12 能够得出,当水玻璃浓度升高时,应力应变曲线逐步变陡,初始弹性模量逐步变大,对应的峰值应力值也逐步升高。

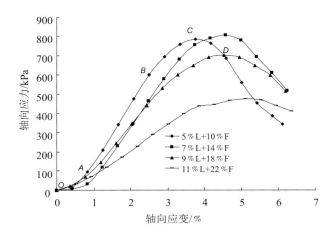

图 2-10　不同石灰含量的二灰固化土应力应变曲线

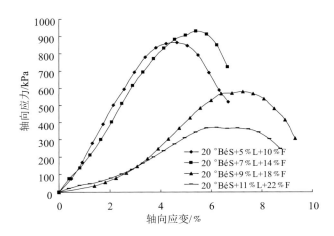

图 2-11　不同石灰含量的 20 °Bé 水玻璃+二灰固化土应力应变曲线

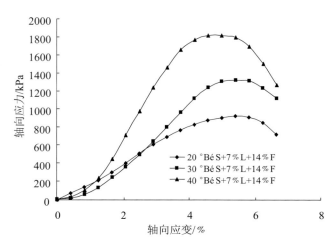

图2-12　不同浓度的水玻璃+二灰固化土应力应变曲线

③单轴压缩条件下固化盐渍土的整个应力应变曲线可划分为五个阶段（以石灰含量5%和粉煤灰含量10%的二灰固化土为例）。第一阶段是压密的过程，即曲线上的OA段。在这一阶段，固化盐渍土中原有空隙（孔隙和微裂隙，尤其是后者）在轴向荷载作用下逐渐被压缩而闭合，试件体积减小，应力应变曲线上凹，应力升高时曲线的斜率变大，表明微裂隙的压密最初比较快，随后逐渐减慢。第二阶段是弹性变形阶段，即曲线上的AB段。随着法向荷载的进一步增大，固化盐渍土中的微裂隙进一步闭合，孔隙被压缩，原有微裂隙基本没有新的发展，也无新的裂隙生成，其变形表现为弹性变形，应力应变曲线趋于直线。B点处的应力值即为固化盐渍土的弹性极限。第三阶段为微裂隙发生与平稳发展的过程，即曲线上的BC段。这个阶段整个试件的体积由压缩转为扩张，导致体积增大，即通常所指扩容现象。该阶段的上界应力值为固化盐渍土的屈服极限。第四阶段是微裂隙加快扩展的过程，即曲线上的CD段。在这一过程中，变形增大很快，应力应变曲线的斜率迅速下降，体积变大的速率增加。第五阶段为破坏后阶段，即曲线上D点以后的阶段。

2.2.2.2　固化盐渍土的抗剪强度试验

（1）黏聚力和内摩擦角与石灰含量变化的关系

石灰粉煤灰固化硫酸盐渍土与水玻璃石灰粉煤灰固化硫酸盐渍土的内摩擦角与黏聚力随石灰含量的变化如表2-9、图2-13和图2-14所示。

图2-13为固化硫酸盐渍土的内摩擦角随粉煤灰（石灰）含量的变化关系曲线图。由图可知：①随着石灰含量的增多，二灰固化硫酸盐渍土与水玻璃石灰粉煤灰固化硫酸盐渍土的内摩擦角呈先增大再下降的变化趋势，当石灰含量提升至9%时内摩擦角值到达峰值，分别是50.88°和54.60°；②当石灰粉煤灰含量固定时，水玻璃石灰粉煤灰固

化硫酸盐渍土的内摩擦角相比二灰固化硫酸盐渍土的内摩擦角均存在不同程度提高，当石灰含量为5%时提高最多，增长幅度为24.8%；③当石灰含量低于9%时，二灰固化硫酸盐渍土的内摩擦角随石灰含量的提高非线性升高，水玻璃石灰粉煤灰固化硫酸盐渍土的内摩擦角随石灰含量的提高呈线性增长趋势，在石灰含量为9%时，两种固化土的内摩擦角相差最小，因此在低的石灰粉煤灰含量条件下，水玻璃的碱激发作用可以较大地提升固化土的内摩擦角；④当石灰含量超过9%时，水玻璃石灰粉煤灰固化硫酸盐渍土的内摩擦角的下降梯度较石灰粉煤灰固化硫酸盐渍土的内摩擦角的下降梯度小。

图2-14为固化硫酸盐渍土的黏聚力随石灰掺量改变的关系曲线图。由图可知：①石灰含量发生改变时，二灰固化土与水玻璃石灰粉煤灰固化土的黏聚力变化趋势相同，即当石灰含量升高时，黏聚力先降低后增大，当石灰含量为5%时两种固化土的黏聚力达到峰值，分别是193.6 kPa和243.1 kPa，与未固化的硫酸盐渍土相比，其黏聚力分别提高了336.0%和447.5%；②当石灰含量分别为5%、7%时，水玻璃石灰粉煤灰固化硫酸盐渍土的黏聚力较石灰粉煤灰固化硫酸盐渍土的黏聚力分别增加了25.6%和67.5%；③当石灰含量低于9%时，随石灰含量的增多，水玻璃石灰粉煤灰固化硫酸盐渍土的黏聚力的下降梯度大于二灰固化土的黏聚力下降梯度，粉煤灰含量超过18%后，水玻璃石灰粉煤灰固化硫酸盐渍土的黏聚力较石灰粉煤灰固化土的黏聚力小。究其原因，随着粉煤灰含量的增加，水玻璃石灰粉煤灰固化硫酸盐渍土的表面裂隙较同粉煤灰含量的石灰粉煤灰固化土增多，裂缝扩大，固化土样的整体性逐步变差，黏聚力降低。

表2-9　不同石灰、粉煤灰掺量条件下抗剪强度参数的测试结果

试样类别	固化条件			抗剪强度	
	石灰/%	粉煤灰/%	水玻璃浓度/°Bé	黏聚力 c/kPa	内摩擦角 φ
硫酸盐渍土	0	0	0	44.40	33.80°
石灰粉煤灰固化土	5	10	0	193.60	36.96°
	7	14	0	95.85	41.90°
	9	18	0	60.00	50.88°
	11	22	0	76.20	44.00°
水玻璃石灰粉煤灰固化土	5	10	20	243.10	42.30°
	7	14	20	160.55	50.37°
	9	18	20	32.15	54.60°
	11	22	20	32.55	51.74°

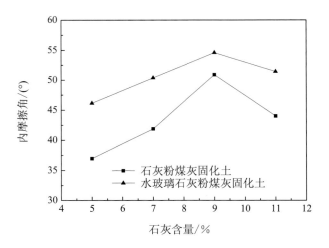

图2-13　固化土内摩擦角随石灰含量的变化关系曲线

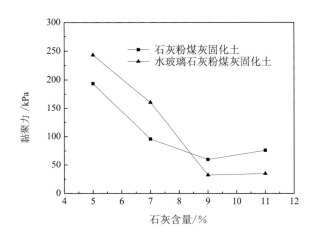

图2-14　固化土黏聚力随石灰含量的变化关系曲线

（2）抗剪强度参数随水玻璃浓度的变化

当石灰含量为7%，粉煤灰含量为14%时，固化盐渍土抗剪强度随水玻璃浓度的变化如表2-10、图2-15和图2-16所示。

图2-15为水玻璃石灰粉煤灰固化硫酸盐渍土的内摩擦角随水玻璃浓度的变化曲线图，图2-16为水玻璃石灰粉煤灰固化硫酸盐渍土的黏聚力随水玻璃浓度的变化关系图。易知，水玻璃浓度越大，水玻璃石灰粉煤灰固化硫酸盐渍土的内摩擦角与黏聚力越大，改良效果越佳。当石灰含量为7%、粉煤灰含量为14%时，30 °Bé水玻璃石灰粉煤灰固化硫酸盐渍土和40 °Bé水玻璃石灰粉煤灰固化硫酸盐渍土的黏聚力较20 °Bé水玻璃石灰粉煤灰固化硫酸盐渍土的黏聚力分别提高了6.3%和23.3%，内摩擦角分别提高了1.3%和5.4%。水玻璃浓度和黏聚力、内摩擦角的增长关系都呈现为非线性。水玻

璃浓度高于30 °Bé的条件下，随着水玻璃浓度的升高，固化硫酸盐渍土的黏聚力、内摩擦角的增长幅度变快。

表2-10 不同浓度水玻璃固化土抗剪强度参数测试结果

试样类别	固化条件			抗剪强度	
	石灰/%	粉煤灰/%	水玻璃浓度/°Bé	黏聚力 c/kPa	内摩擦角 φ
固化盐渍土	7	14	20	160.6	50.37°
	7	14	30	170.7	51.05°
	7	14	40	198.1	53.11°

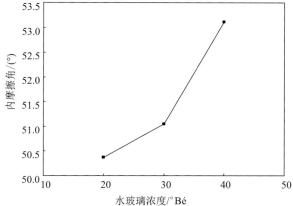

图2-15 固化土内摩擦角和水玻璃浓度的关系

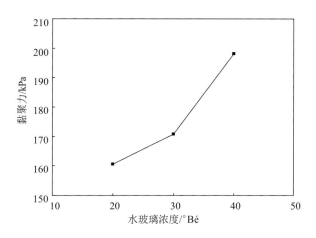

图2-16 固化土黏聚力和水玻璃浓度的关系

2.2.3 固化盐渍土的衍射及化学组成

2.2.3.1 X射线衍射分析

X射线衍射的本质是晶体中各原子相干散射波叠加的结果，X射线衍射分析是对晶体物相进行定性研究的重要手段。对盐渍土、二灰固化土和20 °Bé水玻璃石灰粉煤灰固化土试样进行X射线衍射分析，以研究硫酸盐渍土固化后生成产物的化学组成、物相特征。

图2-17为天然硫酸盐渍土的X射线衍射谱图，由图可知，盐渍土中碎屑矿物的成分主要有石英、云母、方解石、无水芒硝和石盐等。图2-18至图2-21为不同石灰粉煤灰含量条件下的石灰+粉煤灰固化硫酸盐渍土衍射谱图，图2-22为添加20 °Bé水玻璃的固化硫酸盐渍土衍射谱图，图2-23至图2-26为掺加不同石灰粉煤灰含量的石灰+粉煤灰+20 °Bé水玻璃的衍射谱图。与图2-17对比，添加不同固化材料的固化硫酸盐渍土的衍射谱图与天然硫酸盐渍土的基本吻合。由图2-17与图2-22可知，硫酸盐渍土中掺入水玻璃后石盐的衍射强度增强，而石盐的主要成分为NaCl，表明水玻璃中含有较多的NaCl等氯盐杂质。对比图2-18至图2-21或图2-23至图2-26，随着石灰含量的增加，石英的衍射强度先增加后减小，无水芒硝和石盐的衍射强度不断下降。

图2-19为7%石灰+14%粉煤灰固化硫酸盐渍土衍射谱图，与图2-17对比，石灰粉煤灰固化硫酸盐渍土衍射谱图与天然硫酸盐渍土的衍射谱图基本吻合，矿物成分基本不变，也无新的晶体衍射峰形成。石英和无水芒硝衍射强度降低，$K_3Fe(SO_4)_3$衍射强度升高，这是因为硫酸盐渍土中含有SO_4^{2-}和K^+，粉煤灰中含有Fe^{3+}，在硫酸盐渍土中加入石灰和粉煤灰后离子之间发生化学反应生成$K_3Fe(SO_4)_3$，导致土中的SO_4^{2-}含量降低，无水芒硝衍射强度下降，其反应式如下所示：

$$3K^+ + Fe^{3+} + 3SO_4^{2-} = K_3Fe(SO_4)_3 \qquad (2-11)$$

图2-24为7%石灰+14%粉煤灰+20 °Bé水玻璃固化硫酸盐渍土衍射谱图，与图2-19对比，可以看出，加入水玻璃后，固化硫酸盐渍土衍射谱图与石灰粉煤灰固化土大致相同，没有产生新的晶体，SiO_2、$K_3Fe(SO_4)_3$衍射强度继续升高，无水芒硝衍射强度降低，低矮的非晶体物相峰群在继续增多。

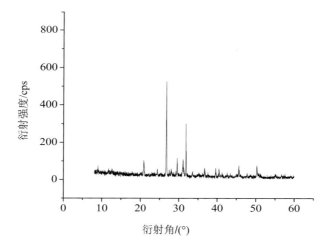

图 2-17 盐渍土粉样 X 射线衍射谱图

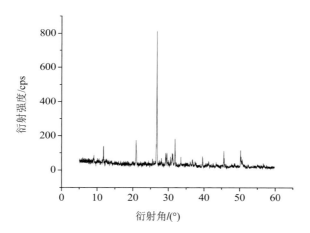

图 2-18 5%石灰+10%粉煤灰固化硫酸盐渍土 X 射线衍射谱图

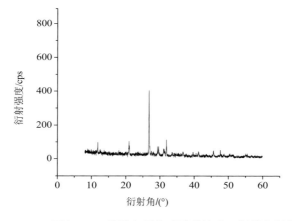

图 2-19 7%石灰+14%粉煤灰固化硫酸盐渍土 X 射线衍射谱图

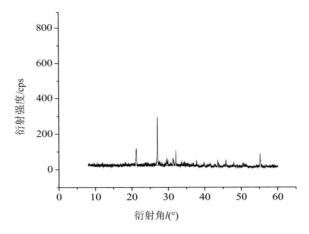

图 2-20　9%石灰+18%粉煤灰固化硫酸盐渍土 X 射线衍射谱图

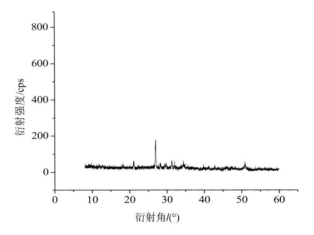

图 2-21　11%石灰+22%粉煤灰固化硫酸盐渍土 X 射线衍射谱图

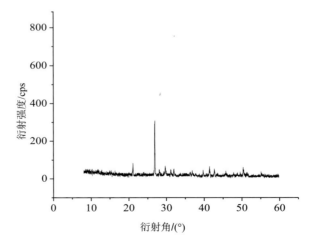

图 2-22　水玻璃固化硫酸盐渍土 X 射线衍射谱图

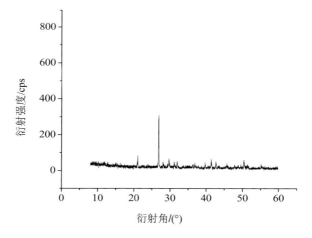

图 2-23　水玻璃+5%石灰+10%粉煤灰固化硫酸盐渍土 X 射线衍射谱图

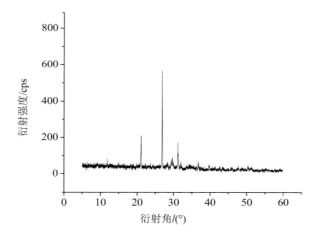

图 2-24　水玻璃+7%石灰+14%粉煤灰固化硫酸盐渍土 X 射线衍射谱图

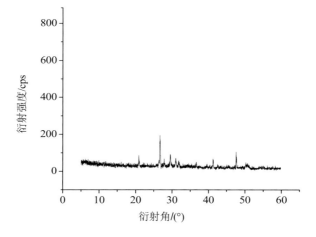

图 2-25　水玻璃+9%石灰+18%粉煤灰固化硫酸盐渍土 X 射线衍射谱图

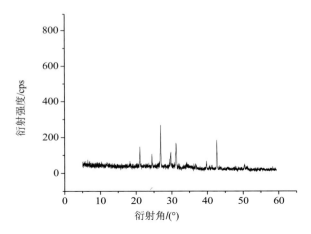

图2-26 水玻璃+11%石灰+22%粉煤灰固化硫酸盐渍土X射线衍射谱图

2.2.3.2 化学成分分析

土中易溶盐类型是评价盐渍土工程地质特性的重要指标，也是直接影响和控制盐渍土工程地质性质的重要因素。因此，测试土中易溶盐类型是盐渍土地基勘测过程中必不可少的项目[13, 14]。硫酸盐渍土的主要成分为硫酸钠，它的主要工程性质亦是由硫酸钠的特殊化学性质决定的。当温度降低时硫酸钠吸收10个水分子后从溶液中析出，生成芒硝晶体，反应化学式为[15]：

$$Na_2SO_4 + 10H_2O \Longrightarrow Na_2SO_4 \cdot 10H_2O \qquad (2-12)$$

芒硝晶体的生成使得盐渍土体积增大，从而引起盐渍土的盐胀现象。因此，土中硫酸钠含量的多少是衡量盐渍土盐胀是否严重的关键指标。对盐渍土、7%石灰+14%粉煤灰固化土和7%石灰+14%粉煤灰+20°Bé水玻璃固化土进行化学成分分析，试样制作和试验操作严格按照《土工试验方法标准》（GB/T 50123—2019）执行，结果如表2-11所示。

表2-11 土中离子组成状况

试样种类	阴离子含量/(mg·kg⁻¹)				阳离子含量/(mg·kg⁻¹)		
	CO_3^{2-}	HCO_3^-	SO_4^{2-}	Cl^-	Ca^{2+}	Mg^{2+}	$Na^+ + K^+$
硫酸盐渍土	68	414	31840	9413	4077	4968	15732
石灰粉煤灰固化土	127	356	16761	5731	2792	1806	6459
水玻璃石灰粉煤灰固化土	64	2838	8213	10419	1597	1110	19519

硫酸盐渍土中 SO_4^{2-} 含量为31840 mg/kg，石灰粉煤灰固化土中的 SO_4^{2-} 含量为16761 mg/kg，水玻璃石灰粉煤灰固化土中 SO_4^{2-} 含量为8213 mg/kg，相较于未固化盐渍土，石灰粉煤灰固化土和水玻璃石灰粉煤灰固化土的 SO_4^{2-} 含量分别下降了47.4%和74.2%，水玻璃石灰粉煤灰固化硫酸盐渍土的 SO_4^{2-} 含量较二灰固化硫酸盐渍土的 SO_4^{2-} 含量又下降了51%。

Ca^{2+} 和 Mg^{2+} 与 SO_4^{2-} 的含量变化趋势大致相同。天然硫酸盐渍土中 Ca^{2+} 含量是4077 mg/kg，石灰粉煤灰固化土中的 Ca^{2+} 含量是2792 mg/kg，水玻璃石灰粉煤灰固化土中的 Ca^{2+} 含量为1597 mg/kg，相较于天然盐渍土，石灰粉煤灰固化土和水玻璃石灰粉煤灰固化土中的 Ca^{2+} 含量分别下降了31.5%、60.8%，水玻璃石灰粉煤灰固化土的 Ca^{2+} 含量较二灰固化土的 Ca^{2+} 含量又下降了42.8%。硫酸盐渍土中 Mg^{2+} 含量为4968 mg/kg，石灰粉煤灰固化硫酸盐渍土中的 Mg^{2+} 含量为1806 mg/kg，水玻璃石灰粉煤灰固化土中的 Mg^{2+} 含量为1110 mg/kg，相较于天然硫酸盐渍土，石灰粉煤灰固化土和水玻璃石灰粉煤灰固化土的 Mg^{2+} 含量分别下降了63.6%、77.6%，水玻璃石灰粉煤灰固化土的 Mg^{2+} 含量较二灰固化土的 Mg^{2+} 含量又下降了38.5%。

2.2.4　小结

①石灰、粉煤灰和水玻璃联合固化硫酸盐渍土能明显改善土的强度特性。试验结果表明，7%石灰和14%粉煤灰的掺量可使二灰固化土和二灰+20 °Bé水玻璃固化土的性能达到最佳。当石灰粉煤灰保持最佳掺量时，石灰+粉煤灰+水玻璃固化土的抗压强度和抗剪强度均随着水玻璃浓度的增加而增大。

②相较于天然硫酸盐渍土，经石灰粉煤灰和水玻璃固化后的硫酸盐渍土的矿物组成未发生变化，但部分矿物的衍射强度发生了变化，无水芒硝的衍射强度降低，$K_3Fe(SO_4)_3$ 的衍射强度升高，密集低矮的非晶体物相峰群增多。

③天然盐渍土的颗粒以单粒为主，孔隙以架空孔隙为主，且孔隙内基本无填充物，颗粒之间的接触形式为点接触。加入石灰粉煤灰水玻璃后，生成大量凝胶，大量孔隙被充填，颗粒表面被凝胶包裹，使得固化盐渍土颗粒之间的接触面积增大，接触形式由点接触变为面胶结，固化盐渍土通过凝胶连接为一个空间网状结构。

参考文献

[1]韩明.河西地区土地盐渍化现状分析及改善措施[D].兰州:兰州大学,2017.

[2]姚兴荣.河西走廊平原区盐渍化分布特征[J].甘肃农业,2008(11):67-69.

[3]杨劲松.中国盐渍土研究的发展历程与展望[J].土壤学报,2008,45(5):837-845.

[4]牛玺荣,李志农,高江平.盐渍土盐胀特性与机理研究进展[J].土壤通报,2008,39(1):163-168.

[5]温利强,杨成斌,李士奎.中国西北地区盐渍土分布及危害[J].工程与建设,2010,24(5):585-587.

[6]刘付华,柴寿喜,张学兵,等.二灰固化滨海盐渍土抗压强度的影响因素[J].湘潭大学学报(自然科学版),2006,28(2):118-122.

[7]刘镇.二灰稳定滨海盐渍土底基层的配合比研究[J].路基工程,2008,5:134-136.

[8]马吉倩.天津市滨海新区盐渍土路基处治技术研究[D].西安:长安大学,2009.

[9]罗鸣,陈超,杨晓娟.改良盐渍土路基耐久性试验研究[J].公路与汽运,2010,3:88-90.

[10]肖利明.高速公路路基改良盐渍土研究[D].西安:长安大学,2007.

[11]孙军溪.高速铁路路基改良土工程性质试验及施工技术研究[D].天津:天津大学,2007.

[12]余丽武.碱激发粉煤灰水泥胶凝体系的水化机理分析[J].铁道科学与工程学报,2009,6(6):49-53.

[13]王生新.硅化黄土的机理与时效性研究[D].兰州:兰州大学,2005.

[14]FREDLUND M D,WILSON G W,FREDLUND D G.Use of the grain-size distribution for estimation of the soil-water characteristic curve[J].Canadian geotechnical journal,2002,39:1103-1117.

[15]FREDLUND D G,XING A.Equations for the soil-water characteristic curve[J].Canadian geotechnical journal,1994,31:521-532.

第3章　固化硫酸盐渍土三轴剪切试验

3.1　概述

重塑后的硫酸盐渍土将会因为其含盐量、含水率、固化剂、温度等因素随龄期变化而发生一系列内部变化，从而使得土样在形态、工程力学性能等方面发生改变。目前国内已经有一部分学者进行了改性盐渍土的三轴剪切特征试验，试验大多是将传统常见的无机材料掺入盐渍土中，进而研究三轴剪切参数的变化特征。

吴秋正[1]用电石灰改良盐渍土，探讨了不同掺量的电石灰与不同龄期下改良盐渍二的强度，结果表明电石灰掺量在8%左右时盐渍土的改性效果较好，且龄期超过28 d后龄期对盐渍土强度的提升效果不明显。李永红[2]分析了氯盐渍土的含盐量与干密度对盐渍土三轴剪切特性的影响。刘威等[3]对罗布泊地区不同含盐类型不同干密度的盐渍土进行了三轴剪切试验分析，结果表明同一类型盐渍土干密度越大其内摩擦角、黏聚力相对越大；不同类型的盐渍土在干密度相同的情况下，硫酸盐渍土的干密度越大，黏聚力与内摩擦角越大，结构强度也相对越高。高娟等[4]利用CT扫描技术，对冻结的盐渍土进行三轴剪切试验，进行了围压对三轴剪切试验中试样内部压融影响的定量分析。刘赛[5]对潍坊北部砂土进行室内动三轴试验研究，分析了动三轴的动力学参数，并研究了动剪模量与动剪应变、阻尼比与动剪应变之间的关系。

查阅文献发现，有关盐渍土的三轴剪切试验大多研究的是氯盐渍土的三轴特征，针对化学改性硫酸盐渍土的三轴特征的研究较少。水玻璃固化超硫酸盐渍土的三轴剪切试验研究相对来说是一个比较新颖的研究方向，此研究能更好地探究水玻璃、石灰、粉煤灰对硫酸盐渍土的固化机理。

王月礼[6]通过对二八灰土改性过的硫酸盐渍土在不同龄期下进行强度试验发现，当硫酸盐含量超过4.5%时，改性土的强度随时间表现出先升高后降低的现象。当含盐量为4.5%时，硫酸盐的含量有利于提高二八灰土的固化效果。文桃[7]通过对硫酸盐渍土自身含水率与赋存环境研究发现，当重塑盐渍土试样自身含水率较高，且放在

7%以上含水率的黄土中进行常温保存时,养护初期硫酸盐与土中的Ca^{2+}反应形成有利于提高土体强度的胶结物质从而达到早期较高的固化强度效果。当养护中后期土中的硫酸盐含量过高时,其结晶引发的盐胀现象将会导致土体膨胀变形,也导致盐渍土强度随时间出现先增加后将降低的现象。孙东彦[8]研究7 d、28 d不同龄期石灰百分比掺量的固化盐渍土三轴剪切试验,发现三轴强度随着龄期的延长而缓慢提升,且石灰早强现象明显,破坏形式愈加偏于脆性破坏。石茜等研究用稻草、石灰固化的滨海盐渍土发现,随着龄期的延长,其抗压强度与水温系数得到了提升,且早期增加速度大于后期。

3.2 试验材料及方案

3.2.1 盐渍土取样

本次试验用土取自甘肃省玉门市的饮马农场附近。玉门市处于甘肃省的西北部,辖区总面积为1.35万km^2。玉门市地形地貌由祁连山山地、河西走廊平原和马鬃山山地三部分组成。绿洲面积达215.6万亩（1亩=666.67平方米）,戈壁干旱半干旱面积为1093.9万亩,山岭地貌达689.4万亩。本次取样的盐渍土的大环境气候、地理信息如下：玉门市属于大陆偏干旱型气候,特点是年降雨量少,日照时间长,水分蒸发大,年平均温度接近7 ℃；季节性与昼夜温差较大,冬季最低气温接近零下29 ℃,夏季气温最高能接近37 ℃；全年日照时间超3000 h,年平均降雨量约为64 mm,年平均蒸发量超过2900 mm,年平均风速约为4.2 m/s。

玉门市当地的盐渍土表层多为硫酸盐渍土与亚硫酸盐渍土,且土中富含石膏和碳酸镁。试验小组于2017年11月中旬去甘肃省玉门市饮马农场取土,取样地点靠近饮马农场十九队附近的农田。当时取土发现土壤中植被根系较为发育,且土壤表面局部有薄薄的盐渍结晶。本次取样时去掉土壤表层约8 cm厚度土层后直接用铁锹将土样装袋。

试验用土取样大致地理位置见图3-1,取样照片如图3-2所示。

图 3-1　取样地点

（a）取样场地　　　　　　　　　（b）取样方式

图 3-2　取样照片

3.2.2　盐渍土的基本工程性质试验

对本次取样的玉门硫酸盐渍土进行基本土工性能试验，可以了解该硫酸盐渍土的基本性质，这也为后续试验奠定了基石。本次盐渍土的基本土工试验包括土的天然含水率、界限含水率试验，击实、改性后盐渍土的含水率、最大干密度等试验。本章提及的土工试验都严格参照《土工试验方法标准》（GB/T 50123—2019），从而保证了试验的准确性。

3.2.2.1 天然含水率

土的天然含水率是最常见土工试验指标之一，是计算干密度、孔隙比等土工指标的须知参数，其数值表征此时土体内蕴含自由水的数量，其发生变化使土的一系列其他性能也随之而变。天然含水率的测定方法：将土样放入烘箱中，土体中的自由水和弱结合水在105～110℃的温度下全部变成水蒸气挥发，前后两次称量土体颗粒质量不再发生变化或者变化在允许误差范围内，定义此刻的土重为干土质量。将烘干失去的自由水质量与干土质量之比定义为土体含水率，用百分数表示。

盐渍土的天然含水率和之后的水盐迁移试验中含水率计算结果应当按照式（3-1）得出，结果精确至0.1%。

$$w_0 = \frac{m_1 - m_2}{m_2 - m_0} \times 100\% \tag{3-1}$$

式中，w_0——盐渍土的天然含水率（%）；

m_1——铝盒加上湿土的总质量（g）；

m_2——铝盒加上干土的总质量（g）；

m_0——铝盒自身质量（g）。

通过4组平行土样得到盐渍土的天然含水率统计结果如表3-1所示。

表3-1　盐渍土天然含水率统计表

铝盒质量/g	铝盒加盐渍土质量/g	铝盒加干土质量/g	含水率/%
8.08	23.40	22.77	4.29
8.02	26.40	25.76	3.62
8.79	23.78	23.16	4.31
7.71	23.04	22.42	4.21

以上为盐渍土天然含水率试验所得数值，其中第二组数据误差较大，将该组数据舍去，其余组误差均在0.1%以内。将三组实测数据取加权平均值可知盐渍土的天然含水率为4.27%。

3.2.2.2 界限含水率

界限含水率是土体常见的基本工程性质指标，表征土体随含水率变化而呈现的软硬状态。对于土体因不同含水率所处状态的描述，我们用固态、半固态、可塑、流动四个词来形容，对于黏性土来说，通常用到的是液限w_L和塑限w_P这两个界限数值。土体可塑性可以通过液限和塑限的差值表征，一般两者差值相差越大，可塑性对应的含水率区间越长，土体可塑性能就越强，定义该差值为塑性指数I_P。本次试验结果如表3-2所示。

表3-2　液塑限联合测定试验结果

铝盒质量/g	铝盒加湿土质量/g	铝盒加干土质量/g	下落深度/mm	含水率/%	液限w_L/%	塑限w_p/%
6.02	14.31	12.73	5.73	25.44		
7.34	15.31	13.46	10.50	30.23	34.61	24.20
6.79	18.77	15.75	16.50	33.71		

塑性指数I_P和液性指数I_L分别按下式计算：

$$I_P = w_L - w_p \tag{3-2}$$

$$I_L = \frac{w - w_p}{I_P} \tag{3-3}$$

计算得到$I_P = 10.39$，$I_L = 1.87$。依据土体分类，据此可以判定，试验用盐渍土为粉质黏土。

3.2.2.3　击实试验

击实试验的目的是绘制含水率与干密度之间的关系曲线，通过曲线可以确定最优含水率和最大干密度。本次试验采用轻型击实仪，轻型击实试验采用2.5 kg的锤，高度是300 mm，每层25次锤击，共分三层。击实试验所得数据如表3-3所示。

参照击实试验土工规范，表3-3的数据可生成干密度与含水率的关系曲线，如图3-3所示，曲线峰值点的纵横坐标分别对应最大干密度与最优含水率。本次试验硫酸盐渍土的最大干密度为1.61 g/cm³，最优含水率为20.2%。

表3-3　击实试验结果统计表

土体质量/g	含水率/%	土体体积/cm³	密度/$(g \cdot cm^{-3})$	干密度/$(g \cdot cm^{-3})$
2100	15	947.8	1.71	1.49
2100	17	947.8	1.84	1.58
2100	19	947.8	1.96	1.59
2100	21	947.8	1.95	1.62
2100	23	947.8	1.93	1.56

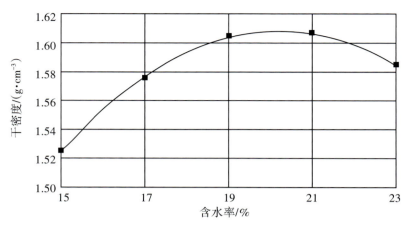

图3-3　击实曲线

3.2.2.4　易溶盐含量

　　盐渍土中很多盐分易溶于自由水中，根据溶解的盐分的种类和多少对盐渍土进行工程分类。盐渍土中常见的易溶盐包括硫酸盐（Na_2SO_4、Ka_2SO_4等）、碳酸盐（Na_2CO_3、K_2CO_3等）、盐酸盐、碳酸氢盐等。盐渍土的工程性质与其易溶盐的成分直接相关，易溶盐是盐渍土发生溶陷、盐胀和腐蚀的重要原因，大型工程建设对所在区域的盐渍土性能、含盐量和含盐种类等指标非常重视。

　　本次盐渍土易溶盐测试委托兰州大学资源环境学院实验室进行，所用仪器为ICS-2500研究型离子

图3-4　ICS-2500研究型离子色谱仪

色谱仪（图3-4），测得数据结果整理见表3-4。测得含盐量为7.02%，依据规范，该盐渍土为硫酸盐渍土，且为超盐渍土。

表3-4　土样中盐的化学成分分析结果

SO_4^{2-}	Cl^-	NO_3^-	$Na^+ + K^+$	Ca^{2+}	Mg^{2+}	盐渍土分类
31840	9413	289.30	15732	4077	4986	硫酸盐渍土

3.2.2.5　改性盐渍土含水率

当盐渍土与石灰、粉煤灰和水玻璃混合时，会发生一系列物理化学反应，导致原有自由水变成强结合水，出现含水率相对降低等变化。此刻要保证各组试验拥有相同的含水率，需要通过一定梯度的配比模拟，再经过烘箱慢慢烘烤，通过前后损失自由水的含量得出试验组的最准确合理的含水率。

在控制含水率与干密度一致的情况下，将石灰和粉煤灰掺量控制在 1∶2，分别占干土质量的 7% 与 14%。这样保证了固化盐渍土的固有强度效果，也有前后试验的对比效果。当盐渍土与石灰、粉煤灰混合时，通过多次的含水率测试试验，可得到混合物真实的含水率，如表 3-5 所示。此刻配比为盐渍土 118.00 g，石灰 7.93 g，粉煤灰 15.86 g，蒸馏水 25.94 g，能保证含水率约为 20.2%。

表 3-5　纯盐渍土+7%石灰+14%粉煤灰

铝盒质量/g	铝盒加盐渍土质量/g	铝盒加干土质量/g	含水率/%
8.03	20.97	18.83	19.81
8.44	21.52	19.33	20.11
8.77	22.68	20.32	20.43

当盐渍土与石灰、粉煤灰和 20 °Bé 水玻璃混合时，通过不断地模拟试验得到混合后的含水率如表 3-6 所示，此刻的具体配比为盐渍土 113.20 g，石灰 7.61 g，粉煤灰 15.22 g，水玻璃 31.70 g，能保证含水率约为 20.2%。

表 3-6　纯盐渍土+7%石灰+14%粉煤灰+20 °Bé 水玻璃

铝盒质量/g	铝盒加盐渍土质量/g	铝盒加干土质量/g	含水率/%
8.24	19.48	17.53	19.99
7.78	19.82	17.78	20.40
8.02	20.25	18.17	20.49

当盐渍土与石灰、粉煤灰和 30 °Bé 水玻璃混合时，通过不断地试验模拟得到混合后的含水率数据如表 3-7 所示，此刻的具体配比为盐渍土 113.20 g，石灰 7.61 g，粉煤灰 15.22 g，水玻璃 31.70 g，能保证含水率约为 20.2%。

表3-7　纯盐渍土+7%石灰+14%粉煤灰+30 °Bé 水玻璃

铝盒质量/g	铝盒加盐渍土质量/g	铝盒加干土质量/g	含水率/%
8.36	24.58	21.85	20.31
8.22	24.17	21.47	20.37
8.08	24.42	21.74	19.94

当盐渍土与石灰、粉煤灰和40 °Bé 水玻璃混合时，通过不断地试验模拟得到混合后的含水率数据如表3-8所示，此刻的具体配比为盐渍土113.20 g，石灰7.61 g，粉煤灰15.22 g，水玻璃31.70 g，能保证含水率约为20.2%。

表3-8　纯盐渍土+7%石灰+14%粉煤灰+40 °Bé 水玻璃

铝盒质量/g	铝盒加盐渍土质量/g	铝盒加干土质量/g	含水率/%
8.19	22.77	20.29	20.21
8.18	21.45	20.20	20.11
7.89	21.02	19.59	20.05

3.2.3　改性剂的参数

3.2.3.1　粉煤灰

本次试验选用兰州西固热电有限公司产生的粉煤灰，其主要成分为钙、硅、镁等元素的氧化物，各化学成分组成范围参考表3-9。

张超[9]研究了粉煤灰对氯盐渍土、硫酸盐渍土的固化效果，发现当粉煤灰含量超过15%时，能有效增大固化土的内摩擦角与黏聚力。但是对于超硫酸盐渍土，当粉煤灰含量小于15%时，7～28 d固化土的内摩擦角与黏聚力会有小幅度变动；当粉煤灰含量超过15%时，其内摩擦角与黏聚力会下降。因此，本试验选用14%粉煤灰掺量符合要求。

表3-9　兰州西固热电有限公司粉煤灰的主要质量指标

单位：%

成分	SiO_2	CaO	MgO	Al_2O_3	Fe_2O_3
质量分数	1.4～64.8	1.3～17.1	1.2～3.6	1.5～6.3	1.4～41.2

3.2.3.2　石灰

此次试验采用生石灰，CaO 为其主要的化学成分，通常由含碳酸钙的岩石等高温煅烧而成，吸水性较强。王永卫等[10]研究表明，生石灰与水接触时放热并生成 $Ca(OH)_2$，此时体积增大 $1\sim2$ 倍，对周围土体产生挤压作用使得土体密实度提高，并且加入石灰后会促使盐渍土中的水分蒸发。$Ca(OH)_2$ 在有水的情况下与盐渍土中的硅氧化物、铝氧化物接触反应会形成胶凝物质，阻止了内部水分的蒸发与外部水分的进入，从而提高了土体强度。对比不同石灰掺量情况下膨胀土的膨胀率、膨胀力和抗压强度等数值发现，石灰的存在的确能有效降低土体的膨胀率，膨胀力也有效降低了，并且发现抗压强度在石灰含量约为 6% 时提升效果最明显。

第 2 章中我们分析了石灰、粉煤灰、水玻璃对甘肃玉门市饮马农场的硫酸盐渍土的固化情况，发现经过二灰固化后的硫酸盐渍土的工程性能得到有效提高。二灰存在最佳掺入比，且当石灰的掺量接近干土质量的 7% 时，对盐渍土的固化效果最突出。

3.2.3.3　水玻璃

李雪等[11]发现，在硫酸存在的酸性环境中，水玻璃中负一价硅酸会相互反应形成硅酸二聚体，再反应形成硅酸三聚体、四聚体等，最终聚合形成含硅的凝胶团聚分子。廖欣[12]教授发现水玻璃对粉煤灰有碱激发作用，水玻璃参与反应形成了具有一定分散性与稳定性的空间网状结构物，从而提升土体的强度。

水玻璃成分的经验公式可以缩写为 $M_2O \cdot mSiO_2 \cdot nH_2O$，其中 M 为 Na^+、K^+、Li^+、Rb^+ 和 R_4N^+，m 与 n 是 M_2O、SiO_2、H_2O 三个组成物质的量的比例。水玻璃的模数是指 Na_2O 和 SiO_2 的物质的量之比，通过加入纯固体 NaOH 和 KOH 调整其模数。加入 NaOH 的水玻璃成为钠水玻璃，加入 KOH 的水玻璃成为钾水玻璃。本次试验采用模数为 3.2 的钠水玻璃。

3.3　盐渍土的三轴应力应变特征

3.3.1　硫酸盐渍土三轴剪切试验方案

当盐渍土基本工程性质试验做完以后，按照试验方案配置压制固化盐渍土试样。

首先将野外获取的盐渍土摊开、烘干并过 2 mm 筛，过筛后除掉土体中的杂物（例如草屑、草根等），然后集中装在大的密封塑料桶中。设置纯盐渍土、纯盐渍土+7%石灰+14%粉煤灰、纯盐渍土+7%石灰+14%粉煤灰+20 °Bé 水玻璃、纯盐渍土+7%石灰+14%粉煤灰+30 °Bé 水玻璃、纯盐渍土+7%石灰+14%粉煤灰+40 °Bé 水玻璃五个对照组，保持每组含水率与总质量一致。盐渍土试样采用静压法压制，在压制过程中采用相同的压制方式控制误差，且试样含水率设定为最优含水率（20.2%），因为在最优含水率情况下盐渍土试样有较好的强度性能。固化硫酸盐渍土试样为标准圆柱体，其直径是38.0 mm，高是 80 mm。制作完成的试样和制样器械如图 3-5 所示，盐渍土试样压制辅助器材如图 3-6 所示。

图 3-5　固化硫酸盐渍土试样制作

图 3-6　试样压制辅助设备

配置固化硫酸盐渍土试样之前，先把硫酸盐渍土试样在烘箱中烘干，然后将每组计算好的蒸馏水加入硫酸盐渍土中，分三次加入，让水与土充分结合。搅拌至无明显大颗粒时，将其静置闷样 8 h 以上，使得压实盐渍土土样中水分均匀分布，之后填入模具内静力压实。配置固化盐渍土土样时，石灰、粉煤灰同样要过 2 mm 筛，根据前面各组改性硫酸盐渍土配置指标来配。

除了纯盐渍土组外，其余组石灰的掺量为干土质量的 7%，粉煤灰的掺量为干土质量的 14%，水玻璃根据要求定量加入其中。当加入水玻璃搅拌时要求搅拌速度要较快，水玻璃会迅速地成块状凝聚，使得土体中出现明显的硬塑状颗粒物质，此时应该尽可能地将那些颗粒疙瘩碾碎，使得土样搅拌均匀。固化样最优含水率仍然控制为 20.2%，各组土样的配比与龄期如表 3-10 所列。固化硫酸盐渍土试样在静力压实到指定高度后，需要静置压实的时间为 2 min，然后再将模具内试样用脱模器取出。取出后确定试样的重量、直径、高度是否满足误差要求，将合适的盐渍土试样用密封的保鲜膜包裹，并且用胶布缠裹三圈。贴上标签分组，并且用小塑料袋套上再放置在保湿器里分别养护 14 d、28 d 与 60 d。共制备压实盐渍土和固化盐渍土试样各 15 组，每组 4 个平行样，共 60 个盐渍土试样。各试样组配比如表 3-10 所示。

表 3-10　固化盐渍土试样参数

干密度/(g·cm⁻³)	含水率/%	石灰/%	粉煤灰/%	水玻璃浓度/°Bé	龄期/d
1.61	20.2	0	0	0	14
1.61	20.2	0	0	0	28
1.61	20.2	0	0	0	60
1.61	20.2	7	14	0	14
1.61	20.2	7	14	0	28
1.61	20.2	7	14	0	60
1.61	20.2	7	14	20	14
1.61	20.2	7	14	20	28
1.61	20.2	7	14	20	60
1.61	20.2	7	14	30	14
1.61	20.2	7	14	30	28
1.61	20.2	7	14	30	60
1.61	20.2	7	14	40	14
1.61	20.2	7	14	40	28
1.61	20.2	7	14	40	60

本次试验采用卓致力天 31-WF7005 型动力三轴剪切试验仪器，如图 3-7 所示。该仪器可通过独特的可编程多阶段试验程序进行标准静 UU、CU、CD 等三轴剪切试验。其具有以下特点：可闭环式反馈轴向荷载或位移、围压及反压三个参数；操作频率可

达 10 Hz；能进行常规静三轴试验、动三轴及非饱和三轴试验等。

图 3-7　三轴剪切试验仪器

本次采用常规静三轴试验，不固结不排水。在试验进行中，上部保持不动，工作台底座缓慢上升，直至试验完成。当轴向应变量超过盐渍土试样高度的15%时，认为剪切破坏已经完成，试验结束。

3.3.2　三轴剪切试验应力应变特征

3.3.2.1　试样形态

本次试验主要针对28 d龄期的试样组，在试验进行前，描述28 d龄期内盐渍土各组试样形态、质感方面的区别。可以发现：五组盐渍土试样都发生不同程度的膨胀，且掺入水玻璃后盐渍土试样外观相比无水玻璃掺入的盐渍土试样外观有较大的区别。纯盐渍土试样变形膨胀最明显，试样直径从38.0 mm膨胀到40.2 mm左右。试样表面呈灰黑色，手接触有略微潮湿感，质地较软，易变形，且试样表面有斑点状灰白色盐渍类物质析出。石灰、粉煤灰固化后的盐渍土试样表面呈灰白色，试样直径从38.0 mm膨胀到39.1 mm左右，且表面分布密集点状结晶物质，试样表面干燥无明显水分。水玻璃固化后盐渍土试样盐胀现象得到有效抑制，且在固化盐渍土试样表层形成一层灰黑色的胶结固化层。水玻璃浓度越高，试样表层的胶结固化层越厚，表层土体的颜色越深，且盐渍土试样的硬度随着水玻璃浓度的提升有明显的提高。

3.3.2.2　应力应变特征描述

龄期为 28 d 的五组硫酸盐渍土固化方案的三轴应力应变曲线图如图3-8至图3-12所示。

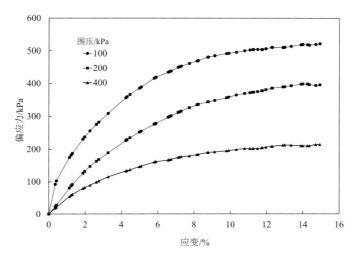

图3-8　未固化硫酸盐渍土应力应变曲线

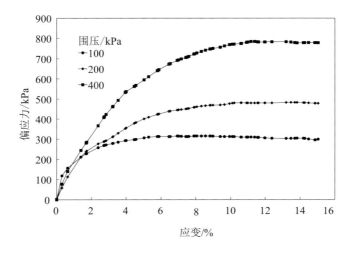

图3-9　二灰固化样应力应变曲线

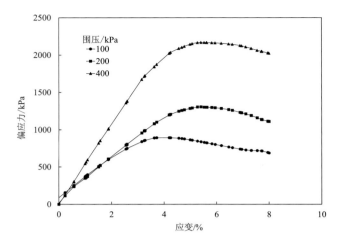

图 3-10　20 °Bé 水玻璃+二灰固化样应力应变曲线

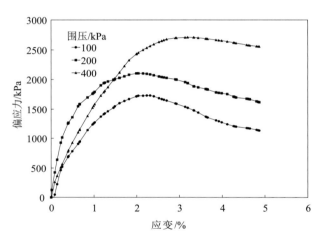

图 3-11　30 °Bé 水玻璃+二灰固化样应力应变曲线

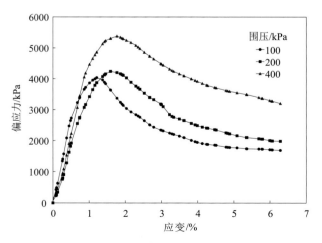

图 3-12　40 °Bé 水玻璃+二灰固化样应力应变曲线

常规静三轴应力应变关系曲线大致可分为三种类型：应变硬化型、稳定型、应变软化型（如图3-13所示）。试验所得纯硫酸盐渍土固化样、二灰（石灰、粉煤灰）固化样、有水玻璃掺入的固化样的应力应变曲线分别对应上述提到三种情况。

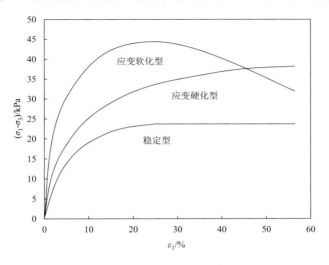

图3-13 应力应变关系类型

由图3-8可知，纯硫酸盐渍土土样应力应变关系曲线属于应变硬化型，即应力、应变呈正相关关系，直至试样完全破坏。当ε较小时，随着应变量的增大，偏应力几乎呈线性增加，此时此范围内的土体表现为弹性变形。偏应力较大时，随着应变稳定增加，相对的应力增加率变小，两者之间不再呈线性关系，此时土体是弹性变形与塑性变形的结合，土体已经进入了屈服阶段，试样受到的竖向应力不断提高，屈服点增加得较为缓慢，曲线呈现慢慢平稳变化趋势，直至应变量达到15%，试验停止，其破坏形态如图3-14（a）所示。在压缩变形过程中，试样顶端出现鼓胀变形，试样变矮，局部变胖，但未出现明显的裂纹。三轴剪切试验仪器工作原理是顶端固定，下部试验台缓慢上升，导致应力集中于上部一侧，而非传统试验中鼓胀变形集中在土样中心。

由图3-9可知，二灰固化样的应力应变关系曲线属于稳定型，即介于应变硬化型与应变软化型之间的一个曲线类型。图中应力应变关系曲线在应变量达到12%以后，应变不断增加过程中应力数值波动很小，近似稳定，曲线平行于横坐标。其三轴剪切破坏形态与纯硫酸盐渍土的破坏形态类似，表现为试样上部的鼓胀变形，试样变矮，局部变胖，如图3-14（b）所示。试样上部鼓胀，密布鱼鳞状微小裂纹，但试样中、下部未见明显裂纹。

由图3-10、3-11和3-12可知，水玻璃、石灰、粉煤灰联合固化试样的应力应变关系曲线属于应变软化型。从3个图形中不难得出：水玻璃的掺入使得土体的塑性降低，试样呈脆性破坏，无明显鼓胀现象；水玻璃的浓度越高，固化样三轴峰值标对应的ε值越小；相同配比的试样组，低围压试样破坏时应变量 $A_t = \dfrac{R_t - R_0}{100 - R_0} \times 100$ 较小。不同浓度水玻璃的试样破坏形态有差异，如图 3-14 中图（c）、（d）、（e）所示。20 °Bé 水玻璃+二灰固化样的破坏剪切面与水平面呈 45°+φ/2 夹角，试样无其他贯穿裂隙。当水玻璃浓度达到 30 °Bé 及以上时，试样破坏形态是多条纵向裂隙贯穿，且裂隙多分布于试样上部。这是由于试样上部与顶板接触，顶板对试样上部有约束作用，靠近顶板下部受加载面约束变小，因此此处土体受到严重破坏，裂隙发育。

（a）纯盐渍土试验后形态　　　　　　　（b）二灰固化样试验后形态

（c）20 °Bé 水玻璃+二灰固化样试验后形态　　（d）30 °Bé 水玻璃+二灰固化样试验后形态

（e）40 °Bé 水玻璃+二灰固化样试验后形态

图 3-14　28 d 龄期各组试样破坏形态

3.3.3　波速试验

影响弹性波在岩土体中传播速度的因素有很多，例如岩土体的含水率、岩土体的种类、岩土体的密度、岩土体的孔隙度等。当弹性波在岩土体中传播时，遇到裂隙，传播速度视充填物而异。因此当硫酸盐渍土中的含水率越高、裂隙（孔隙）越多时，其波速的传播速度越慢。

基于上述的波速传播特征，针对 28 d 龄期的五组硫酸盐渍土试样进行超声波测速试验，采集的数据如表 3-11 所示。本次试验采用美国 GCTS 公司生产的 ULT-100 声波仪，如图 3-15 所示。

表 3-11　五组固化土中声波的传播速度

土样类型	纯硫酸盐渍土	二灰固化硫酸盐渍土	20 °Bé 水玻璃固化硫酸盐渍土	30 °Bé 水玻璃固化硫酸盐渍土	40 °Bé 水玻璃固化硫酸盐渍土
波速/($m \cdot s^{-1}$)	1211	1487	1542	1664	1824

从表 3-11 可知，纯硫酸盐渍土的声波传播速度最慢，40 °Bé 水玻璃固化硫酸盐渍土的声波传播速度最快。相较纯硫酸盐渍土而言，二灰联合固化后硫酸盐渍土的波速提升 22.8%，20 °Bé 水玻璃固化后的硫酸盐渍土波速提升了 27.3%，30 °Bé 水玻璃固化后的硫酸盐渍土波速提升了 37.4%，40 °Bé 水玻璃固化后的硫酸盐渍土波速提升了 50.6%。这五组试样的尺寸、重量一致，因此波速越大表明其内部产生的胶结物质越多，结构更加紧密，孔隙越少。从应力应变曲线的强度峰值看，波速测试结果表明波速与固化样峰值强度呈正相关关系。

图 3-15　美国 GCTS 的 ULT-100 声波仪测试效果图

3.4 龄期对三轴抗剪强度参数的影响

3.4.1 龄期对三轴抗剪强度的影响

龄期是判定固化效果的一个重要因素，若是一段时间后固化效果明显减弱，达不到要求，便可以认定该种固化方式不合理。统计15组试验固化方案的应力峰值强度可得表3–12。

表3–12 不同龄期、不同围压土样三轴剪切试验应力峰值

土样类型	龄期/d	应力峰值/kPa		
		100 kPa	200 kPa	400 kPa
纯硫酸盐渍土	14	256.8	430.5	723.4
	28	214.4	405.7	519.4
	60	259.2	325.8	405.1
7%石灰+14%粉煤灰固化硫酸盐渍土	14	303.8	567.0	833.8
	28	315.5	485.2	791.2
	60	341.6	642.8	1048.9
20 °Bé水玻璃+7%石灰+14%粉煤灰固化硫酸盐渍土	14	1467.0	1645.1	2258.2
	28	891.4	1302.7	2177.2
	60	915.6	1290.8	1640.0
30 °Bé水玻璃+7%石灰+14%粉煤灰固化硫酸盐渍土	14	2126.7	2408.8	3085.5
	28	1728.0	2095.7	2719.9
	60	1449.0	1883.8	2411.4
40 °Bé水玻璃+7%石灰+14%粉煤灰固化硫酸盐渍土	14	3926.5	4003.4	4680.4
	28	2457.3	4211.4	5363.0
	60	3719.2	3911.9	4786.9

根据上表的数据，我们分别绘制纯硫酸盐渍土试样、二灰固化样、20 °Bé水玻璃+二灰固化样、30 °Bé水玻璃+二灰固化样与40 °Bé水玻璃+二灰固化样的应力峰值与龄

期的变化关系图，如图3-16至图3-20所示。

由图3-16可知，纯硫酸盐渍土在相同围压下，其三轴峰值强度随龄期延长呈下降趋势。重塑硫酸盐渍土试样的含水率为20.2%，土体中自由含水量大幅增加，并且将硫酸盐渍土试样用保鲜膜与小塑料袋双层保护放在保湿器中养护，与外界几乎没有水分的交流。刚配置出来的硫酸盐多以易溶盐形式赋存在水体中，且本次试验硫酸盐渍土中硫酸盐含量超过7%，硫酸盐的量较多。随着龄期的延长，越来越多的硫酸盐会以芒硝晶体的形式析出，芒硝的析出会使得土体内部的水分相对减少，从而又进一步使得更多的芒硝结晶析出。因此，养护周期越长土体膨胀越明显，其内部空间结构因为土体膨胀遭到破坏，黏聚力降低导致土体的强度降低。

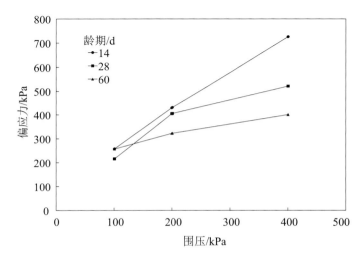

图3-16　未固化硫酸盐渍土应力峰值曲线

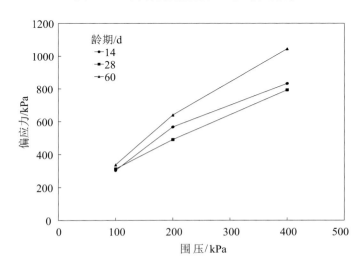

图3-17　二灰固化样应力峰值曲线

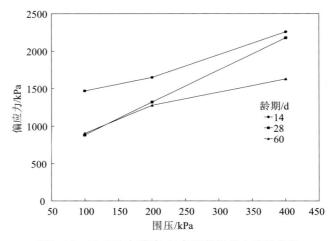

图3-18　20 °Bé 水玻璃+二灰固化样应力峰值曲线

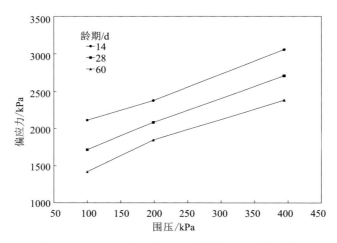

图3-19　30 °Bé 水玻璃+二灰固化样应力峰值曲线

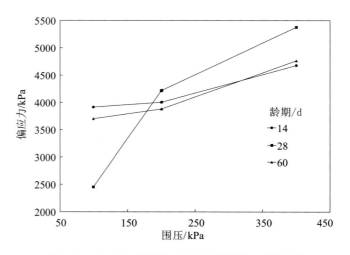

图3-20　40 °Bé 水玻璃+二灰固化样应力峰值曲线

由图 3-17 可知，养护周期为 60 d 的二灰固化盐渍土的抗剪强度最高，28 d 养护周期的硫酸盐渍土强度最低，且低围压 100 kPa 情况下三者之间的峰值应力强度差距不太明显。查阅相关资料可知，水泥的硬化周期为 90 d 左右，早期 14 d 内能达到较高的抗剪强度，28 d 后强度增长缓慢。早期阶段，石灰与粉煤灰联合加固硫酸盐渍土时，石灰先与水反应生成氢氧化钙。之后氢氧化钙与粉煤灰中的 SiO_2、Al_2O_3、Fe_2O_3 发生水化反应生成水化硅酸钙、水化铝酸钙、水化铁酸钙等不溶于水的稳定胶结结晶物质，胶结结晶物质填充了土颗粒之间的空隙使得土颗粒结合更加紧密，从而使得固化样早期抗剪强度相对于纯硫酸盐渍土来说得到了明显提升。14～28 d 内，硫酸盐渍土内过多的水分进入土颗粒之间的空隙，使得土颗粒之间水膜层的厚度增加，溶解或者软化了部分胶体颗粒，也起到了一定的润滑作用，从而表现出一定期间内三轴剪切强度的下降。60 d 后，水化反应生成的胶结晶体使得土体内自由水分持续减少，降低了润滑作用，从而使土体强度随时间缓慢提升，并且凝胶产物持续增多也使得此时土体内的胶结结构体系更加稳定，综合结果表明：60 d 二灰固化硫酸盐渍土的抗剪强度最高。

由图 3-18、图 3-19 可知，当水玻璃浓度不高于 30 °Bé 时，龄期越长，相同围压下，固化样三轴破坏峰值应力值越低。当水玻璃、石灰、粉煤灰联合固化土体时，随着时间的推移，粉煤灰与石灰发生早期强度反应形成的水化硅酸钙、水化铝酸钙、水化铁酸钙等不溶于水的胶结物质将会慢慢与土体中的硫酸盐发生反应，生成微溶于水或者溶于水的物质，这将导致部分胶结晶体的减少，进一步导致土体强度降低。本次试验所用的水玻璃为摩尔数为 3.2 的钠水玻璃，其抗酸性能偏差，随着时间的推移在硫酸根离子较多的土体中其强度也会呈现降低的现象。根据已有试验结果，当硫酸浓度超过 7% 时，21 d 后试样强度出现下降的趋势。本次试验硫酸根离子浓度为 7.02%，因此强度出现下降也是比较合理的正常现象。当水玻璃浓度高于 30 °Bé 时，龄期与峰值应力之间关系较为复杂，是各种因素共同作用下的结果。

3.4.2　龄期与三轴剪切参数的关系

内摩擦角与黏聚力是岩土体最主要的 2 个参数。内摩擦角反映土颗粒之间内摩擦力的大小及摩擦特性，包括土颗粒之间产生相互滑动时需要克服颗粒表面粗糙不平而引起的滑动摩擦，以及颗粒物的嵌入、连锁和脱离咬合状态而移动所产生的咬合摩擦。一般来说，土体内胶结效果越好，土体的结构越紧密，空隙越小，内摩擦角越大。黏聚力，又叫内聚力，土在外力作用下，抵抗剪切滑动的极限强度称为抗剪强度，土的抗剪强度可以认为是由土颗粒间的内摩阻力以及胶结物和束缚水膜的分子引力所造成的黏聚力组成。土颗粒间存在着相互作用力，其中黏土颗粒—水—电系统间的相互作用是最普遍的，颗粒间的相互作用可能是吸引力，也可能是排斥力。土的黏聚力是土颗粒间的引力和斥力的综合作用。

分析盐渍土龄期与内摩擦角、黏聚力之间的关系时，按照盐渍土掺量配比的不同可将土样分成五组，分别分析其三轴黏聚力 c 与内摩擦角 $A_t = \dfrac{R_t - R_0}{R_e - R_0} \times 100\%$ 之间的关系，如表3-13、表3-14所示。

由表3-13的内摩擦角数值，可绘制龄期与内摩擦角关系曲线，如图3-21。纯硫酸盐渍土与二灰固化硫酸盐渍土的内摩擦角在28 d时最小，14 d与60 d时内摩擦角偏大。并且二灰固化后的硫酸盐渍土的内摩擦角普遍高于纯盐渍土的内摩擦角。观察20 °Bé、30 °Bé与40 °Bé水玻璃联合二灰固化硫酸盐渍土分别在14 d、28 d与60 d的内摩擦角变化可知，有水玻璃掺入时，28 d时内摩擦角最大，14 d与60 d都有不同程度的降低，此时土体内摩擦角的数值一定程度上能反映土体内胶体的数量与土体胶结紧密状态。水玻璃与石灰、粉煤灰联合固化硫酸盐渍土时，水化反应受到龄期影响明显，一般认为龄期14 d时能达到70%以上的水化反应强度，龄期28 d能达到90%的水化反应强度。28 d后内摩擦角下降主要是本次试验硫酸盐渍土中硫酸盐含量高导致的，水化反应完成后过剩的硫酸钠以芒硝晶体形式析出，芒硝的盐胀现象使得土颗粒孔隙变大，土体结合力下降，从而造成土体强度下降。

表3-13　不同龄期土样内摩擦角

土样类型	内摩擦角		
	14 d	28 d	60 d
纯土	25°	21°	27°
二灰固化土	27°	26°	33°
20 °Bé水玻璃+二灰固化土	35°	43°	34°
30 °Bé+水玻璃二灰固化土	37°	39°	37°
40 °Bé+水玻璃二灰固化土	36°	46°	41°

由表3-14可知，纯硫酸盐渍土与石灰、粉煤灰固化样的黏聚力 A_t^{i+1} 值随着龄期的增长而逐渐减少。从试样尺寸变化上也发现，龄期越长的纯硫酸盐渍土试样经二灰固化后的试样膨胀性越高。纯硫酸盐渍土试样，因为其硫酸盐含量较高，且其最优含水率偏高，随着养护时间的延长，硫酸盐渍土中的硫酸钠以晶体结晶的形式析出导致产生盐渍土盐胀现象，从而使得土体内部孔隙增加，进而导致了土体黏聚力的下降。石灰、粉煤灰固化硫酸盐渍土时，二灰迅速发生水化反应形成早期强度较

高的胶凝物质，胶凝物质胶结包裹土颗粒，使得土体早期的黏聚力相对于纯硫酸盐渍土的黏聚力来说，得到明显的提升。随着龄期的延长，土体内过量的硫酸根离子将会与土体内形成的胶体物质进行反应，从而降低了土体内胶体的数量，导致土体强度下降。后期土样内的硫酸盐多以芒硝的形式结晶析出，这个过程中硫酸盐的颗粒吸水变大引起的膨胀现象会使土体的黏聚力进一步下降。不同浓度的水玻璃固化样 14～28 d 内，其黏聚力 c 值发生下降，其中 20 °Bé 与 40 °Bé 的水玻璃固化样在 60 d 时其黏聚力有小幅回升。

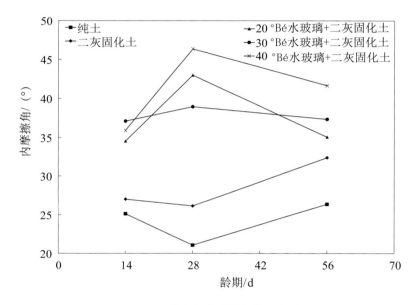

图 3-21　龄期与内摩擦角关系曲线

表 3-14　不同龄期土样黏聚力

土样类型	黏聚力/kPa		
	14 d	28 d	60 d
纯土	38.70	36.10	24.41
二灰固化土	55.95	51.66	33.53
20 °Bé 水玻璃+二灰固化土	310.74	93.22	179.82
30 °Bé+水玻璃二灰固化土	447.54	334.12	281.65
40 °Bé+水玻璃二灰固化土	945.16	645.85	715.25

3.5　水玻璃浓度对三轴剪切参数的影响

本节讨论28 d龄期下，水玻璃浓度对土体强度的提升效果，以及对 c、ϕ 值的影响，从而建立水玻璃和剪切强度参数 c、ϕ 之间的函数关系，给出邓肯-张模型相关参数。

3.5.1　水玻璃浓度对三轴强度的影响

当用水玻璃、石灰、粉煤灰三者联合固化硫酸盐渍土时，为了更加形象地对比不同水玻璃浓度与二灰联合固化硫酸盐渍土的性能效果，提出水玻璃贡献值的概念，来分析水玻璃浓度对固化效果的影响。

b 代表四种水玻璃浓度状态，b 取值分别为 0 °Bé、20 °Bé、30 °Bé、40 °Bé，贡献值 G 如下定义：

$$G = \frac{(\sigma_1 - \sigma_3)_b - (\sigma_1 - \sigma_3)_0}{(\sigma_1 - \sigma_3)_0} \tag{3-4}$$

式中，G——水玻璃贡献值；

　　　$(\sigma_1-\sigma_3)_b$——在 b 浓度水玻璃下三轴偏应力差；

　　　$(\sigma_1-\sigma_3)_0$——在石灰、粉煤灰固化下三轴偏应力差。

三轴剪切试验应力参数如表3-15所示。

表3-15　28 d龄期土样不同围压三轴剪切试验应力峰值

单位：kPa

土样类型	应力峰值		
	100	200	400
二灰固化土	315.5	485.2	791.2
20 °Bé水玻璃+二灰固化土	891.4	1302.7	2177.2
30 °Bé水玻璃+二灰固化土	1728.0	2095.7	2719.9
40 °Bé水玻璃+二灰固化土	2457.3	4211.4	5363.0

分析不同浓度的水玻璃对盐渍土强度的贡献值如图3-22所示。由图可知，围压越小，水玻璃浓度越高，水玻璃浓度的贡献值越大。在100 kPa的围压下，40 °Bé水玻璃+二灰固化土的固化效果能达到二灰固化土固化效果的11.6倍。因为水玻璃浓度提升，土体内形成的胶凝物质增多，胶结效果变好，土体结构变得更加紧密，因此固化

样的强度会有明显的提升。当然，水玻璃浓度越高，所需成本也在不断上升。

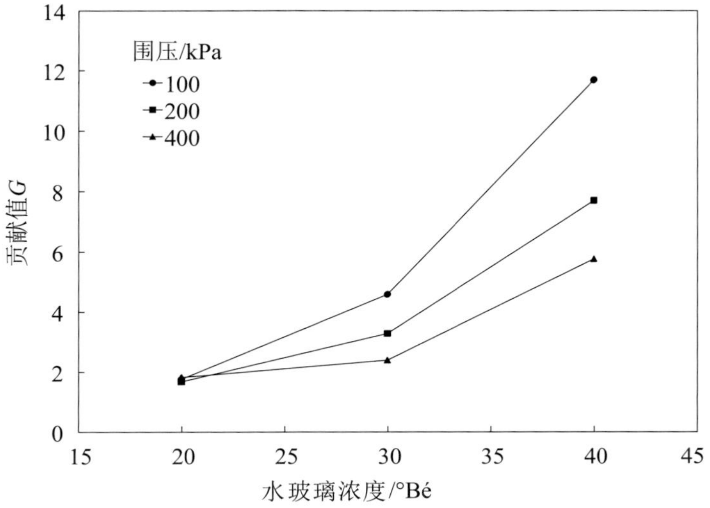

图3-22　不同浓度的水玻璃对三轴强度提高的贡献值

3.5.2　水玻璃浓度与强度参数的关系

整理28 d龄期下二灰固化土、20 °Bé水玻璃+二灰固化土、30 °Bé水玻璃+二灰固化土、40 °Bé水玻璃+二灰固化土的常规三轴剪切试验的c、φ数值，绘制表3-16。根据表3-16内数值，可绘制内摩擦角、黏聚力与水玻璃掺量的关系曲线图，如图3-23、图3-24。

表3-16　28 d龄期土样不同水玻璃掺量三轴抗剪强度参数

水玻璃浓度/°Bé	0	20	30	40
c/kPa	51.2	93.2	358.7	645.9
φ	26°	43°	39°	46°

水玻璃联合石灰、粉煤灰固化硫酸盐渍土实际上属于非饱和土，常规三轴剪切试验得到的强度参数偏小，用于实际工程时也偏于安全。将不同浓度水玻璃掺量与黏聚力、内摩擦角进行函数拟合如下式。

$c = 0.5902b^2 - 8.3553b + 47.36$

$$b \in [20,40], \quad R^2 = 0.9928 \tag{3-5}$$

$\phi = 0.024b^3 - 0.1625b^2 + 3.133b + 26$

$$b \in [20,40], \quad R^2 = 1 \tag{3-6}$$

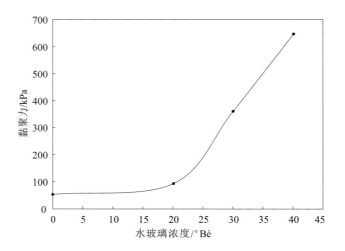

图 3-23　黏聚力与水玻璃浓度的关系

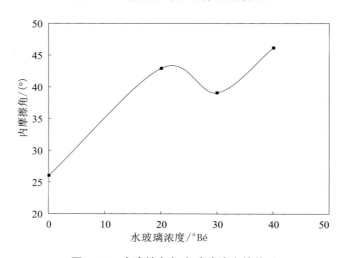

图 3-24　内摩擦角与水玻璃浓度的关系

可以看出，拟合公式相关系数很高，达到或接近 1。从图 3-23 可知，水玻璃浓度低于 20 °Bé 时，硫酸盐渍土的黏聚力增长较为缓慢，且其数值在 100 kPa 以下。这说明浓度低于 20 °Bé 的水玻璃对硫酸盐渍土的黏聚力提升作用可以忽略不计。当水玻璃浓度高于 20 °Bé 时，硫酸盐渍土的黏聚力呈现出快速增长的趋势，即水玻璃浓度超过 20 °Bé 时，水玻璃的固化效果在硫酸盐渍土中才能很好地体现出来。

从图 3-24 可知，当水玻璃浓度低于 20 °Bé 时，随着水玻璃浓度增加，土体内摩擦角缓慢变大；当水玻璃浓度高于 20 °Bé 低于 30 °Bé 时，土体内摩擦角数值缓慢变小并在 30 °Bé 时达到最小值；当水玻璃浓度高于 30 °Bé 时，土体内摩擦角数值开始变大，但是整体变动幅度较小。

3.5.3　邓肯–张模型

邓肯–张（Duncan-Chang）模型是目前描述土的应力应变关系的常见数学模型，该模型的提出基于康纳在 20 世纪 60 年代拟合一般土的双曲线模型，也是一种目前被广泛使用的增量弹性模型。该模型发现，一般土体的应力应变曲线 $(\sigma_1 - \sigma_3) \sim \varepsilon_1$ 可用双曲线来拟合，其表达形式如公式（3-7）：

$$\frac{\varepsilon_1}{(\sigma_1 - \sigma_3)} = a + b\varepsilon_1 \qquad (3-7)$$

式中 a、b 为常数。将三轴剪切试验结果在 $\varepsilon_1/(\sigma_1 - \sigma_3) \sim \varepsilon_1$ 坐标中进行拟合，两者接近线性关系，其直线斜率为 b，截距为 a，如图 3-25 所示。

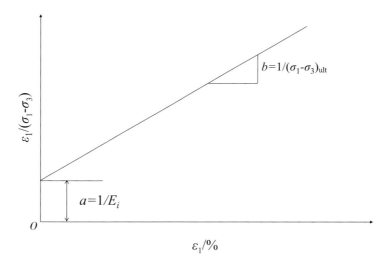

图 3-25　$\varepsilon_1/(\sigma_1 - \sigma_3) \sim \varepsilon_1$ 的关系曲线

在土体的三轴剪切试验过程中，如果应力应变的关系曲线近似双曲线，我们往往取 15% 的应变值来定义土体的强度 $(\sigma_1 - \sigma_3)_f$，有峰值情况下，取 $(\sigma_1 - \sigma_3)_f = (\sigma_1 - \sigma_3)_峰$，此时定义破坏比为 R_f：

$$R_f = \frac{(\sigma_1 - \sigma_3)_f}{(\sigma_1 - \sigma_3)_{ult}} \qquad (3-8)$$

图 3-26 为二灰固化硫酸盐渍土的拟合曲线图，围压为 100 kPa 改良硫酸盐渍土 $\varepsilon_1/(\sigma_1 - \sigma_3) \sim \varepsilon_1$ 关系图，拟合因子 $R^2=0.9994$，这说明曲线拟合相关性好，应力应变曲线适用于邓肯–张模型。

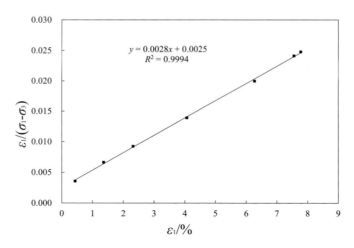

图 3-26   100 kPa 二灰固化硫酸盐渍土 $\varepsilon_1/(\sigma_1 - \sigma_3) \sim \varepsilon_1$ 曲线

其中，$a = 2.85 \times 10^{-3} \text{kPa}$，$b = 2.85 \times 10^{-3}$

$(\sigma_1 - \sigma_3)_{\text{ult}} = 350.88 \, \text{kPa}$，$(\sigma_1 - \sigma_3)_{\text{f}} = 315.80 \, \text{kPa}$

$$R_{\text{f}} = \frac{(\sigma_1 - \sigma_3)_{\text{f}}}{(\sigma_1 - \sigma_3)_{\text{ult}}} \approx 0.900$$

图 3-27 为 40 °Bé 水玻璃+二灰固化硫酸盐渍土围压为 100 kPa 改良硫酸盐渍土 $\varepsilon_1/(\sigma_1 - \sigma_3) \sim \varepsilon_1$ 关系图，拟合因子 $R^2 = 0.9885$。

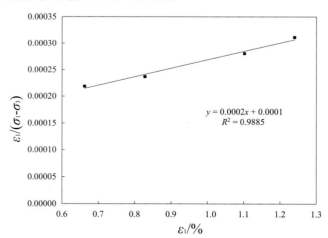

图 3-27   100 kPa 40 °Bé 水玻璃+二灰固化样 $\varepsilon_1/(\sigma_1 - \sigma_3) \sim \varepsilon_1$ 曲线

其中，$a = 1.09 \times 10^{-4} \, \text{kPa}$，$b = 1.17 \times 10^{-4}$，

$(\sigma_1 - \sigma_3)_{\text{ult}} = 6289.318 \, \text{kPa}$，$(\sigma_1 - \sigma_3)_{\text{f}} = 3987.80 \, \text{kPa}$

$$R_{\text{f}} = \frac{(\sigma_1 - \sigma_3)_{\text{f}}}{(\sigma_1 - \sigma_3)_{\text{ult}}} \approx 0.634$$

其他条件下的参数如表 3-17 所示：

表3-17　28 d四组固化样的参数

土样类型	σ_3/kPa	a	Ei/MPa	b	$(\sigma_1-\sigma_3)_{ult}$/kPa	$(\sigma_1-\sigma_3)_f$/kPa	R_f
二灰 固化土	100	2.85E-03	350.88	2.85E-03	350.88	315.800	0.900
	200	5.40E-03	185.19	1.59E-03	628.93	484.900	0.771
	400	4.18E-03	239.23	8.91E-04	1122.33	791.200	0.705
20 °Bé水玻璃 +二灰固化土	100	1.77E-03	564.97	6.67E-04	1499.25	891.400	0.595
	200	2.17E-03	460.83	3.84E-04	2604.17	1302.700	0.500
	400	1.04E-03	961.54	2.68E-04	3731.34	2177.200	0.583
30 °Bé水玻璃 +二灰固化土	100	5.10E-04	1960.78	3.29E-04	3039.51	1728.000	0.569
	200	2.00E-04	5000.00	3.71E-04	2695.42	2095.700	0.778
	400	4.42E-04	2262.44	2.12E-04	4716.98	2719.900	0.577
40 °Bé水玻璃 +二灰固化土	100	1.09E-04	9174.31	1.59E-04	6289.31	3987.300	0.634
	200	3.98E-04	2512.56	1.50E-04	6666.67	2931.700	0.440
	400	1.15E-04	8695.65	1.17E-04	8547.01	5363.000	0.627

通常情况下，R_f小于1，且结果为0.65~0.95时，表示土体的强度能得到充分的表现。由表3-17可知，水玻璃掺入后，改性盐渍土的R_f为0.440~0.778。说明有不少改良盐渍土在破坏时，其强度还未达到极值。在荷载不断增加的时候，土体内部遭到破坏或者断裂，故不能承受外部荷载，所以土体的剪切强度不能完整地表现出来。

在数据统计拟合过程中发现，低围压与高水玻璃浓度情况下，土体的剪切强度能较好地表现出来。

3.6　小结

①7%石灰+14%粉煤灰+水玻璃联合固化硫酸盐渍土的确能大幅度提升硫酸盐渍土的工程力学性能；石灰、粉煤灰掺量保持不变时，水玻璃浓度越高，对硫酸盐渍土工程力学性能的提升效果越明显。水玻璃的加入使得硫酸盐渍土应力应变关系类型发生改变，从原本应变硬化型转变成了有峰值脆性破坏类型，水玻璃的浓度越高，硫酸盐渍土脆性破坏时对应的应变值越低。

②从龄期对比硫酸盐渍土的强度特征时，纯硫酸盐渍土的三轴剪切强度随着龄期

的增加而出现下降，主要是因为高浓度硫酸盐与配置的高含水率导致龄期越长盐胀现象越明显；石灰、粉煤灰固化后的硫酸盐渍土剪切强度呈现先减小后增加的趋势，这主要是石灰与粉煤灰反应形成的胶体早期剪切强度、后期剪切强度增长和硫酸盐侵蚀胶体三者综合作用的结果；有水玻璃掺入的固化硫酸盐渍土试样，当水玻璃浓度较低时，随着龄期的延长，其剪切强度呈现下降趋势，当水玻璃浓度达到 40 °Bé 左右时，其剪切强度与龄期不呈线性关系。

③在任何一组龄期内，盐渍土的黏聚力随着水玻璃浓度的增加呈明显增加趋势，内摩擦角随着水玻璃浓度的增加也呈增长趋势。当水玻璃浓度低于 30 °Bé 时，纯硫酸盐渍土、二灰固化硫酸盐渍土、20~30 °Bé 水玻璃和二灰联合固化硫酸盐渍土，其黏聚力随着龄期的增加而减少。内摩擦角变化与有无水玻璃固化有关，当无水玻璃参与固化时，14 d、28 d 和 60 d 内摩擦角的变化规律均为先减小后增大；当有水玻璃掺入时，其内摩擦角变化方式为先增大后减小。

④本研究提出水玻璃浓度对盐渍土强度的贡献值这一概念，建立不同浓度水玻璃贡献值图表，从而得到不同浓度水玻璃对硫酸盐渍土强度提升效果说明。将不同浓度水玻璃掺量与黏聚力、内摩擦角进行函数拟合，探讨内摩擦角与黏聚力共同作用下的三轴破坏情况。

参考文献

[1]吴秋正. 电石灰改良盐渍土的强度特性研究[J]. 交通世界,2011,21(11):118-120.

[2]李永红. 氯盐渍土的变形和强度特性研究[D]. 咸阳:西北农林科技大学,2006.

[3]刘威,张远芳,慈军,等. 不同含盐类别和干密度盐渍土的三轴试验变化特征研究[J]. 水利与建筑工程学报,2012,10(3):11-15.

[4]高娟,赖远明. 冻结盐渍土三轴剪切试验过程中的损伤及压融分析[J]. 岩土工程学报,2018,40(4):1-8.

[5]刘赛.潍坊北部盐渍土工程特性及砂土动力学研究[D].长春:吉林大学,2015.

[6]王月礼. 灰土改良黄土状硫酸盐渍土强度特性的研究[D]. 兰州:兰州理工大学,2014.

[7]文桃. 西北黄土状硫酸盐渍土工程性质与改良治理研究[D]. 兰州:兰州理工大学,2015.

[8]孙东彦. 冻融循环下镇赉地区非饱和盐渍土及石灰固化土的力学特性及机理研究[D]. 长春:吉林大学,2017.

[9]张超. 路用粉煤灰外加剂作用原理[J]. 长安大学学报(自然科学版),2010,30

(2):1-4.

[10]王永卫,王群伟,杜杰.石灰处理膨胀土的机理研究[J].山西建筑,2009,35(26):102-103.

[11]李雪,赵海雷,李兴旺,等.硫酸-水玻璃体系成胶特点的研究 [C] //天津市硅酸盐学会.华北地区硅酸盐学会第八届学术技术交流会论文集.北京:中国建材工业出版社,2005:246-250.

[12]廖欣.碱—矿渣—粉煤灰胶结材强度影响因素的探讨[J].粉煤灰,1994(6):21-23.

第4章　含盐量对硫酸盐渍土固化强度的影响

由于盐渍土中含盐量的差异，当温度和含水率等条件发生改变如发生冻融转变和干湿交替时，土体的物理和力学性质也会受到影响。硫酸盐不断地吸水进而结晶，致使土体体积不断增大，土体逐渐膨胀变形，从而对建构筑物造成严重损坏。因此工程实践中要应用盐渍土时必须采用适宜剂量的固化剂对盐渍土地基进行固化处理。

目前化学固化盐渍土的方法，一般多采用传统无机固化剂、新型无机固化剂和高分子材料固化剂对病害土体进行加固，从而达到提高地基土强度、使地基土具有良好的水稳性和耐久性的目的[1-4]。传统无机固化剂多以石灰、粉煤灰、水泥等按比例组成的胶凝材料为主[4, 5]，也偶尔涉及钠、钾水玻璃及其激发的地聚物材料。水玻璃的主要成分为硅酸盐，硅酸盐溶解在水中形成的胶体溶液称为水玻璃，其通常拥有较好的黏附力和胶结性能。水玻璃可分为钠水玻璃、钾水玻璃、锂水玻璃、铷水玻璃和季铵水玻璃，其中得到广泛使用的是钠水玻璃[6]。我国西北地区文物土遗址表面存在不同程度的盐渍化现象，将钾水玻璃用于文物土遗址保护，也取得了良好的效果[7, 8]。多年来在西北地区使用钠水玻璃进行了化学注浆加固湿陷性黄土地基，也通过添加、拌和的形式固化黄土[9, 10]。以往岩土工程实践中，水玻璃获得了良好的工程应用。无机固化材料固化土的研究成果及其成功的工程应用[1-3]，为固化西北地区广泛分布的盐渍土提供了很好的借鉴。

分布地点、周围环境的不同，导致盐渍土中的含盐量也会有很大的不同。同时由于盐渍土有次生盐渍化作用，固化剂在改良盐渍土一定时间以后，固化土中含盐量还有可能发生变化。

柴寿喜等[11]首先研究了土体含盐量对滨海盐渍土物理性质的影响，得出含水率与含液率的差值随着盐含量的增加而增大，因此建议含盐量高于一定值时用含液率进行计算分析。同时盐分的增多会引起黏粒含量增大，最终使得土的液限、塑限及塑性指数均有所下降但下降程度不同，这在工程实际中并不影响对土的分类的判断。接着使用石灰固化不同含盐量的氯盐渍土，测试固化土在不同养护条件时的抗压强度和抗剪参数，试图找出随着含盐量的变化石灰固化滨海盐渍土的强度变化规律[12]。试验结果显示经石灰固化后，盐渍土的抗剪与抗压强度随含盐量增加而降低。当含盐量不断增加时，土样的黏聚力和内摩擦角相应减小。试验得出的结论给实际应用提出了设计时要预留一定强度、工期要合理安排使得石灰固化土的强度达到要求等建议措施。最后通过试验研究了当氯盐含盐量发生改变时，含盐量对石灰固化滨海盐渍土力学强度、物理及水理性质的影响，发现石灰固化氯盐渍土的抗压强度和抗剪参数随着含盐量的增加不断降低。在盐含量不断增加的过程中盐分不断结晶，粗大颗粒所占百分比增大，总比表面积相应减少，吸附水膜不断变薄，最终使液限、塑限和塑性指数不断减小。与此相反，在固化土含盐量不断增加时，土悬液的电导率也在同步增大，表明石灰固化氯盐渍土时氯盐没有参与反应[12, 13]。最后，通过观察土的微结构探讨了含盐量对石灰固化盐渍土的影响，发现当含盐量增加时，固化土颗粒的微结构参数如面积比、充填比、扁圆度和等效直径的变化走向相同，变化规律均呈线性[14]。

刘付华等[15]通过改变素土及浸水前后二灰固化土中的含盐量，来研究含盐量对土样抗压强度的影响，发现随着含盐量的增加，其抗压强度均大幅度降低。但当含盐量增大并超过某一值时，素土抗压强度降为0，二灰固化土的抗压强度基本不变，趋于稳定。

储诚富等[16]在对高含盐量盐渍土进行水泥加固的室内试验中得到了水泥土的强度与含盐量是否大于3.5%有关系，当含盐量小于3.5%时，可溶性盐结晶膨胀，土体强度在结晶膨胀作用下增强；当含盐量大于3.5%时，土体结构会因为结晶膨胀作用而被破坏，土体强度也相应降低。

邵光辉等[17]通过研究我国东南沿海高含盐量的软土地基，发现水泥土的强度在碱性环境下能被提高，而在酸性条件下会使其强度降低；含盐量对水泥土强度的影响主要表现在酸性条件下，在碱性条件下无明显变化，主要是因为团聚化作用与一部分强度的降低作用发生相互抵消。

努尔比亚·吾斯曼等[18]通过界限含水率试验研究了细粒土的液塑限随含盐量及离子含量的变化规律，测得了土的液塑限，应用PPR分析法分析得知含盐量对土样的液塑限影响显著，掺入不同的盐，土样的液塑限变化趋势不同，加入氯化钠时，土样的液限与含盐量呈反向相关，塑限变化不大；加入硫酸钠后，土样的液限与塑限都有所增大，且土样膨胀；当氯化钠和硫酸钠分别加一半时，土样的液限随含盐量的增加而减小，塑限随含盐量的增加几乎不变。

孙华银等[19]通过对硫酸盐环境下的二八灰土进行无侧限抗压强度测试，分别研究了土样强度随含盐量和浸水条件的变化规律。研究发现，二八灰土经浸水后塑性现象增强，脆断现象随含盐量的增大反而不明显。在硫酸盐环境中土样水稳性差，当含盐量超过3%时，二八灰土的软化系数会随着含盐量的增加明显减小。对处理硫酸盐渍土地基时所采用的灰土挤密桩及灰土垫层换填两种处理方式来说，硫酸盐渍土地基的强度随含盐量的变化呈现出不同的变化规律，该理论可给工程实践提供参考。

何建新等[20]运用PPR法研究了含盐量对土的稠度界限的影响，发现土的液限随含盐量的增加而大幅下降，而塑限随含盐量的增加变化不大。

韩鹏举等[21]研究了在硫酸镁溶液环境改变时水泥土在不同固化龄期时的表观和抗压强度变化规律，得出了水泥表面腐蚀程度随着腐蚀时间的增长和硫酸镁浓度的增大而增加，水泥土抗压强度随硫酸镁浓度的增大而减小。

张琦等[22]研究了在特定含水率条件下，含盐量对硫酸盐渍土溶陷系数的影响，发现含盐量对硫酸盐渍土的溶陷变形有重大影响，溶陷系数随着含盐量的增加而增大。

张飞等[23]通过直剪试验研究了含盐量对硫酸盐渍土抗剪强度的影响，研究发现：在直剪应力状态下，硫酸盐渍土中易溶盐含量对硫酸盐渍土的抗剪强度参数有显著的影响，即硫酸盐渍土的抗剪强度随含盐量的增加均呈现先减小后增大再减小的总趋势。

文桃等[24]研究了含盐量对石灰改良黄土状硫酸盐渍土无侧限抗压强度的影响，研究发现：石灰改良黄土状硫酸盐渍土的浸水强度和不浸水强度随着含盐量的增加都呈现先增大后减小的规律，其峰值强度对应的含盐量均为0.5%；固化土中含盐量越高，土的塑性指数就越大；固化土的黏聚力随着含盐量的增加呈现出先增大后减小的规律，固化土的内摩擦角随含盐量的增加呈现出逐渐减小的规律，在含盐量为0.5%～1.5%时固化土的内摩擦角减小幅度较大。

前人对含盐土性质的研究主要集中在强度、液塑限等宏观力学性质和物理性质两个方面，对土体微细观结构方面的研究比较少。对含盐量与固化土强度之间的关系的探究又主要集中在氯盐渍土方面，较少涉及硫酸盐渍土。本章在前人研究的基础上，以硫酸盐渍土和固化土的力学性质为基础，从物理和微结构方面出发，初步探讨了硫酸盐渍土和固化硫酸盐渍土强度随含盐量的变化其性质特征发生的变化。

4.1　试验方案

4.1.1　试验材料

4.1.1.1　试验用土

本章试验用土亦取自甘肃酒泉玉门市饮马农场附近。土的易溶盐测试结果如表4-1所示。土中容易溶于水的盐类统称为易溶盐，包括硫酸盐（如Na_2SO_4）、氯盐（如NaCl）

和碳酸盐（如 Na_2CO_3）。盐渍土的工程地质特性往往受易溶盐含量及类型的影响和控制，因此测试土中易溶盐类型及含量是盐渍土地区勘察项目中必不可少的环节。从表4-1可以看出，取样区为含盐量不超过3%的硫酸、亚硫酸盐渍土。

表4-1　土样易溶盐测试

试样编号	阴离子含量/(mg·kg⁻¹)				阳离子含量/(mg·kg⁻¹)			易溶盐总量/(mg·kg⁻¹)	易溶盐百分含量/%
	CO_3^{2-}	HCO_3^-	SO_4^{2-}	Cl^-	Ca^{2+}	Mg^{2+}	Na^++K^+		
1	63	129	12121	6256	2329	1560	4204	26662	2.67
2	63	193	11563	6181	2308	1610	4010	25929	2.59

将所取盐渍土捣碎后过2 mm筛，去除有机物或大颗粒等杂质，然后将过筛后的土样与蒸馏水按照1:5的土水体积比例混合，搅拌使盐分充分溶解，静置至溶液澄清后用吸管吸出水，留下土样，如此反复对土样进行人工脱盐处理。盐渍土土样脱盐处理如图4-1所示。

通常，在环境温度为20 ℃，土悬液电导率小于1000 μs/cm时，土体的含盐量一般小于0.3%，为非盐渍土[25]，所以可通过使用电导率仪测试每一次土悬液的电导率（测试时的温度为20 ℃）来检测土样的脱盐效果，测试结果见表4-2。从表4-2看出，洗

图4-1　盐渍土土样脱盐处理

盐至第6次时，土样已完全脱盐，因此按照表4-2的次序，将土样洗盐6次后用吸管吸出水，将洗盐后剩余的泥浆用托盘放于温度能保持在105～110 ℃的烘箱中烘干，烘样时间为12 h，烘干的土样放入干燥器内冷却至室温后将其碾碎并过孔径为2 mm的筛，用以测定素土的基本物理性质和制备后续的固化试样。

表4-2　盐渍土洗盐后的电导率

洗盐次数/次	1	2	3	4	5	6
电导率/(μs·cm⁻¹)	7490	3480	2200	1530	903	434

4.1.1.2　素土的物理性质

选用轻型击实仪测试洗盐素土样的最大干密度和最优含水率。击实前加水湿润，配制5个不同含水率试样，分别为9%，11%，13%，15%和17%，含水率梯度为2%。击实后测得不同试样的含水率及相应的干密度，绘出击实曲线，以此估算素土试样的最大干密度和最优含水率，击实试验成果如表4-3和图4-2所示。

表4-3　素土试样击实试验数据整理

筒加土质量 /g	筒质量 /g	筒体积 /cm³	干密度 /(g·cm⁻³)	盒加湿土质量 /g	盒加干土质量 /g	含水率 /%
4066	2369	947.4	1.64	16.66	15.23	9.4
4175	2369	947.4	1.72	16.69	15.02	11.1
4352	2369	947.4	1.85	22.02	19.43	13.2
4372	2369	947.4	1.83	23.64	20.50	15.3
4321	2369	947.4	1.75	26.79	22.74	17.8

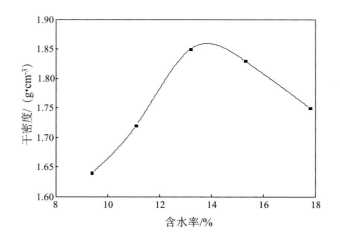

图4-2　素土试样击实试验曲线

由图4-2可知，素土试样击实曲线的峰值点位于1.86 g/cm³左右，对应的含水率在13.8%左右，由此确定素土试样的最大干密度为1.86 g/cm³，最优含水率为13.8%。

通过比重试验、界限含水率试验和颗粒分析试验测试洗盐素土试样的部分物理性质，素土试样的部分物理性质指标如表4-4所示。

表4-4 素土试样部分物理性质指标

比重/(g·cm⁻³)	稠度指标			粒度组成/%		
	液限/%	塑限/%	塑性指数	<0.005 mm	0.005~0.075 mm	<0.075~2.000 mm
2.70	26.4	14.9	11.5	15.70	37.18	47.12

4.1.1.3 固化剂

本次试验选用石灰、粉煤灰和水玻璃3种无机材料作为固化剂。石灰的有效钙镁成分含量为90%，粉煤灰的主要化学成分为 SiO_2、Al_2O_3 和 Fe_2O_3 等，两者均取自兰州西固热电有限公司，在使用前均过2 mm标准筛。水玻璃为配制好的20 °Bé 钠水玻璃，模数为3.2，取自兰州富明化工有限公司。

4.1.1.4 无水硫酸钠

根据取土区土样易溶盐测试结果选用无水硫酸钠，纯度为99%，呈白色粉末状，规格参数如表4-5所示。

表4-5 无水硫酸钠规格参数

单位：%

Na_2SO_4	水不溶物	灼烧失量	氯化物	其他
≥99.0	≤0.005	≤0.2	≤0.001	≤0.121

4.1.2 试验方案

为利于分析含盐量对无机材料固化硫酸盐渍土性质的影响，按照取样区内硫酸盐渍土含盐量的变化范围，对脱盐后的素土按0.5%的梯度掺入不同含量的纯度为99%的无水硫酸钠，以制备特定盐分含量的硫酸盐渍土，并采用石灰粉煤灰、水玻璃以及石灰粉煤灰水玻璃三种方案进行固化，从而研究讨论含盐量对不同固化剂的盐渍土固化效果的影响。

石灰粉煤灰固化方案中石灰与粉煤灰的掺和比参考以往试验结果确定为1∶2，石灰的掺入比分别为5%、7%、9%、11%。针对不同硫酸盐含量的盐渍土，采用不同配比的石灰和粉煤灰进行联合固化，以确定含盐量与石灰粉煤灰最优配比的对应关系，并在石灰粉煤灰为最优配比条件下研究含盐量对固化土性质的影响。水玻璃固化方案中水玻璃浓度配置成 20 °Bé。二灰和水玻璃固化方案中选用最优配比条件下的石灰粉煤灰、20 °Bé 水玻璃。

对经固化剂固化的不同含盐量的硫酸盐渍土试样进行抗压强度测试,研究抗压强度随含盐量的变化规律,并采用界限含水率试验、X 射线衍射试验、傅里叶变换红外光分析和物理吸附试验探讨含盐量对固化硫酸盐渍土抗压强度的影响机理。

本试验按照《土工试验方法标准》(GB/T 50123—2019)进行试件的制作。无侧限抗压强度试件为直径 5 cm、高 5 cm 的圆柱体试样,根据击实试验得到的最佳含水率和最大干密度按设计配比计算出每个试件所需素土、石灰、粉煤灰、水玻璃、水和无水硫酸钠的用量。配样时,将石灰、粉煤灰用内掺法与素土先拌和均匀,然后将无水硫酸钠溶于蒸馏水,用喷壶喷洒的方法使其与混合料拌匀,或将无水硫酸钠溶于水玻璃后再倒入土料中,并使其与混合料拌匀,搅拌均匀的土料用塑料袋包裹闷料一昼夜后按设计指标称取相应的质量进行制样。制样时采用双向静力压实法将混合土料分层压入试模内,稳定压力维持 3 min,以消减土样的回弹。再用脱模器械将土样脱出,迅速编号并用保鲜膜包好土样放入保湿器中以保持其含水率不变,在室内室温条件下养护 28 d。养护至规定龄期的试件分别用于无侧限抗压强度试验、界限含水试验、X 射线衍射试验、傅里叶变换红外光谱分析和物理吸附试验。

4.1.3 试验方法

4.1.3.1 无侧限抗压强度试验

工程施工中该试验被广泛应用到压实土的无侧限抗压强度测试,无侧限抗压强度是土体最重要的强度指标之一。在各种规范、实际工程设计与运用中对土体的无侧限抗压强度都有严格的要求,因此土体的无侧限抗压强度是工程人员必须重视的参数。无侧限抗压强度亦是无机材料固化硫酸盐渍土的力学性能指标的集中反映,它不仅与试件材料的性质有关,而且与试件的其他物理力学性质密切相关[25]。本试验操作过程严格参照《土工试验方法标准》(GB/T 50123—2019),采用中国科学院寒区旱区环境与工程研究所的 CSS-WAW300 型万能材料试验机(图 4-3)测试固化剂固化不同含盐量固化盐渍土的无侧限抗压强度。试验前把 28 d 固化样放置在压力台上,使试样刚好与压力板接触,并将应变速率设定为每分钟 1%。整个试验过程中的试验数据由计算机自动采集,应力应变曲线的峰值强度或者 15% 应变对应的强度为试件的无侧限抗压强度。

图4-3　CSS-WAW300型万能材料试验机

4.1.3.2　界限含水率试验

土的界限含水率是土随着含水率的变化由一种稠度状态变化为另一种稠度状态时的含水率，在工程应用中，液限和塑限是各种界限含水率中最具意义的参数，二者的差值为塑性指数，其大小反映了土的可塑性大小。塑性指数越大，表明土的可塑性越大，塑性指数越小，表明土的可塑性越小。影响细粒土塑性特征的主要因素包括次生矿物成分、性质及其与水的作用。界限含水率作为土的物理性质，反映了细粒土在工程中的性质，在实际工程应用中是非常重要的。界限含水率的测定也是一种评估各种固化剂固化土性能改善情况的快速简单的试验方法，例如强度和可塑性。此外，界限含水率与改良土的其他物理化学性质相关[26, 27]。

试验按照《土工试验方法标准》（GB/T 50123—2019），将28 d固化土捣碎后过0.5 mm的筛，在温度为105 ℃的恒温烘箱中烘干24 h，取200 g左右的烘干试样加水搅拌后装入碗内，放进保湿缸中静置24 h，采用圆锥质量为76 g和锥角为30°的JDS-2型数显式液塑限联合测定仪进行测试。

4.1.3.3　X射线衍射试验

X射线衍射（X-ray diffraction，XRD）试验是对晶体物相定性分析的重要手段。X射线是波长很短的电磁波，能穿透一定厚度的物质，X射线照射到具有周期性结构的晶体时会发生衍射效应，因此可以较为准确地获得和晶体结构相关的数据，从而可对晶体的物相进行定性和定量分析[9]。本次试验采用兰州大学分析测试中心的PANalytical X′ Pert Pro型X射线粉末衍射仪（图4-4）对不同含盐量固化土的物相特征进行分析。

图 4-4   PANalytical X' Pert Pro 型 X 射线粉末衍射仪

4.1.3.4   傅里叶变换红外光谱分析

傅里叶变换红外光谱仪（Fourier transform infrared spectroscopy，FTIR spectroscopy）是一种以相干性原理为依据设计的干涉型光谱仪，能有效鉴别物质和分析物质结构。本次试验采用 NicoletNEXUS-670 型傅里叶变换红外光测定仪进行土体化学成分分析。将养护龄期为 28 d 的不同含盐量的固化土捣碎、研磨过 0.075 mm 筛，以 KBr 压片法取 1 mg 左右，与干燥状态下的 100 mg 溴化钾粉末研磨均匀，在压片机上压成几近透明状的圆片，置于红外光谱仪中进行测量。试验测得的原始光谱图是试样吸收相应频率的光后得到的光源干涉图，然后经计算机对其进行傅里叶变换，得出以波长或波数为函数的红外光谱图。

4.1.3.5   物理吸附试验

土的比表面积是固态物质的表面积与其质量的比值，是土的重要物理化学性质指标。已有研究表明，比表面积不仅与土的矿物组成和含量密切相关，同时也与土的基本力学和物理性质存在明显的联系[28]。土的孔隙性质包括土的孔隙总量及孔隙分布，同样对土的物理力学性质有着重要的影响。为更好地理解石灰、粉煤灰、水玻璃和二灰+水玻璃固化不同含盐量盐渍土的物理力学行为及其固化机理，使用美国麦克仪器公司生产的全自动比表面与孔隙分析仪，对不同含盐量的固化土样进行物理吸附试验，采用高纯氮气作为吸附质测试土样的比表面积、孔隙体积和孔径分布，试验操作过程严格参照标准《气体吸附 BET 法测定固态物质比表面积》（GB/T 19587—2017）。将保湿器内养护至 28 d 的土样分别剥离团聚体少许，进行土样的物理吸附试验研究。在试验开始前，先对土样进行烘干和抽真空处理。为保证烘干和抽真空过程中土样里的水不发生沸腾汽化从而影响土样孔结构，先将土样放置在温度为 80 ℃的烘箱内烘干 12 h，然后在温度为 90 ℃的情况下进行抽真空处理，处理时间为 48 h，最后将土样放至专用试管中测定土样的比表面积、孔隙结构和全孔分布。试验原理为：采用 BET 氮气吸附法获得等温吸、脱附曲线，用标准 BET 方法计算各试验样品的比表面积，采用 BJH 法获取试验样品的孔径和孔隙等主要微结构参数[29]，并运用密度函数理论[30]分别对各试验样品进行全孔分布计算。

4.2　含盐量对石灰粉煤灰固化土抗压强度的影响

4.2.1　石灰粉煤灰固化不同含盐量土的抗压强度特性

石灰粉煤灰固化不同含盐量硫酸盐渍土的无侧限抗压强度试验结果如表 4–6 所示。

表 4–6　石灰和粉煤灰固化硫酸盐渍土无侧限抗压强度

含盐量/%	无侧限抗压强度/MPa			
	5%石灰+10%粉煤灰固化土	7%石灰+14%粉煤灰固化土	9%石灰+18%粉煤灰固化土	11%石灰+22%粉煤灰固化土
0.3	1.324	1.456	2.601	2.517
0.8	1.530	1.848	2.845	2.532
1.3	1.569	1.920	3.017	2.547
1.8	1.908	1.981	3.362	2.911
2.3	0.981	1.456	2.553	2.368
2.8	0.598	1.411	1.874	2.223
5.0	0.547	0.597	0.799	1.376

4.2.1.1　无侧限抗压强度随含盐量的变化

图 4–5 为不同石灰含量（因石灰：粉煤灰为 1：2，所以简称石灰含量，下同）条件下石灰粉煤灰固化硫酸盐渍土的无侧限抗压强度与含盐量的关系曲线图。由图 4–5 可知，含盐量在 0.3%～5%范围内，不同掺量的石灰粉煤灰固化硫酸盐渍土无侧限抗压强度与含盐量的关系曲线变化规律基本一致，无侧限抗压强度随含盐量的增加先增

大后减小，总体呈下降趋势，峰值点含盐量为1.8%。当土体含盐量小于1.8%时，随着SO_4^{2-}含量的增加，石灰粉煤灰固化土的无侧限抗压强度升高，但当含盐量超过1.8%时，随着SO_4^{2-}含量的增加，石灰粉煤灰固化土的无侧限抗压强度又会降低。以上试验结果说明土中含有一定量的SO_4^{2-}有利于提高石灰粉煤灰固化土的无侧限抗压强度，但SO_4^{2-}过量则会降低固化土的无侧限抗压强度。

如表4-7所示，含盐量为1.8%的不同掺量的石灰粉煤灰固化土无侧限抗压强度比含盐量为0.3%的固化土无侧限抗压强度分别提高了44.11%、36.06%、29.26%和15.65%，含盐量为2.8%的不同掺量的石灰粉煤灰固化土无侧限抗压强度比含盐量为1.8%的固化土无侧限抗压强度分别降低了68.66%、28.77%、44.26%和23.63%，含盐量为2.8%的不同掺量的石灰粉煤灰固化土无侧限抗压强度比含盐量为0.3%的固化土无侧限抗压强度分别降低了54.83%、3.10%、27.95%和11.68%。

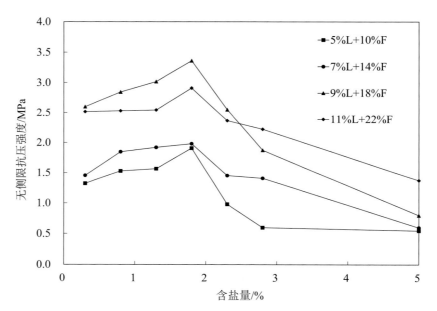

图4-5　石灰粉煤灰固化土的无侧限抗压强度与含盐量的关系曲线

表4-7　石灰粉煤灰固化土无侧限抗压强度增幅

含盐量/%	无侧限抗压强度增幅/%			
	5%石灰+10%粉煤灰固化土	7%石灰+14%粉煤灰固化土	9%石灰+18%粉煤灰固化土	11%石灰+22%粉煤灰固化土
0.3~1.8	44.11	36.06	29.26	15.65
1.8~2.8	−68.66	−28.77	−44.26	−23.63
0.3~2.8	−54.83	−3.10	−27.95	−11.68

4.2.1.2　无侧限抗压强度随石灰含量的变化

图 4-6 为不同含盐量条件下石灰粉煤灰固化硫酸盐渍土的无侧限抗压强度与石灰含量的关系曲线图。

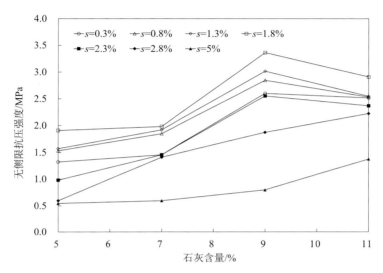

图 4-6　石灰粉煤灰固化土的无侧限抗压强度与石灰含量的关系曲线

从图 4-6 可以看出，当含盐量小于 2.8% 时，固化土的无侧限抗压强度随石灰含量的增加先增大后减小，峰值点石灰含量为 9%，石灰粉煤灰最优配比为 9% 和 18%；当含盐量大于或等于 2.8% 时，固化土的无侧限抗压强度随石灰含量的增加而非线性增大。试验结果表明在低含盐量情况下，固化硫酸盐渍土的石灰和粉煤灰掺量存在最优配比，超过此配比后反而对固化土的无侧限抗压强度有消极影响。石灰粉煤灰掺量超过这个数值后，固化土体系中的石灰不能充分激发粉煤灰的活性，试样干裂，导致固化硫酸盐渍土试样无侧限抗压强度有所降低[15, 31]。

4.2.1.3　固化土的变形特征

图 4-7 为 9% 石灰 +18% 粉煤灰固化不同含盐量硫酸盐渍土的应力应变曲线。

由图 4-7 可知，①石灰粉煤灰固化不同含盐量硫酸盐渍土的应力应变曲线均可划分成四个阶段：第一阶段，石灰粉煤灰固化土试样的孔隙在轴向应力的作用下逐渐被压缩，曲线上凹；第二阶段，固化土中的孔隙在不断增长的轴向应力作用下进一步被压缩，曲线近乎呈一条斜率不变的直线，此阶段为弹性变形阶段；第三阶段，固化土中的孔隙在不断增长的轴向应力作用下开始发展成新裂缝，最初的裂缝继续发展，应力达到最大值；第四阶段，固化土试样的微裂隙不断发展直至试样破坏。②当含盐量从0.3%不断增多到1.8%时，石灰粉煤灰固化硫酸盐渍土试样的应力应变曲线不断变陡，固化土的弹性模量变大，相对应的峰值应力增大，峰值点左右的曲线形状大致呈尖峰状，峰值应力所对应的应变减小，脆性破坏表现明显。当含盐量从1.8%继续增大到2.8%时，石灰粉煤灰固化硫酸盐渍土试样的应力应变曲线不断变缓，固化土试样的弹性模量不断减小，峰值应力逐渐下降，峰值点左右的曲线形态从高瘦状逐渐变成低矮的平缓状，峰值应力所对应的破坏应变不断增大，塑性变形表现明显。

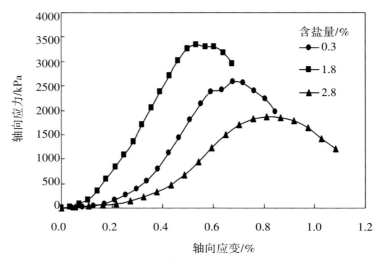

图4-7 9%石灰+18%粉煤灰固化不同含盐量土的应力应变曲线

4.2.2 界限含水率试验

9%石灰+18%粉煤灰固化不同含盐量盐渍土的界限含水率试验结果如表4-8所示，液塑限与含盐量的关系曲线如图4-8所示，塑性指数与含盐量的关系曲线如图4-9所示。

表4-8 9%石灰+18%粉煤灰固化不同含盐量土的界限含水率试验结果

含盐量/%	液限/%	塑限/%	塑性指数
0.3	29.1	20.8	8.3
0.8	30.2	22.2	8.0
1.3	30.6	22.8	7.8
1.8	30.5	23.1	7.4
2.3	30.6	22.1	8.5
2.8	30.6	22.0	8.6

从图4-8可以看出：①与含盐量为0.3%的二灰固化土相比，其他含盐量的二灰固化土的液塑限都增大；②含盐量为0.3%~1.8%时，液限和塑限逐渐增大，且塑限增加的幅度较液限大；③含盐量为1.8%~2.8%时，液限保持稳定，塑限逐渐下降。因此，固化土的塑性指数随含盐量的增加呈现先减小后增大的趋势，含盐量为1.8%时取得最小值（图4-9）。

液塑限的高低取决于土的矿物成分、粒度组成、表面交换能力以及吸附水膜的厚度。一般情况下，土体液限和塑限的大小是由土中黏土矿物含量的多少决定的。对于石灰粉煤灰固化不同含盐量的硫酸盐渍土，其体系中黏土矿物的含量大致相同，因此液塑限的改变是其他物质含量改变的结果。

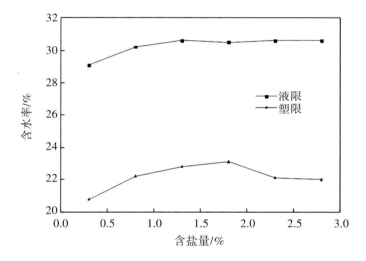

图4-8　9%石灰+18%粉煤灰固化土的液塑限与含盐量的关系曲线

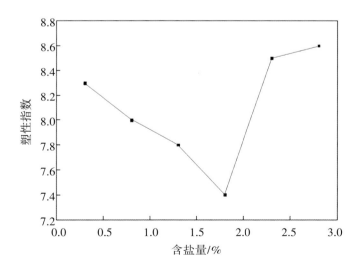

图4-9　9%石灰+18%粉煤灰固化土的塑性指数与含盐量的关系曲线

由于石灰粉煤灰固化土反应可生成比表面积大、分散度高、吸附水能力较强的水化硅酸钙（C-S-H）和水化铝酸钙（C-A-H）等具有凝胶性能的产物，土体只有在较大的含水率条件下才能达到流动或可塑状态[32]，所以含盐量为0.3%～1.8%时石灰粉煤灰固化土液塑限随含盐量的增加而增大，说明固化土体系中水化硅酸钙和水化铝酸钙等凝胶类物质增加。

一方面，Na_2SO_4可与石灰水化生成物$Ca(OH)_2$反应生成NaOH，该反应增加了固化土的碱性，粉煤灰呈弱酸性，因而在碱性环境中其活性易被激发。粉煤灰在碱性环境下加速溶解，其玻璃体表面的Si-O、Al-O键易断裂并降低了Si-O-Al的网络聚合度，从而导致更多的活性SiO_2和Al_2O_3溶出，活性SiO_2和Al_2O_3与$Ca(OH)_2$发生火山灰反应生成更多的水化硅酸钙凝胶和水化铝酸钙凝胶。化学反应式为：

$$CaO + H_2O \longrightarrow Ca(OH)_2 \tag{4-1}$$

$$Na_2SO_4 + Ca(OH)_2 + 2H_2O \longrightarrow CaSO_4 \cdot 2H_2O + 2NaOH \tag{4-2}$$

$$Ca(OH)_2 + SiO_3 + H_2O \longrightarrow xCaO \cdot ySiO_3 \cdot zH_2O \tag{4-3}$$

$$Ca(OH)_2 + Al_2O_3 + H_2O \longrightarrow xCaO \cdot yAl_2O_3 \cdot zH_2O \tag{4-4}$$

另一方面，水化硅酸钙凝胶中的部分SiO_4^{2-}能被SO_4^{2-}置换出，在凝胶包裹层外又与Ca^{2+}作用生成水化硅酸钙凝胶，进一步激发了粉煤灰的活性[33]，SiO_4^{2-}的存在促使活性Al_2O_3的溶解度显著增大，从而促进了活性Al_2O_3的水化。

已有研究[33-35]表明低塑性指数材料通常拥有更好的性能，含盐量为0.3%～1.8%时固化土塑性指数不断降低，说明含盐量在一定的范围内时石灰粉煤灰固化硫酸盐渍土的固化效果随着含盐量的增加越来越好，这与无侧限抗压强度试验得出的结论基本一致。

4.2.3　X射线衍射分析

对含盐量为0.3%、1.8%和2.8%的石灰粉煤灰固化硫酸盐渍土试样进行X射线衍射分析，以探讨石灰粉煤灰固化不同含盐量硫酸盐渍土生成产物的物相特征。

图4-10所示为9%石灰和18%粉煤灰固化不同含盐量硫酸盐渍土的衍射谱图。可以看出：①固化土样的主要矿物成分为石英、方解石、钙矾石、白云石和长石等；②不同含盐量固化土的衍射谱图基本匹配，都存在密集低矮的非晶体物相衍射峰群，部分矿物衍射强度发生变化；③当含盐量从0.3%增加到1.8%时，钙矾石的衍射强度增至最大。

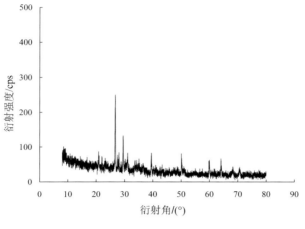

（a）含盐量0.3%

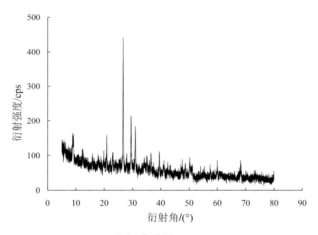

（b）含盐量1.8%

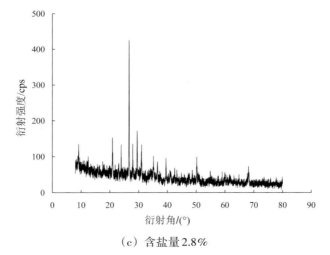

（c）含盐量2.8%

图4-10　9%石灰和18%粉煤灰固化不同含盐量土的XRD谱图

由于硫酸钠和石灰共同存在，增多的硫酸钠提高了 SO_4^{2-} 的浓度，SO_4^{2-}、Ca^{2+} 以及粉煤灰颗粒表面的凝胶与溶解的氧化铝之间发生离子反应生成钙矾石，钙矾石强度较高，对固化土具有填充致密的作用[36]。反应式如下所示：

$$Al_2O_3 + Ca^{2+} + OH^- + SO_4^{2-} \longrightarrow 3CaO \cdot Al_2O_3 \cdot 3CaSO_4 \cdot 32H_2O \qquad (4-5)$$

反应生成的钙矾石不仅使固化土结构致密、强度显著提高，而且在粉煤灰颗粒表面形成纤维状或网状的包裹层，包裹层的紧密度小，有利于离子的扩散渗透，使石灰碱激发粉煤灰活性的反应得以继续进行[37]，因此在含盐量为 1.8% 时，石灰粉煤灰固化土的无侧限抗压强度最大。

当含盐量从 1.8% 增加到 2.8% 时，钙矾石的衍射强度降低，说明随着含盐量的继续增加，钙矾石的含量减少，从而导致固化土强度的降低。

4.2.4 傅里叶变换红外光谱分析

图 4-11 所示为 9% 石灰和 18% 粉煤灰固化不同含盐量土的 FTIR 谱图。

石灰粉煤灰固化不同含盐量土的 FTIR 谱图中主要吸收峰的位置和形状大致一样，1445 cm^{-1} 附近为 Si-O 或 Al-O 键产生的对称伸缩峰、1026 cm^{-1} 处为 Si-O 伸缩振动峰、876 cm^{-1} 处的吸收峰为 Si-O-Si 或 Si-O-Al 对称峰、528 cm^{-1} 处为 Si-O 弯曲振动峰、469 cm^{-1} 处为 Si-O-Si 键的对称振动峰。

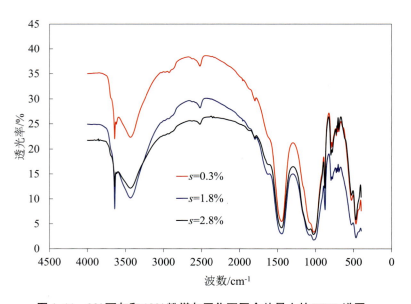

图 4-11 9% 石灰和 18% 粉煤灰固化不同含盐量土的 FTIR 谱图

4.2.5　物理吸附试验

9%石灰和18%粉煤灰固化硫酸盐渍土的微结构参数随含盐量的变化如表4-9和图4-12所示。

表4-9　9%石灰和18%粉煤灰固化不同含盐量土的微结构参数

含盐量/%	BET 比表面积/(m²·g⁻¹)	BJH孔隙体积/(cm³·g⁻¹)	BJH平均孔径/nm
0.3	10.865	0.033	9.892
1.8	12.216	0.038	8.568
2.8	10.413	0.037	10.685

从表4-9可以看出，随着含盐量的增加，9%石灰和18%粉煤灰固化硫酸盐渍土的BET比表面积和BJH孔隙体积先增大后减小，BJH平均孔径先减小后增大，均在含盐量为1.8%处达到最大（小）值。孔隙特征的变化取决于石灰与粉煤灰中活性氧化铝、氧化硅发生火山灰反应生成水化硅酸钙的量，水化硅酸钙凝胶类物质具有发达的比表面积，孔表面的吸附水吸引外界其他离子以趋于平衡，构成空间网架结构，从而改善了孔隙结构，提高了固化土强度[38]。

图4-12所示为9%石灰+18%粉煤灰固化不同含盐量硫酸盐渍土土样在脱附过程中，采用BJH法计算获得的孔径分布曲线。从图4-12可以看出，0.3%、1.8%和2.8%不同含盐量的石灰粉煤灰固化土的BJH孔径分布曲线比较简单：①孔径在1.7～100 nm范围内为单峰分布，说明不同含盐量的石灰粉煤灰固化土中孔隙分布相对均匀连续，离散集中分布区少；②三种含盐量固化土的孔隙体积均在孔径4 nm时达到最大值，说明孔径为4 nm的孔隙数量居多；③在孔径为4 nm时，含盐量为0.3%的固化土的孔隙体积为0.058 cm³/g，含盐量为1.8%的固化土的孔隙体积为0.088 cm³/g，含盐量为2.8%的固化土的孔隙体积为0.062 cm³/g，相对于含盐量为0.3%和2.8%的石灰粉煤灰固化土，含盐量为1.8%的固化土的孔隙体积峰值更大，说明固化过程形成了更多的孔径小于5 nm的孔隙；④三种含盐量固化土孔径大于5 nm的孔隙体积随着孔径增大而先增大后减小，但是对于含盐量为1.8%的固化土，孔径大于50 nm的孔容消失。以上结果说明当含盐量从0.3%增加到1.8%时，石灰粉煤灰固化土中形成了较多小孔径的介孔孔隙，改善了孔隙分布特征，因此固化土的无侧限抗压强度增大。

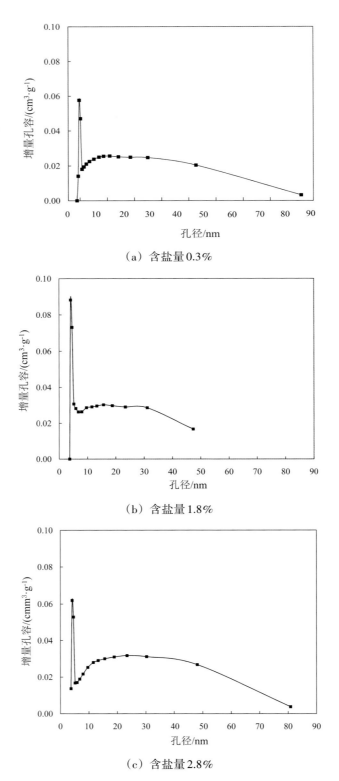

（a）含盐量0.3%

（b）含盐量1.8%

（c）含盐量2.8%

图4-12　9%石灰+18%粉煤灰固化不同含盐量土的孔径分布曲线

4.3 含盐量对水玻璃固化土抗压强度的影响

水玻璃是各种硅酸盐水溶液的总称。最常用的钠水玻璃不仅是性能非常优良的胶凝剂，而且是一种环境友好型的黏结剂，近年来被广泛当作岩土灌浆材料来使用[39-44]。硅酸胶粒在电子显微镜下通常呈圆球形，在 X 射线下只能得出弥散的衍射，即它由无定型 SiO_2 构成。硅酸胶粒的结构以一个无定型的 $mSiO_2$ 为核心，硅酸和硅酸负离子吸附在其表面上，反离子的一部分 Na^+ 吸附在紧密层内，另一部分分布在扩散层内，扩散层的厚度也就是胶粒溶剂化层的厚度，扩散层越厚，胶体的稳定性越好[45]。已有研究[46]发现，水玻璃中存在的客盐（如 Na_2SO_4）提高了硅酸胶粒周围的 Na^+ 浓度。过量的 Na^+ 从扩散层迁移回紧密层，使得扩散层变薄，胶体稳定性变差，硅酸胶粒体积增大，同时凝聚成凝胶或凝聚成沉淀。水玻璃中电解质的存在加速了硅酸的聚合，当含盐量浓度大于 0.1 mg/L 时，硅溶胶便开始凝胶化，其黏度急骤升高。尤其对模数较高的水玻璃，随着含盐量的增加，其黏度呈几何级数增大。由此可见水玻璃中可溶性盐类的存在对水玻璃的老化速度和黏结强度都有很大的不良影响。遗憾的是，水玻璃中客盐的含量没有引起水玻璃生产者的注意，尤其是在水玻璃加固岩土体实践中，土体中含盐量对水玻璃固化土性质影响的研究很少，因此开展含盐量对水玻璃固化硫酸盐渍土强度影响的研究对完善硅化法固化盐渍土的理论具有一定意义。

4.3.1 水玻璃固化不同含盐量土的抗压强度特性

4.3.1.1 无侧限抗压强度随含盐量的变化

20 °Bé 水玻璃固化不同含盐量硫酸盐渍土的无侧限抗压强度结果如表 4-10 和图 4-13 所示。

表 4-10 20 °Bé 水玻璃固化土的无侧限抗压强度

含盐量/%	0.3	0.8	1.3	1.8	2.3	2.8
无侧限抗压强度/MPa	2.140	2.237	2.190	1.109	0.597	0.926

从表 4-10 和图 4-13 可以看出：①随着含盐量的增加，20 °Bé 水玻璃固化硫酸盐渍土的无侧限抗压强度总体呈现下降的趋势，变化范围为 0.597～2.237 MPa，含盐量为

1.8%、2.3%和2.8%的20°Bé水玻璃固化土无侧限抗压强度比含盐量为0.3%的20°Bé水玻璃固化土强度分别降低了48.18%、72.10%和56.73%；②含盐量在0.3%~0.8%范围内时，无侧限抗压随着含盐量的增加，20°Bé水玻璃固化土的无侧限抗压强度从2.140 MPa增加到2.237 MPa，无侧限抗压强度只提高了4.53%，增加幅度不大；③含盐量在0.8%~1.3%范围内时，随着含盐量的增加，20°Bé水玻璃固化土的无侧限抗压强度从2.237 MPa减小到2.190 MPa，无侧限抗压强度只减小了2.1%，减小幅度不大；④含盐量在1.3%~2.3%范围内时，随着含盐量的增加，20°Bé水玻璃固化土的无侧限抗压强度从2.190 MPa逐渐减小到0.597 MPa，无侧限抗压强度降低了72.74%，减小幅度显著；⑤含盐量超过2.3%以后时，20°Bé水玻璃固化硫酸盐渍土的无侧限抗压强度又增加到0.926 MPa，但增加幅度不大，仍远小于含盐量为0.3%~1.3%的20°Bé水玻璃固化土的无侧限抗压强度。

以上试验结果说明土中含有一定量的硫酸盐对水玻璃固化土的无侧限抗压强度影响不大，但硫酸盐过量则会显著降低固化土的无侧限抗压强度。

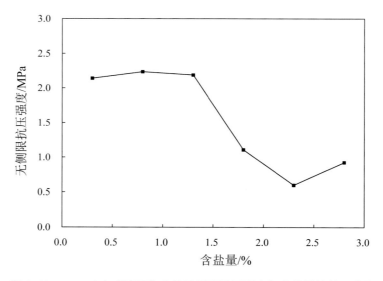

图4-13 20°Bé水玻璃固化土的无侧限抗压强度与含盐量的关系曲线

4.3.1.2 固化土的变形特征

图4-14所示为20°Bé水玻璃固化不同含盐量土的应力应变曲线。从图中可以看出：①含盐量在0.3%~1.3%范围内时，水玻璃固化硫酸盐渍土试样的应力应变曲线相对"高瘦"，曲线上升段斜率较大，下降段也很陡峭，固化样的弹性模量较大，峰值应力也较大，峰值点左右的曲线形状大致呈尖峰状，峰值所对应的应变较小，显示出良好的脆性破坏特征，破坏过程可分为线弹性阶段、非线性强化阶段和软化阶段；

②含盐量从 1.3% 增加到 1.8% 时，水玻璃固化硫酸盐渍土试样的应力应变曲线迅速变缓，固化样的弹性模量和峰值应力急剧减小，破坏应变显著增大；③含盐量在 1.8%～2.8% 范围内时，水玻璃固化硫酸盐渍土试样的应力应变曲线逐渐趋于平缓，固化样的弹性模量逐渐减小，相对应的峰值应力逐渐减小，破坏应变逐渐增大，显示出良好的塑性破坏特征，破坏过程没有明显的线弹性阶段，非线性强化阶段和软化阶段较明显。

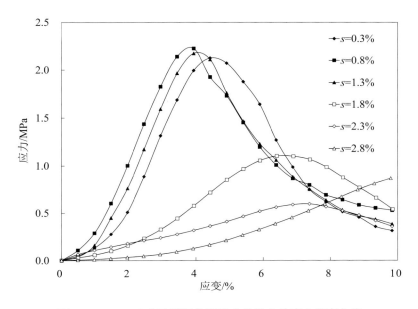

图 4-14　20 °Bé 水玻璃固化不同含盐量土的应力应变曲线

4.3.2　界限含水率试验

土从可塑状态变化为流动状态时对应的界限含水率为液限。土的矿物成分、表面交换能力和吸附水膜的厚度决定着液限含水率的高低。一般来说，液限值随着土颗粒直径的减小、表面交换能力的增强和吸附水膜的增厚而增大[47]。土从半固态变化为可塑状态时对应的界限含水率为塑限，即为定向吸附结合水与渗透结合水的分界含水率。

20 °Bé 水玻璃固化不同含盐量硫酸盐渍土的界限含水率试验结果如表 4-11 所示，液限与含盐量的关系曲线如图 4-15 所示，塑限与含盐量的关系曲线如图 4-16 所示，塑性指数与含盐量的关系曲线如图 4-17 所示。

表4-11　20 °Bé 水玻璃固化不同含盐量土的界限含水率试验结果

含盐量/%	液限/%	塑限/%	塑性指数
0.3	29.2	22.7	6.5
0.8	28.1	22.1	6.0
1.3	28.5	22.2	6.3
1.8	28.5	21.7	6.8
2.3	28.0	19.5	8.5
2.8	27.9	19.6	8.3

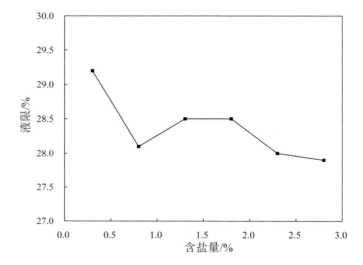

图4-15　20 °Bé 水玻璃固化土液限与含盐量的关系曲线

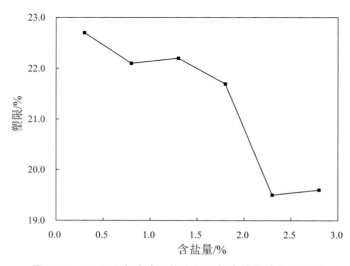

图4-16　20 °Bé 水玻璃固化土塑限与含盐量的关系曲线

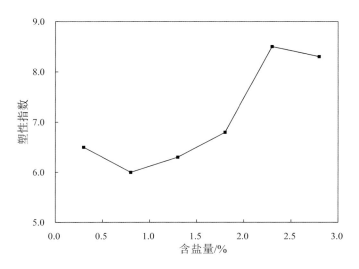

图 4-17　20 °Bé 水玻璃固化土塑性指数与含盐量的关系曲线

从表 4-11 和图 4-15 可以看出：①与含盐量为 0.3% 的水玻璃固化土相比，含盐量分别为 0.8%、1.3%、1.8%、2.3% 和 2.8% 的水玻璃固化土的液限均有不同程度的降低；②含盐量从 0.3% 增加到 0.8% 时，水玻璃固化土的液限逐渐减小；③含盐量为 0.8%～1.3% 时，液限逐渐增大；④含盐量为 1.3%～1.8% 时，液限保持稳定；⑤含盐量大于 1.8% 以后，液限逐渐下降至最低点。

从表 4-11 和图 4-16 可以看出：①与含盐量为 0.3% 的水玻璃固化土相比，含盐量分别为 0.8%、1.3%、1.8%、2.3% 和 2.8% 的水玻璃固化土的塑限均有不同程度的降低；②含盐量为 0.3%～0.8% 时，塑限逐渐减小；③含盐量为 0.8%～1.3% 时，塑限基本保持稳定；④含盐量大于 1.3% 后，塑限逐渐下降。

结合图 4-15 和图 4-16 研究发现，液限和塑限随含盐量的增加总体呈现下降趋势，则可在较低的含水量时进入液性状态。这是因为随着土中含盐量的增多，水玻璃固化土的过程中 Na_2SO_4 加速了硅酸的聚合，促使其凝胶化，凝胶沉淀的形成使水玻璃固化土体系中粗颗粒部分越来越多，比表面积越来越小，吸附水膜越来越薄，颗粒能吸附水的数量不断减少，导致液限和塑限越来越低。

从表 4-11 和图 4-17 可以看出：①随着含盐量的增加，20 °Bé 水玻璃固化硫酸盐渍土的塑性指数总体呈现上升的趋势，变化范围为 6.0～8.5；②含盐量在 0.3%～0.8% 范围内时，水玻璃固化硫酸盐渍土的塑性指数随着含盐量的增加从 6.5 减小到 6.0，减小幅度不大；③含盐量在 0.8%～1.3% 范围内时，水玻璃固化硫酸盐渍土的塑性指数随着含盐量的增加从 6.0 增大到 6.3，增加幅度不大；④含盐量在 1.3%～2.3% 范围内时，随着含盐量的增加，水玻璃固化硫酸盐渍土的塑性指数从 6.3 迅速增加到最大值 8.5，增加幅度显著；⑤含盐量超过 2.3% 以后，水玻璃固化硫酸盐渍土的塑性指数又减小到

8.3，但变化不大，仍远大于含盐量为0.3%～1.3%的水玻璃固化土的塑性指数。

已有研究表明低塑性指数材料通常拥有更好的性能。从表4-10和表4-11可以看出，含盐量小于或等于1.3%时水玻璃固化硫酸盐渍土的塑性指数相对较低，说明含盐量在一定的范围内时，水玻璃固化硫酸盐渍土的固化效果相对较好，含盐量大于1.3%后水玻璃固化硫酸盐渍土的塑性指数相对较高，水玻璃固化土的固化效果有所削弱，这与无侧限抗压强度试验得出的结论基本一致。

4.3.3　X射线衍射分析

对含盐量分别为0.3%、2.3%和2.8%的20 °Bé水玻璃固化土样进行X射线衍射分析，以探讨水玻璃固化不同含盐量硫酸盐渍土生成产物的物相特征。

图4-18所示为20 °Bé水玻璃固化不同含盐量硫酸盐渍土土样的衍射谱图。

从衍射谱图可以看出：①水玻璃固化硫酸盐渍土的主要矿物成分为石英、方解石、白云石、长石和芒硝晶体；②水玻璃固化不同含盐量硫酸盐渍土土样的衍射谱图基本匹配，都存在密集低矮的非晶体物相衍射峰群；③部分矿物的衍射强度发生了变化，当含盐量从0.3%增加到2.3%时，石英、芒硝晶体和钠长石的衍射强度都显著增大。

从以上结果可知硫酸钠含量增加到一定数量后，一方面会在水玻璃固化盐渍土试样内结晶形成芒硝晶体，由于芒硝晶体体积是无水硫酸钠的4.18倍，其大量的形成会挤压固化盐渍土试样，使试样体积剧烈膨胀，产生微细裂纹[48-50]，因此导致固化土试样结构的破坏。另一方面Na_2SO_4解离出Na^+，使得硅酸胶粒周围的Na^+浓度增大，加速了硅酸的聚合，促使其凝胶化，使水玻璃固化硫酸盐渍土的黏结强度下降，从而导致其无侧限抗压强度降低。

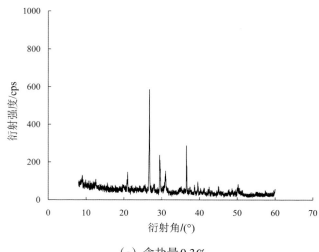

（a）含盐量0.3%

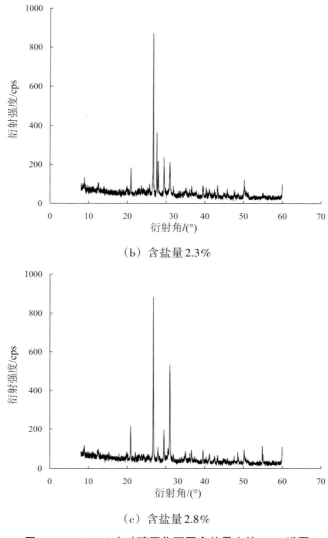

（b）含盐量 2.3%

（c）含盐量 2.8%

图 4-18　20 °Bé 水玻璃固化不同含盐量土的 XRD 谱图

4.3.4　傅里叶变换红外光谱分析

图 4-19 所示为 20 °Bé 水玻璃固化不同含盐量硫酸盐渍土的 FTIR 谱图。1445 cm^{-1} 附近为铝氧四面体和硅氧八面体的 Si-O 或 Al-O 键产生的对称伸缩峰、1026 cm^{-1} 处为 Si-O 伸缩振动峰、876 cm^{-1} 处的吸收峰为 Si-O-Si 或 Si-O-Al 对称峰、528 cm^{-1} 处的 Si-O 弯曲振动峰和 469 cm^{-1} 处的 Si-O-Si 的对称振动峰等吸收峰均在含盐量为 0.3% 时峰强最强，这表明在含盐量为 0.3% 时固化土结构相对最完整，因此具有较高的强度。

冻融与干湿循环对无机材料固化硫酸盐渍土的固化反应及强度影响

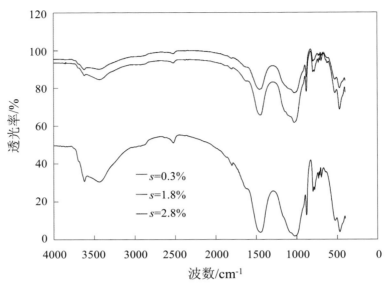

图4-19　20 °Bé 水玻璃固化不同含盐量土的 FTIR 谱图

4.3.5　物理吸附试验

20 °Bé 水玻璃固化硫酸盐渍土的微结构参数随含盐量的变化如表4-12和图4-20所示。

表4-12　20 °Bé 水玻璃固化不同含盐量盐渍土的微结构参数

含盐量 /%	BET 比表面积 /(m²·g⁻¹)	BJH孔隙体积 /(cm³·g⁻¹)	BJH平均孔径 /nm
0.3	7.687	0.023	12.284
2.3	6.159	0.022	14.341
2.8	6.878	0.022	13.095

从表4-12可以看出：①随着含盐量的增加，20 °Bé 水玻璃固化硫酸盐渍土的BET比表面积先减小后增大，在含盐量为2.3%处达到最小值；②BJH孔隙体积随含盐量的增加变化不大；③BJH平均孔径随含盐量的增加先增大后减小，在含盐量为2.3%处达到最大值。

水玻璃固化硫酸盐渍土试样的孔隙特征随含盐量的变化取决于固化样中硫酸盐的结晶程度和硅酸胶粒的大小。由XRD试验可知，随着含盐量的增加，水玻璃固化样在含盐量为2.3%时产生了大量的芒硝晶体。体积增大的芒硝晶体挤压固化盐渍土试样，使孔径变大从而破坏了孔隙结构。含盐量的增加同时使得硅酸胶粒积成大胶粒，比表面积减小，降低了水玻璃的黏结强度，从而导致了水玻璃固化盐渍土试样强度的降低。

图4-20所示为 20 °Bé 水玻璃固化不同含盐量硫酸盐渍土土样在脱附过程中，采用BJH法计算获得的孔径分布曲线。从图4-20可以看出，0.3%、2.3%和2.8%不同含盐量的水玻璃固化土的BJH孔径分布曲线无明显单峰出现：①孔径在 1.7~100 nm 范围内，孔隙体积随着孔径增大而先增大后减小；②含盐量为0.3%的水玻璃固化土的孔隙体积峰值区位于 10~30 nm，在孔径为 23 nm 时，固化土的孔隙体积达到最大值 0.023 cm³/g，说明固化土中孔径为 10~30 nm 的孔数量居多，孔径为 23 nm 的孔数量最多；③含盐量为2.3%的水玻璃固化土的孔隙体积峰值区位于 13~50 nm，在孔径为 23 nm 时，固化土的孔隙体积达到最大值 0.022 cm³/g，说明固化土中孔径为 13~50 nm 的孔数量居多，孔径为 23 nm 的孔数量最多；④含盐量为2.8%的水玻璃固化土的孔隙体积峰值区在 13~50 nm，在孔径为 28 nm 时，固化土的孔隙体积达到最大值 0.022 cm³/g，说明孔径为 13~50 nm 的孔数量居多，孔径为 28 nm 的孔数量最多；⑤孔径小于 30 nm 范围内，相对于含盐量为2.3%和2.8%的水玻璃固化土，含盐量为0.3%的固化土孔数量更多，说明水玻璃固化过程形成了更多小于 30 nm 的介孔孔隙，改善了孔隙分布特征，因此无侧限抗压强度最大，孔径大于 30 nm 范围内，相对于含盐量为0.3%的水玻璃固化土，含盐量为2.3%和2.8%的固化土孔数量更多，说明随着含盐量的增加，水玻璃固化土过程中形成了更多大于 30 nm 介孔孔隙，导致无侧限抗压强度降低。

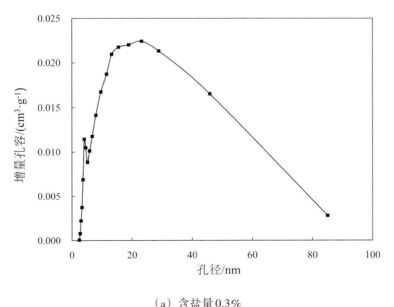

（a）含盐量0.3%

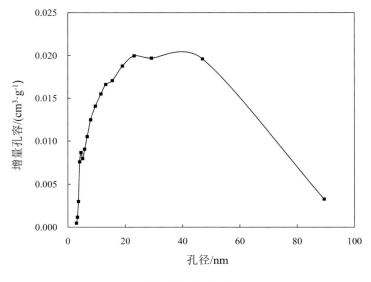

（b）含盐量2.3%

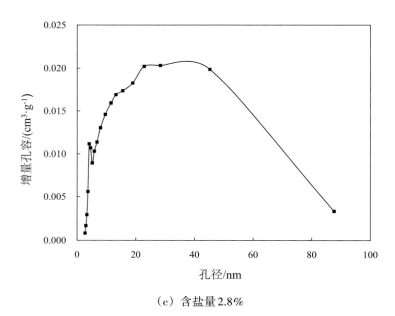

（c）含盐量2.8%

图4-20　20 °Bé 水玻璃固化不同含盐量土的孔径分布曲线

4.4 含盐量对二灰和水玻璃固化土抗压强度的影响

4.4.1 二灰和水玻璃固化不同含盐量土的抗压强度特性

4.4.1.1 无侧限抗压强度随含盐量的变化

9％石灰+18％粉煤灰+20 °Bé 水玻璃固化不同含盐量硫酸盐渍土的无侧限抗压强度随含盐量的变化如表4-13和图4-21所示。

表4-13 9％石灰+18%粉煤灰+20 °Bé 水玻璃固化土的无侧限抗压强度

含盐量/%	0.3	0.8	1.3	1.8	2.3	2.8
无侧限抗压强度/MPa	5.875	6.028	6.192	6.399	5.518	5.427

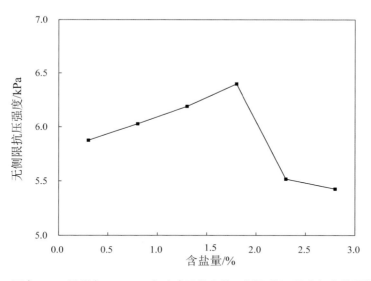

图4-21 9％石灰+18%粉煤灰+20 °Bé 水玻璃固化土的无侧限抗压强度与含盐量的关系曲线

从表4-13和图4-21可以看出：①9％石灰+18％粉煤灰+20 °Bé 水玻璃固化不同含盐量硫酸盐渍土的无侧限抗压强度随含盐量的增加先增大后减小，总体呈下降趋势，峰值强度对应的含盐量为1.8%；②含盐量为0.8%、1.3%和1.8%的石灰粉煤灰水玻璃固化土无侧限抗压强度比含盐量为0.3%的固化土无侧限抗压强度分别提高了2.60%、5.40%和8.92%，无侧限抗压强度提高幅度不大；③含盐量为2.3%和2.8%的石灰粉煤灰水玻璃固化土无侧限抗压强度比含盐量为1.8%的固化土无侧限抗压强度分别降低了13.77%和15.19%，无侧限抗压强度降低幅度相对较大；④含盐量为2.3%和2.8%的石灰粉煤灰水玻璃固化土无侧限抗压强度比含盐量为0.3%的固化土无侧限抗压强度分别降低了6.08%和7.63%，降低幅度不大。

结合图4-21和表4-13可以看出，石灰粉煤灰水玻璃固化硫酸盐渍土的无侧限抗压强度随含盐量的变化曲线和不同掺量的石灰粉煤灰固化硫酸盐渍土的无侧限抗压强度随含盐量的变化曲线规律基本一致，即固化土的无侧限抗压强度随含盐量的增加先增大后减小，总体呈下降趋势，峰值强度对应的含盐量为1.8%。但相对石灰粉煤灰固化土来说，含盐量对石灰粉煤灰水玻璃固化硫酸盐渍土无侧限抗压强度的影响不大。

4.4.1.2 固化土的变形特征

图4-22为9%石灰+18%粉煤灰+20 °Bé 水玻璃固化不同含盐量硫酸盐渍土的应力应变曲线。

从图4-22可以看出：①不同含盐量的石灰粉煤灰水玻璃固化土试样的应力应变曲线都比较"高瘦"，应力峰值点左右的曲线都大致呈尖峰状，固化硫酸盐渍土试样的弹性模量相对较大，显示出良好的脆性破坏；②当含盐量从0.3%不断增多到1.8%时，石灰粉煤灰水玻璃固化硫酸盐渍土试样的应力应变曲线不断变陡，固化土的弹性模量变大，相对应的峰值应力增大，破坏应变减小；③当含盐量从1.8%继续增大到2.8%时，石灰粉煤灰水玻璃固化硫酸盐渍土试样的应力应变曲线变缓，固化土的弹性模量减小，峰值应力减小。

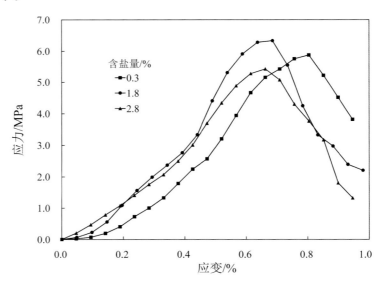

图4-22　9%石灰+18%粉煤灰+20 °Bé 水玻璃固化不同含盐量土的应力应变曲线

4.4.2 界限含水率试验

9%石灰+18%粉煤灰+20 °Bé 水玻璃固化不同含盐量硫酸盐渍土的界限含水率试验结果如表4–14所示，液塑限与含盐量的关系曲线如图4–23所示，塑性指数与含盐量的关系曲线如图4–24所示。

从图4–23可以看出：①与含盐量为0.3%的石灰粉煤灰水玻璃固化土相比，其他含盐量固化土的液塑限都增大；②含盐量为0.3%～1.8%时，液限和塑限逐渐增大，且塑限增加的幅度较液限大；③含盐量为1.8%～2.8%时，液限保持稳定，塑限逐渐下降。因此，石灰粉煤灰水玻璃固化土的塑性指数随含盐量的增加呈现先减小后增大的趋势，含盐量为1.8%时取得最小值5.2（图4–24）。

表4–14 9%石灰+18%粉煤灰+20 °Bé 水玻璃固化不同含盐量土的界限含水率试验结果

含盐量/%	液限/%	塑限/%	塑性指数
0.3	30.6	23.3	7.3
0.8	32.2	25.6	6.6
1.3	32.1	26.8	5.3
1.8	33.1	27.9	5.2
2.3	33.0	24.6	8.4
2.8	33.0	24.5	8.5

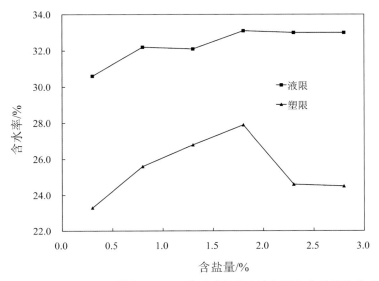

图4–23 9%石灰+18%粉煤灰+20 °Bé 水玻璃固化土液塑限与含盐量的关系曲线

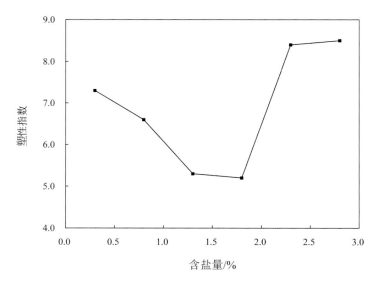

图4-24　9%石灰+18%粉煤灰+20 °Bé 水玻璃固化土的塑性指数与含盐量的关系曲线

与不同含盐量的二灰固化土一样，不同含盐量的二灰和水玻璃固化土的黏土矿物含量不会发生较大的改变，其液塑限在含盐量为0.3%～1.8%范围内不断增大的原因并非是黏土矿物含量改变的结果，而是由固化土体系中水化硅酸钙（C-S-H）和水化铝酸钙（C-A-H）等凝胶类物质不断增加造成的。

含盐量为0.3%～1.8%时，随着含盐量的增加，石灰粉煤灰水玻璃固化土的塑性指数不断降低，说明含盐量在一定的范围内，石灰粉煤灰水玻璃固化硫酸盐渍土的固化效果随着含盐量的增加越来越好，这与无侧限抗压强度试验得出的结论基本一致。

4.4.3　X射线衍射分析

对含盐量分别为0.3%、1.8%和2.8%的9%石灰+18%粉煤灰+20 °Bé 水玻璃固化硫酸盐渍土土样进行X射线衍射分析，以探讨石灰粉煤灰水玻璃固化不同含盐量硫酸盐渍土生成产物的物相特征。

图4-25所示为9%石灰+18%粉煤灰+20 °Bé 水玻璃固化不同含盐量硫酸盐渍土土样的衍射谱图。从衍射谱图可以看出：①固化土样的主要矿物成分为石英、方解石、钙矾石、白云石和长石等；②不同含盐量固化土样的衍射谱图基本匹配，都存在密集低矮的非晶体物相衍射峰群，部分矿物衍射强度发生了变化；③当含盐量从0.3%增加到1.8%时，钙矾石和石英的衍射强度增至最大；④当含盐量从1.8%继续增加到2.8%时，钙矾石的衍射强度降低。

当含盐量从0.3%增加到1.8%时，钙矾石的衍射强度增至最大，说明在含盐量为

1.8%时，具有较高强度和填充致密作用的钙矾石含量增多，从而导致石灰粉煤灰水玻璃固化土的无侧限抗压强度增至最大。当含盐量从1.8%增加到2.8%时，钙矾石的衍射强度降低，说明随着含盐量的继续增加，钙矾石的含量减少，从而导致固化土强度的降低。

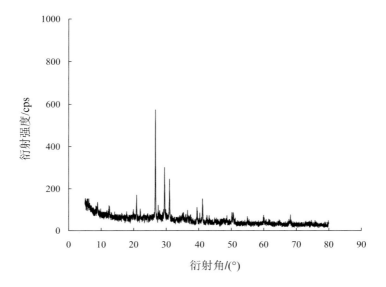

（a）含盐量0.3%

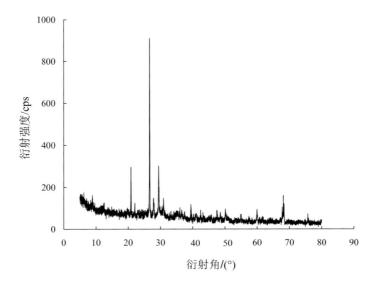

（b）含盐量1.8%

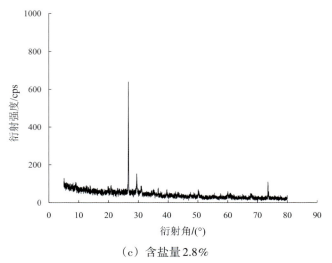

（c）含盐量2.8%

图4-25　9%石灰+18%粉煤灰+20 °Bé 水玻璃固化不同含盐量土的XRD谱图

4.4.4　傅里叶变换红外光谱分析

图4-26所示为9%石灰+18%粉煤灰+20 °Bé 水玻璃固化不同含盐量土的FTIR谱图。三种含盐量固化土的FTLR图谱中吸收峰位置大致一样，1445 cm⁻¹附近为铝氧四面体和硅氧八面体的Si-O或Al-O键产生的对称伸缩峰、1026 cm⁻¹处为Si-O伸缩振动峰、876 cm⁻¹处的吸收峰为Si-O-Si或Si-O-Al对称峰、528 cm⁻¹处为Si-O弯曲振动峰、469 cm⁻¹处为Si-O-Si键的对称振动峰。

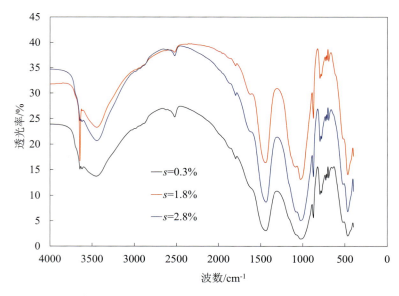

图4-26　9%石灰+18%粉煤灰+20 °Bé 水玻璃固化不同含盐量土的FTIR谱图

4.4.5　物理吸附试验

9%石灰+18%粉煤灰+20 °Bé水玻璃固化不同含盐量硫酸盐渍土的微结构参数随含盐量的变化如表4-15所示。

表4-15　9%石灰+18%粉煤灰+20 °Bé 水玻璃固化不同含盐量硫酸盐渍土的微结构参数

含盐量 /%	BET 比表面积 /(m²·g⁻¹)	BJH 孔隙体积 /(cm³·g⁻¹)	BJH 平均孔径 /nm
0.3	13.920	0.046	6.830
1.8	17.342	0.054	6.324
2.8	11.710	0.041	7.687

从表4-15可以看出，随着含盐量的增加，9%石灰+18%粉煤灰+20 °Bé水玻璃固化硫酸盐渍土的BET比表面积和BJH孔隙体积先增大后减小，在含盐量为1.8%处达到最大值，BJH平均孔径先减小后增大，在含盐量为1.8%处达到最小值，这与9%石灰+18%粉煤灰固化硫酸盐渍土的BET比表面积、BJH孔隙体积和BJH平均孔径随含盐量的变化趋势基本一致。

图4-27所示为9%石灰+18%粉煤灰+20 °Bé水玻璃固化不同含盐量硫酸盐渍土试样在脱附过程中，采用BJH法计算获得的孔径分布曲线。

从图4-27可以看出，0.3%、1.8%和2.8%不同含盐量的石灰粉煤灰水玻璃固化土的BJH增量孔容分布曲线比较简单：①孔径在1.7~100 nm范围内为单峰分布，说明不同含盐量的石灰粉煤灰水玻璃固化土中孔分布相对均匀连续，离散集中分布区少；②三种含盐量固化土的孔隙体积均在孔径为4 nm时达到最大值，说明孔径为4 nm的孔数量居多；③在孔径为4 nm时，含盐量为0.3%的固化土的孔隙体积为0.198 cm³/g，含盐量为1.8%的固化土的孔隙体积为0.288 cm³/g，含盐量为2.8%的固化土的孔隙体积为0.136 cm³/g，相对于含盐量为0.3%和2.8%的石灰粉煤灰水玻璃固化土，含盐量为1.8%的固化土的孔隙体积峰值更大，说明固化过程中形成了更多孔径小于5 nm的孔隙；④三种含盐量固化土大于5 nm的孔隙体积随着孔径的增大逐渐减小。以上结果说明当含盐量从0.3%到1.8%，石灰粉煤灰水玻璃固化硫酸盐渍土中形成了较多小孔径的介孔孔隙，改善了孔隙分布特征，因此固化土无侧限抗压强度增大。

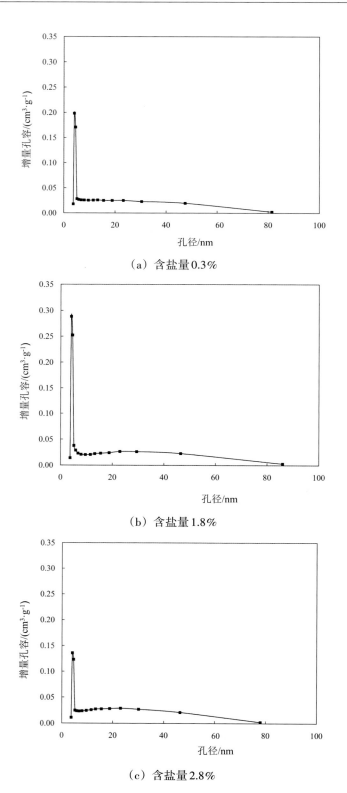

（a）含盐量0.3%

（b）含盐量1.8%

（c）含盐量2.8%

图4-27　9%石灰+18%粉煤灰+20 °Bé 水玻璃固化不同含盐量土的孔径分布曲线

4.5 小结

（1）石灰粉煤灰固化不同含盐量的硫酸盐渍土

同一含盐量下，当含盐量小于2.8%时，固化土的无侧限抗压强度随石灰含量的增加先增大后减小，峰值点石灰含量为9%，石灰粉煤灰的最优掺量为9%和18%；当含盐量大于等于2.8%时，固化土的无侧限抗压强度随石灰含量的增加而非线性增大。

同一石灰含量下，随着含盐量的增加，固化土的无侧限抗压强度先增大后减小，峰值点含盐量为1.8%。含盐量为1.8%时，塑性指数取得最小值，钙矾石衍射强度最大，固化土中形成了较多小孔径的介孔孔隙，土中所含一定量的SO_4^{2-}有利于提高石灰粉煤灰固化土的抗压强度。

（2）水玻璃固化不同含盐量的硫酸盐渍土

随着含盐量的增加，水玻璃固化盐渍土的无侧限抗压强度总体呈现下降趋势。液塑限呈现下降趋势，塑性指数呈现上升趋势，芒硝晶体的衍射强度增大，介孔孔隙增大。

（3）二灰和水玻璃固化不同含盐量的硫酸盐渍土

随着含盐量的增加，二灰和水玻璃固化硫酸盐渍土的无侧限抗压强度先增大后减小，峰值点含盐量为1.8%。含盐量为1.8%时，塑性指数取得最小值，钙矾石衍射强度最大，固化土中形成了较多小孔径的介孔孔隙，强度变化规律及机理与二灰固化土大致一样。

参考文献

[1]李琴,孙可伟,徐彬,等.土壤固化剂固化机理研究进展及应用[J].材料导报A,2010,25(5):64-67.

[2]樊恒辉,高建恩,吴普特.土壤固化剂研究现状与展望[J].西北农林科技大学学报(自然科学版),2006,34(2):141-152.

[3]周永祥,阎培渝.土壤加固技术及其发展[J].铁道工程与科学学报,2006,3(4):35-40.

[4]申晓明,李战国,霍达.盐渍土固化剂的研究现状[J].路基工程,2010(5):1-4.

[5]柴寿喜,王晓燕,王沛.滨海盐渍土改性固化与加筋利用研究[M].天津:天津大学出版社,2011.

[6]樊自田,董选普,陆浔.水玻璃砂工艺原理及应用技术[M].北京:机械工业出版

社,2004.

[7]赵海英,王旭东,李最雄,等. PS材料模数、浓度对干旱区土建筑遗址加固效果的影响[J]. 岩石力学与工程学报,2006,25(3):557-562.

[8]和法国,谌文武,赵海英,等. PS材料加固遗址土试验研究[J]. 中南大学学报(自然科学版),2010,41(3):1132-1138.

[9]王生新. 硅化黄土的机理与时效性研究[D]. 兰州:兰州大学,2005.

[10]尹亚雄,王生新,韩文峰,等. 加气硅化黄土的微结构研究[J]. 岩土力学,2008,29(6):1629-1633.

[11]柴寿喜,王沛,魏丽,等. 含盐量对滨海盐渍土物理及水理性质的影响[J]. 煤田地质与勘探,2006,34(6):47-50.

[12]柴寿喜,杨宝珠,王晓燕,等. 含盐量对石灰固化滨海盐渍土力学强度影响试验研究[J]. 岩土力学,2008,29(7):1769-1772+1777.

[13]柴寿喜,王晓燕,仲晓梅,等. 含盐量对石灰固化滨海盐渍土稠度和击实性能的影响[J]. 岩土力学,2008,29(11):3066-3070.

[14]柴寿喜,王晓燕,王沛,等. 含盐量对石灰固化滨海盐渍土微结构参数的影响[J]. 岩土力学,2009,30(2):305-310.

[15]刘付华,柴寿喜,张学兵,等. 二灰固化滨海盐渍土抗压强度的影响因素[J]. 湘潭大学自然科学学报,2006,28(2):118-122.

[16]储诚富,刘松玉,邓永锋,等. 含盐量对水泥土强度影响的室内试验研究[J]. 工程地质学报,2007,15(1):139-143.

[17]邵光辉,羊文明. 含盐与酸碱条件下水泥土的强度特性[J]. 南京林业大学学报(自然科学版),2007,31(6):73-76.

[18]努尔比亚·吾斯曼,何建新,苏枋. 不同含盐量及离子含量对土的界限含水率的影响规律研究[J]. 水利与建筑工程学报,2012,10(2):84-87.

[19]孙华银,应赛,李滟浩,等. 硫酸盐环境中二八灰土强度影响因素研究[J]. 甘肃科学学报,2015,27(5):76-79.

[20]何建新,刘亮,杨力行,等. 含盐量与颗粒级配对工程土稠度界限的影响[J]. 新疆农业大学学报,2008,31(2):85-87.

[21]韩鹏举,白晓红,赵永强,等. Mg^+和SO_4^{2-}相互影响对水泥土强度影响的试验研究[J]. 岩土工程学报,2009,31(1):72-76.

[22]张琦,顾强康,张俐. 含盐量对硫酸盐渍土溶陷性的影响研究[J]. 路基工程,2010(6):152-154.

[23]张飞,任冶军. 细粒硫酸盐渍土抗剪强度特性试验研究[J]. 勘察科学技术,

2014(S1):51–56.

[24]文桃,米海珍,马连生,等.石灰改良黄土状硫酸盐渍土强度的影响因素研究[J].建筑科学与工程学报,2015,32(2):104–110.

[25]中华人民共和国水利部.土工试验方法标准:GB/T 50123—1999[S].北京:中国计划出版社,1999:10.

[26]SARIOSSEIRI F, MUHUNTHAN B. Effect of cement treatment on geotechnical properties of some Washington State soils[J]. Engineering geology,2009,104:119–125.

[27]TURKOZ M, SAVAS H, ACAZ A, et al. The effect of magnesium chloride solution on the engineering properties of clay soil with expansive and dispersive characteristics[J].Applied clay science,2014,101:1–9.

[28]严旭德,张帆宇,梁收运,等.石灰固化黄土的表面积和离子交换能力研究[J].中山大学学报(自然科学版),2014,53(5):149–154.

[29]陈爱军,杨和平.石灰改良膨胀土石灰掺量的确定方法研究[J].公路,2006(1):149–151.

[30]赵亮,NEWCOMBE G, BRITCHER L.有机改性硅的孔结构表征[J].河南师范大学学报(自然科学版),2005,33(3):76–80.

[31]余丽武.碱激发粉煤灰水泥胶凝体系的水化机理分析[J].铁道科学与工程学报,2009,6(6):49–53.

[32]樊恒辉,高建恩,吴普特,等.水泥基土壤固化土的物理化学作用[J].岩土力学,2010,31(12):3741–3745.

[33]BOARDMAN D I, GLENDINNING S, ROGERS C D F. Development of stabilization and solidification in lime-clay mixes[J]. Geotechnique,2001,51(6):533–544.

[34]CHEW S H, KAMRUZZAMAN A H M, LEE F H. Physicochemical and engineering behavior of cement treated clays[J]. Geotech geoenviron,2004,130(7):696–706.

[35]PEI X J, ZHANG F Y, WU W J, et al. Phsicohemical and index properties of loess stabilized with lime and fly ash piles[J]. Applied clay science,2015,114:77–84.

[36]王智,郑洪伟,钱觉时,等.硫酸盐对粉煤灰活性激发的比较[J].粉煤灰综合利用,1999(3):15–18.

[37]WANG Z, ZHEN H W, QIAN J S, et al. A study on comparison of sulfate activating fly ash[J]. Fly ash comprehensive utilization,1999(3):15–18.

[38]朱卫华,印友法,蒋林华,等.硅粉水泥石中的孔比表面积及其与强度的相关性[J].河海大学学报(自然科学版),2001,29(3):76–79.

[39]葛家良.化学灌浆技术的发展与展望[J].岩石力学与工程学报,2006,25(增

2):3384-3392.

[40]程鉴基,韩学孔,冯兆刚.化学灌浆在地基基础工程中的应用综述[J].勘察科学技术,1999(3):31-35.

[41]杨米加,陈明雄,贺永年.注浆理论的研究现状及发展方向[J].岩石力学与工程学报,2001,20(6):839-841.

[42]蒋硕忠.我国化学灌浆技术发展与展望[J].长江科学院院报,2003,20(5):25-27,34.

[43]YONEKURA R,KAGA M.Current chemical grout engineering in Japan[J].Geotechnical special publication,1992,30(1):725-736.

[44]王红霞,王星,何廷树,等.灌浆材料的发展历程及研究进展[J].混凝土,2008(10):30-33.

[45]朱纯熙,卢晨,季敦生.水玻璃砂基础理论[M].上海:上海交通大学出版社,2000.

[46]魏华胜.铸造工程基础[M].北京:机械工业出版社,2002.

[47]KONIORCZYK M.Modelling the phase change of salt dissolved in pore water:Equilibrium and non-equilibrium approach[J].Construction and building materials,2010,24(7):1119-1128.

[48]吕擎峰,贾梦雪,王生新,等.含盐量对固化硫酸盐渍土抗压强度的影响[J].中南大学学报(自然科学版),2018,49(3):718-724.

[49]RODRIGUEZ-NAVARRO C,DOEHNE E,SEBASTIAN E.How does sodium sulfate crystallize? Implications for the decay and testing of building materials[J].Cement and concrete research,2000,30(10):1527-1534.

[50]习春风.击实硫酸盐渍土的盐-冻胀性研究[D].吉林:吉林大学,2000.

第5章　固化硫酸盐渍土干湿冻融循环耐久性

盐渍土冻融作用的规律探究起始于冻土的研究。在 1963 年召开的第一届国际冻土大会（International Conference on Permafrost，ICOP）上，来自众多国家的学者纷纷发表了自己在冻土方面的相关研究，这次会议拉开了冻土研究的序幕。1972 年由 Miller[1] 提出的第二冻胀理论使冻土研究又向前迈进了一步；1997 年，日本人 Yoshiki Miyata 提出了宏观的冻胀理论，同年，又有学者利用 CCD 相机观测到冻结锋面的微观结构[2]。冻土研究的深入推动了关于盐渍土的冻胀和盐胀机理研究，美国学者 Blaser 等[3]（1969）对不同含水率、干密度和矿物成分等条件下的含硫酸钠盐渍土进行试验，观测了膨胀变化规律，并对盐胀机理和水土作用关系等方面进行了系统性研究，归纳了天然状态下盐渍土地基盐–冻胀机理等。Prefect 和 Williams[4]（1980）测定了不同土质在温度梯度下的水分迁移，并建立了水分迁移量与温度梯度的关系。Brouchkov[5]（2003）进行了一系列不同温度和含盐量情况下的细粒盐渍土的承载力试验，得出含氯离子的海相沉积盐渍土的承载力最低的结论。

20 世纪 70 年代，为满足西北地区铁路和民用建筑等的建设需要，我国铁道部第一勘测设计院（现中铁第一勘察设计院集团有限公司）和铁道部科学研究院西北研究所（现中铁西北科学研究院有限公司）等单位，对察尔汗盐湖等内陆地区盐渍土的成因分布和工程特性等开展了大量试验研究，但没有涉及盐渍土冻融作用的研究。盐渍土的冻融作用研究起步较晚，直到 20 世纪 90 年代，一些学者才开始重视土体中水分和盐分迁移规律，并对盐胀等方面的影响因素进行了试验研究。21 世纪青藏铁路的修建，出于对冻土地基稳定性的更高要求，反复冻融的影响引起众多学者重视。近些年，学者们进行了大量土体冻融试验研究，在土体冻融作用等方面（包括盐渍土的受冻融作用影响）取得了丰硕成果。王大雁和马巍等[6]（2005）以青藏黏土为对象，对经过 0～21 次不同冻融循环后土体的物理和力学性质进行了对比研究。在三轴剪切试验过程中，发现随循环次数的增多，土体的黏聚力降低，应力应变曲线形式并没有受到循环次数的太大影响。将冻融过程解释成为土体动态的不稳定态与稳定态之间转换和发展的过程；方丽莉等[7]（2012）分别在开放和封闭系统中进行了冻融试验，利用 CT 扫描定量分析了青藏粉质黏土的重塑样损伤情况，并通过电阻率观测孔隙特征，分析得出内摩擦角会随冻融循环次数增加有所增大，土颗粒间连接增强对黏聚力增强贡献很大。土体冻融作用的研究推动了盐渍土冻融作用研究的发展，一些学者们也针对盐渍土开展了专门研究。李振、邢义川等[8]（2005）对盐渍土洗盐处理后进行冻胀试验，并与扰动盐渍土冻胀试验结果进行对比，发现冻胀率除受温度影响外，与易溶盐含量和粉粒所占比例等存在较好的线性关系，由此提出土质也是影响冻胀率的关键因素的结论，并通过拟合线性方程估算了冻胀量，这一研究结果具有一定的经验参考价值。陈炜韬、王鹰等[9]（2007）利用室内试验分别测试了不同含盐类别和含盐量条件下盐渍土在冻融过程中黏聚力的变化规律。结合土体微观特征的变化，对冻融过程中盐渍土黏聚力的作用机理进行了研究和解释，结果表明：盐分结晶和融化的过程是使土体孔隙增大和土体密实度降低的主要原因。该过程造成黏聚力逐渐下降，而在第一、第二次冻融过程中，黏聚力下降尤为厉害，电镜分析很好地佐证了这一论点。张莎莎和杨晓华[10]（2012）为消除粗粒盐渍土受颗粒效用影响，模拟路堤冻融情况，利用自主研发的剪切装置对天然盐渍土进行剪切试验，观测分析冻融循环后土体强度变化特点后认为：冷暖端土体的内摩擦角变化存在差异，接近暖端土体的内摩擦角在9次循环过后会有所增大，但强度逐渐衰减；冷端附近土体的内摩擦角开始先减小，而后再增大，黏聚力却不断增大。包卫星等[11]（2006）从土的类别角度出发，对天然盐渍土在冻融循环过程中的盐胀量和溶陷率等因素的变化规律进行分析研究认为：低液限黏土的黏聚力由下至上线性减小，前5次循环具有较好的累加性。他们将含砂类黏土的盐胀过程分为急剧增加、稳定和持续下降三个阶段加以区分表述，这种表达方法具有较好的应用效果。

土体由于干湿作用，产生某种程度的形变及损伤，这增加了土体的不稳定性。出于对工程建设安全的考虑，国外学者基于此原因开展了一系列的试验研究。Kleppe等[12]（1985）研究了土体的收缩特点，并分析了收缩与裂隙发育的规律。研究表明试样体积收缩的应变超过4%～5%时，试样裂隙收缩，随着含水率的减小，裂隙的宽度和长度都会逐渐增大，条数也愈发增多。Boynton和Daniel[13]（1985）研究了土体干湿转换过程产生的裂隙对土体性质的影响，发现土体的强度、承载力和稳定性会随裂隙发育降低，渗透性适当增强。Al-Homoud等[14]（1995）、Nowamooz等[15]（2013）研究了膨胀土在不同水分变化幅度、不同初始含水率等条件下的干湿循环过程，发现第一次干湿循环对膨胀土变形特性的影响最为明显，3～5次后，这种变形现象趋于稳定，该研究进一步总结了干湿循环过程对膨胀土的变形特性的影响规律。Dexter等[16]（1984）和Barzegar等[17]（1996）针对重塑土室内模拟了干湿循环试验过程，发现反复干湿循环加速了土体软化，增湿过程导致了土体软化，土体强度逐渐降低。Yoshida等[18]（1985）采用标准剪切试验研究了干湿循环与土体强度的关系，并提出水分的增加使土体中聚合物直径增大，土体由稳定状态向失稳状态发展，其强度趋于下降。随后这项研究让土体聚合物研究成了热门，先后有 Tisdall 等[19]（1987）、Truman 等[20]（1990）、Staricka 等[21]（1995）对此开展了大量研究。

我国专门针对土体干湿作用的研究要追溯到 20 世纪 80 年代，1981 年黄增奎[22]研究了恒湿、干湿循环及风干条件对粉砂土速效钾的影响，此后涌现的大批学者对岩土体反复干湿过程进行了研究。卢再华、陈正汉等[23]（2002）利用 CT 扫描技术，对干湿循环过程中膨润土裂隙的发育阶段进行了研究。通过 CT 数据分析了裂隙损伤和累积体积变化之间的动态联系，由此总结出干湿循环中膨胀土的变形并非完全可逆。沈珠江、邓刚[24]（2004）以非饱和土固结理论为基础，采用数值模拟方法，分析了干湿过程中黏土的表面裂缝发育的动态过程。由此将空间的黏土裂隙问题简化为对称问题，这一问题的简化具有一定的实用性。吕海波、曾召田等[25]（2009）进行了膨胀土的干湿循环试验，从中发现土体的抗剪强度与循环次数的增加呈衰减趋势。同时，他利用压汞实验从孔隙特征的角度对该发现进行了佐证，指出土的粒间连接由于干湿条件影响产生不可逆的损伤，使得土体形成松散的排列，土体孔隙增大。张芳枝、陈晓平[26]（2010）利用三轴仪测试了黏土试样经反复干湿过程的力学性质，在反复干湿循环后，非饱和土产生相同应变的应力有所减小，土体有效内摩擦角随之降低，土体收缩特性发生了变化，土体结构发生了变化，土体最小孔隙有所增大。把造成此类现象的原因与土体微观特征变化联系起来，为研究干湿作用对非饱和土的影响提供了思路。张虎元、严耿升等[27]（2011）使用文化遗址区土制备试样，进行干湿循环试验，研究土建筑的干湿耐久性。对比原状土和重塑土的差异，得出干湿作用会对重塑土起到"陈化作用"的论点，这在一定程度上揭示了土建筑具有耐干湿能力的原因。曹智国、章定文等[28]（2013）用固化的铅污染土进行干湿循环试验，研究了固化土体的质量损失和无侧限抗压强度等参数与干湿循环次数的变化规律，评价了固化铅污染土干湿条件下的耐久性，发现土体含水率对固化效果的影响很大。深化重金属污染土固化后的工程特性研究，可为工程上固化方法的选择提供理论指导。

膨胀土受含水率变化的影响明显，以往国内外关于土体干湿作用的研究对象主要集中在膨胀土，随着工程建设的需求，国内许多学者开始对干湿作用下盐渍土的特性进行研究。考虑盐渍土具有工程上的溶陷性问题，学者们多以此问题为背景对改良盐渍土耐久性进行研究，并获得了许多富有价值的结论。周永祥、阎培渝[29]（2007）采用不同固化剂对含盐量较高的氯盐和硫酸盐两类盐渍土进行固化，对比它们的干缩和湿胀特性发现，盐分含量相同的某类固化土，固化剂体系对土体干缩和湿胀特性影响很大，其中以水泥固化土体系对土体干缩和湿胀特性的影响最为明显。同时发现用矿渣和粉煤灰取代部分水泥，随后又增加粉煤灰的比例，可以连续降低固化土的干缩应变和干缩系数。罗鸣、陈超等[30]（2010）用石灰、二灰（石灰、粉煤灰）和三灰（石灰、粉煤灰、水泥）改良盐渍土，通过对干湿循环下抗压强度的变化规律，以及不同配比改良土的质损规律和吸湿率变化规律等进行研究，并结合经济效益进行对比，从中得到了固化剂的最优配比，该研究具有较大的工程实践价值。周琦等[31]（2007）、柴寿喜等[32, 33]（2009）先后通过结合改良土的冻融和干湿特性研究不同固化剂对滨海盐渍土的固化效果，推动了盐渍土固化理论的不断深入和拓展。

20世纪30年代左右，土力学创始人Terzaghi首次提出了土体具有蜂窝煤结构的概念，奥地利的土微观形态学创始人Kubiena出版了《微观土壤学》，并首次提出"微观结构"，自此土体的微观研究正式拉开序幕。1959年Rosenqvist首次用电子显微镜对海洋土进行了微观结构研究，1963年Olphen[34]指出了黏土粒子的"团粒"结构，1969年Gillott[35]发表了用电镜系统观察细粒土组构的论文。早期受到结构土样制备技术和微观观测设备等的限制，研究多局限于定性研究。光电测量技术的不断发展，提升了微观结构研究的可靠性。20世纪70—90年代，外国学者提出了许多土微观结构的概念模型[36-40]，拓展了土体微观结构理论基础。到了21世纪，电子计算机图像处理系统的发展，再一次促进了土体微观结构研究的深入，土体微观结构研究在定量分析上取得了长足的进步。Pires等[41]（2005）采用Gamma ray法观测了干湿循环条件下土壤微结构的变化，并利用计算机进行分析和数值模拟；Pires等[42]（2008）用图像分析技术分析了干湿循环下三种不同类型黏土微结构的变化特征。

近年来，我国不少学者也纷纷展开土体的微观试验研究，齐吉琳、张建明等[43]（2003）分别对兰州的黄土和天津的粉质黏土冻融后的力学特性进行测试，运用电镜扫描技术观测研究了冻融前后的土体微观结构的变化特点，结果表明土体微观结构是导致冻胀和融化过程中土体变形的主要因素。

王春雷和姜崇喜等[44]（2007）采用带X射线能谱（EDX）分析的扫描电子显微镜对盐渍土的析晶前后的微观结构进行分析，发现析晶过程中盐渍土微观结构变化很大。析晶后，盐渍土强度也会有一定幅度的提升。

刘清秉和项伟等[45]（2011）深入研究了砂粒土的颗粒形状等微观特征，并分别建立了与压缩性、密实度、剪切特性等影响因素之间的联系，运用Image J软件进行数值模拟，指出整体轮廓系数、球形度及棱角度三项指标可以作为关键性参数，用以表征砂粒土的形状特性，同时也指出了这三项指标具有较好的区分性。同年，韩志强和包卫星[46]在研究反复冻融过程中路基盐渍土盐胀规律时，观测了土体微观结构的变化情况，并由此指出，土体在反复冻融过程中其结构会变得疏松，盐晶体间接触形式也在不断变化。

刘毅和刘杰等[47]（2013）利用微观手段观测研究了罗布泊干盐湖地区的盐渍土的矿物成分和微结构，并与溶陷性和无侧限抗压强度特性建立了联系，这在一定程度上明确了该地区路基盐渍土的病害机理。

万勇和薛强等[48]（2015）对压实黏土进行干湿循环试验，观测其开裂行为，并结合微观研究手段加以分析。从孔隙特征等方面解释了土体开裂的原因：干湿作用过程中，孔隙的总体积、中间孔径、平均孔径、平均孔隙率和团粒内孔隙均不断增加，而颗粒内孔隙、粒间孔隙和团粒间孔隙不断减小，证明了微观特征与宏观开裂行为是一致的。

综上可以看出，微观研究已拓展到如今的以定量研究为主结合图像分析的阶段，未来仍会是土力学研究的一个重要方向。而对于盐渍土的微观研究，仍需不断优化和发展。以微观特性为突破口，从系统演化角度建立宏观与微观的联系，探究基于微观结构的盐渍土力学性质变化规律和作用机制仍很必要。

岩土体的"崩解性"起初是指岩土在自然环境下逐渐散失结构完整性等的特征。Cassell[49]（1948）首先通过滑坡现象注意到岩石崩解的特性，并将原因总结为软岩的遇水崩解。Terzaghi、Peck[50]（1967）通过岩石崩解特征的研究提出了气致崩溃力学的理论，认为水的浸入使岩土体内部空气压力增大，从而导致在沿着脆弱面上的矿物骨架不断破裂而崩解。Gamble[51]（1971）研究岩土体崩解时提出崩解的影响因素包括含水率、胶结物特征以及矿物成分的水理特性等。

李家春和田伟平[52]（2005）通过自制的崩解仪进行压实黄土的崩解性研究，指出崩解的主要因素是压实土的压实度和含水量。压实度增大，崩解速率不断减小。含水量增加，崩解速率也逐渐减小，并在崩解过程中存在最大崩解含水量。崩解速率可以作为水土保持评价过程的重要指标。

李喜安和黄润秋等[53]（2009）结合黄土的原位崩解试验和室内崩解试验将黄土崩解的作用方式归纳为"崩离、迸离和解离"三大类，并对不同作用方式的特点和机理进行了全面概括，指出黄土崩解作用的时效性本质上是由黄土增湿速率引起的。崩解性减小的根本原因是天然含水率的增加致使土颗粒周围水膜增厚，使得矿物成分的膨胀能提前消散。

张泽和马巍等[54]（2014）用轻质亚黏土进行崩解试验，该类土成分中粉黏粒含量较高，不具有明显的湿陷性。他们通过实验总结了不同初始含水率条件下的崩解规律，发现当土样初始含水量增大时，崩解速率逐渐降低。当初始含水量接近天然含水量时，土样不完全崩解，其崩解敏感性最弱。

纵观近几年岩土界对崩解的研究，主要集中在软岩和黄土。由于黄土是一类典型的湿陷性土，黄土边坡浸水后的稳定性和山区泥石流等水土流失灾害的形成都与黄土的水理特性息息相关，研究黄土的崩解具有重要价值。关于盐渍土崩解特性的研究，多处于对其溶陷性的考虑。盐渍土的室内试验中，考虑到盐渍土在浸水劣化方面与黄土具有相似性，有研究者采用黄土中掺入定量盐分代替天然盐渍土。专门针对天然盐渍土的崩解性研究少之又少，同时缺乏水盐温度等多因素耦合对崩解性的影响研究。从非饱和土力学角度看，土的崩解是非饱和土的湿化过程，城市建设中的道路滑坡、路堤沉降、基坑开挖事故等往往与土体湿化特点相关，因而土的崩解性可以作为初步评价某一工程性质的指标。研究盐渍土的崩解性，可以为西北盐渍土地区的工程建设提供参考和分析依据。本章对不同初始状态的盐渍土的崩解规律加以研究，模拟不同状态的盐渍土，并结合强度分析，以期丰富盐渍土研究的理论基础。

5.1 试验材料

所研究的盐渍土土样取自玉门市郊外嘉安高速公路的饮马农场区（图5-1）。从野外取样地点照片（图3-2）可以明显看到地表土的泛白现象，盐分在土壤表层累积，使得地表出现较厚的结晶盐层，结晶盐层的厚度可达几厘米到几十厘米不等，含盐土的厚度甚至可以达到20 m。不同深度含盐土的含盐量存在差异，无恒定规律可循[55]，一般情况下，表层土含盐量会稍大于底层土。土层土体的颗粒大小分布、矿物组成等在纵深上均会存在一定差异。在该地段取土时，应选择多处典型地点，并取不同深度的土样，对原状土层特征进行描述和拍照，以利于室内的研究及减少地区土的性状特点给试验带来的误差影响。

图5-1 取样地理位置

5.2　试样基本物理性质试验

5.2.1　比重试验和颗粒分析试验

比重试验是为测定土粒的比重值。通过该指标可以了解土体矿物含量情况，为进行土的其他物理性质试验提供参数。根据试样土粒粒径，采用比重瓶法进行试验。土粒比重的定义是土粒在 105～110 ℃下烘至恒量时，其质量与土粒体积 4 ℃时的纯水质量的比值，如下：

$$G_{s} = \frac{m_{d}}{V_{d}\rho_{w}} \tag{5-1}$$

式中，G_{s}——土粒比重（无量纲）；

$\quad\quad V_{d}$——烘干土粒体积（cm^3）；

$\quad\quad m_{d}$——烘干土粒质量（g）；

$\quad\quad \rho_{w}$——4 ℃时的纯水密度（g/cm^3）。

界限含水率试验是为了测定土体的黏度指标，利用含水率表征土粒相对活动的难易程度或土粒间连接强度，可利用液塑限联合测定法（图 5-2）进行测定。土的塑性指数计算如下：

$$I_{P} = w_{L} - w_{P} \tag{5-2}$$

式中，I_{P}——塑性指数；

$\quad\quad w_{L}$——液限（%）；

$\quad\quad w_{P}$——塑限（%）。

天然的土是由大小不同的颗粒组成，土的性质受颗粒粒径影响很大，通常情况下以土中各个粒组占土粒总量的百分数表示粒径大小及组成情况，称为土的颗粒级配。利用筛分法进行颗粒分析时，小于某粒径的试样质量占试样总质量的百分比计算如下：

$$X = \frac{m_{A}}{m_{B}}d_{x} \tag{5-3}$$

式中，m_{A}——小于某粒径的试样质量（g）；

$\quad\quad m_{B}$——细筛分析时所选取的试样质量（g）；

$\quad\quad d_{x}$——粒径小于 2 mm 的试样质量占试样总质量的百分比（%）。

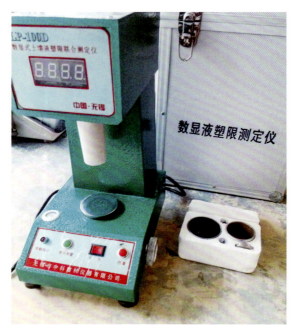

图5-2　数显式液塑限测定仪（JDS-2型）

严格依照《土工试验方法标准》（GB/T 50123—2019）[56]进行相关试验。整理试验数据结果如表5-1所示。

表5-1　盐渍土物理性质

比重 G_s	液限 w_L/%	塑限 w_P/%	塑性指数
2.7	23.5	16.5	7

5.2.2　易溶盐分析

《岩土工程勘察规范》（GB 50021—2001）中将易溶盐含量超过5%的土体定性为盐渍土。不同类别盐渍土分类依据见表5-2。对试验土体进行易溶盐分析，测定各类离子的含量。具体操作方法见《土工试验方法标准》（GB/T 50123—2019），易溶盐含量分析结果见表5-3。据此可判定，所取盐渍土为硫酸盐渍土。

表5-2 盐渍土分类依据

盐渍土名称	$\dfrac{c(\mathrm{Cl}^-)}{2c(\mathrm{SO}_4^{2-})}$	$\dfrac{2c(\mathrm{CO}_3^{2-})+c(\mathrm{HCO}_3^-)}{c(\mathrm{Cl}^-)+2c(\mathrm{SO}_4^{2-})}$
硫酸盐渍土	<0.3	—
亚硫酸盐渍土	0.3～1.0	—
亚氯盐渍土	1.0～2.0	—
氯盐渍土	>2.0	—
碱性盐渍土	—	>0.3

注：表中 $c(\mathrm{Cl}^-)$ 为氯盐渍土 100 g 土中所含毫摩系数，其他类同。

表5-3 易溶盐含量分析结果

阴离子含量/(mg·kg⁻¹)				阳离子含量/(mg·kg⁻¹)		
CO_3^{2-}	HCO_3^-	SO_4^{2-}	Cl^-	Ca^{2+}	Mg^{2+}	Na^++K^+
68	414	25840	25413	4077	4968	15732

5.2.3 击实试验

击实试验目的是测定土样在一定击实次数下或某种压实功下含水率与干密度之间的关系，通过绘制该关系曲线可以确定土样的最优含水率和最大干密度。试验可分轻型击实试验和重型击实试验两种试验方法。粒径不大于 20 mm 的土，可采用重型击实试验方法；粒径小于 5 mm 的黏性土采用轻型击实试验方法比较适宜。

轻型击实试验采用 2.5 kg 的击锤，击锤落锤为 305 mm，分 3 层击实，每层 25 击，所施加的单位体积击实功约为 592.2 kJ/m³；试验采用标准击实仪（见图5-3），并按《土工试验方法标准》（GB/T 50123—2019）进行试验。

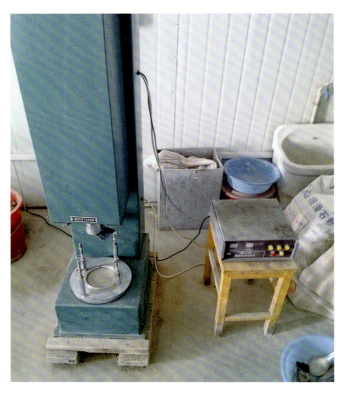

图5-3　标准击实仪(JDS-2型)

分析试验结果，并绘制土体击实曲线（图5-4）。

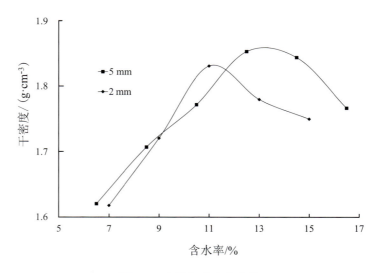

图5-4　土样标准击实曲线

图5-4中，过2 mm筛的试验土样，最优含水率为11%左右，对应的最大干密度为1.83 g/cm³；过5 mm筛的试验土样，最优含水率为13%左右，对应的最大干密度为

1.85 g/cm³。该类盐渍土对水的含量相对比较敏感。

可以发现，颗粒粒径增大会使峰值向右偏移，这与土体的一般规律相同。含水量超过最优含水量后土体干密度下降程度相对较小，这是由于含水量过多时土颗粒的结合水膜较厚，击实的过程中土粒易发生移动且水分在击实的瞬间动荷重会有很大一部分被孔隙水压力承担，土体难被压实。然而，对于较粗颗粒，土粒移动和孔隙水作用相对细粒土较小，从而使干密度减小程度相对较小。相反，当土中细颗粒含量增多时，上述作用会积极发挥作用，从而降低土体击实干密度。

通过比重试验、界限含水率试验、颗粒分析、易溶盐分析、击实试验等，得到了盐渍土基本物理性质、力学性质指标。这些河西走廊所取土样的物理力学特性符合试验需求，并可为室内试验重塑样的制备提供技术参数。

5.3　冻融干湿作用下盐渍土强度特性研究

为探究不同作用下盐渍土强度的变化规律，设计试验模拟不同的作用条件，并制取重塑样进行试验研究。

5.3.1　重塑样制备

基于本章第二节中试验得到的盐渍土基本性质参数，按照《土工试验方法标准》（GB/T 50123—2019）进行制样。考虑到试验本身影响因素繁杂，试验过程中土样的含水率和干密度均设为定值，采用过2 mm筛的土样，通过控制最优含水率和其对应的干密度配制试样。

具体方法：

①以干密度为1.83 g/cm³，含水率为11.3%进行土样的配制，称量出该种干密度下所需土样的重量，并计算出该种含水率土样所需加水的重量。

②将土样均匀平摊在盆中，采用喷壶缓慢加水的方法向土中加水，分多次洒水。洒一次水，拌一次样，如此重复多次，尽可能使得水与土样充分搅拌结合。用电子秤控制土样质量和喷水量，精确至0.01 g。

③将搅拌好的土样通过静力压实的方法，在制样仪中完成制样（直径65 mm、高度65 mm的圆柱体重塑样）。压实后静置2 min左右，让土颗粒进行自行调节，然后再采用配套的脱模器械制取试样（图5-5）。

④将试样用薄膜包裹保持其含水率不变，并进行编号后放入保湿器中保养1 d。

图5-5 脱模器械制及制取的试样

5.3.2 主要试验仪器设备

冻融试验中，采用的冻结装置为青岛海尔公司生产的立式低温保存箱DW-40L262（温度控制精度为1℃），融化装置则为天津市京润建筑仪器厂生产的JG-40B型标准恒温恒湿养护箱（温度控制精度为1℃，湿度控制精度为1%）。实物见图5-6。

（a）低温保存箱   （b）恒温恒湿养护箱

图5-6 冻融仪器设备

干湿试验中试样烘干过程利用上海博迅医疗生物仪器股份有限公司生产的GZX-9240MBE数显鼓风式干燥箱（见图5-7）。

图5-7　干燥箱

无侧限抗压强度试验在中国科学院寒区旱区环境与工程研究所的冻土工程国家重点实验室完成，采用CSS-1120型电子万能材料试验机（见图5-8）完成，整套系统主要由负荷机架、传动系统、测量控制柜及计算机系统组成，还配备一套温度控制装置。

图5-8　CSS-1120型电子万能材料试验机

5.3.3 冻融试验

冻胀率作为土体冻融过程中的重要研究指标，早期陈肖柏等[57]通过建立模型对黏性土的冻胀率进行了预测。李阳等[58]利用不同冻结模式研究土体的冻胀力与冻胀率的关系，取得了较好的应用成果。但实际上，受到土体性质的影响，包括土的初始状态、试验条件等，冻融过程中仍存在许多未知变化会使得到的结论完全相反[59]，故开展不同地区不同土类的冻融试验仍很有必要。

5.3.3.1 冻融试验方法

国内尚无统一的土体抗冻融性能评价试验方法，混凝土的标准冻融试验规范并不适用于所有的土体。简化试验过程中的控制变量，依据西北地区冬季气候特点，在开放不补水条件下，进行开放式冻融作用试验，设置冻结的温度为−20 ℃，融化温度为20 ℃，冻结时间为12 h，融化时间为12 h，即24 h为一个冻融循环。

具体方法：首先测定养护好的试验组及平行组试样的初始体积参数，而后将试样放入冷冻箱中冷冻12 h，控制冻结温度为−20 ℃；然后将所有试样取出，测定试样的体积参数，推算冻胀率，同步测量质量（控制精度到0.1 g）；最后将所有试样放入恒温养护箱，控制融化温度为20 ℃（±1 ℃），湿度为99%，融化12 h之后，取出试样，依照同样方法测定融沉率，并测量质量（控制精度到0.1 g）。

进行反复冻融试验时，重复上述操作步骤，操作过程要连续并按规范进行。每次冻融结束时添加一组试样，并对冻融作用前后土样的形态进行描述和拍照，测量质量损失。当其中一组试样出现明显破损时停止试验，利用万能材料试验机对所有试样进行无侧限抗压强度试验，试验采用应变控制法（试件需呈圆柱状并且在自重作用下不发生变形），按照国家标准《土工试验方法标准》（GB/T 50123—2019）进行。

5.3.3.2 冻融试验结果

试样经1次冻融作用后表面没有明显变化；第2次冻融作用后，试样表面有些泛白，并出现结皮，试样的边缘有轻微的破损和脱落现象，见图5-9（a），越往后泛白更加明显；4次冻融作用后试样出现小裂缝，并多集中在试样中间部位，随后裂缝不断扩大增长，土块脱落更加明显；10次冻融循环后试样整体性遭到彻底破坏，见图5-9（b）。

（a）经过24 h和48 h冻融作用试样

（c）经过24 h和168 h冻融作用试样

（b）经过24 h和240 h冻融作用试样

图5-9 不同冻融时间后试样破坏特征

绘制试样质量随冻融循环时间的变化关系曲线见图5-10。从图中可以得知，在冻融作用前期，质量的损失相对变化较慢，前3次冻融作用质量损失不到1%，试样表面出现结皮，很好地阻止了试样掉落。后期，试样表面裂隙发育，结皮掉落，质量损失加快，整个过程具有较好的累加性。10次冻融作用后，试样质量的损失率达到5.8%，一般认为质量的损失率超过5%，试样即遭破坏。

（1）冻胀率

由于试验环境采用开放的系统，没有对试样施加侧压等，试样在体变上存在不均匀性，要分别对试样的高度和径向进行观测。定义高度的应变为h'，直径的应变为d'，高度变化率与直径变化率的比值为l'，如下：

$$h' = \frac{h_1 - h_0}{h_0} \tag{5-4}$$

$$d' = \frac{d_1 - d_0}{d_0} \tag{5-5}$$

$$l' = \frac{h'}{d'} \tag{5-6}$$

式中，h_0——未冻融前试样高度（mm）；

　　　　h_1——冻融后试样高度（mm）；

　　　　d_0——未冻融前试样直径（mm）；

　　　　d_1——冻融后试样直径（mm）。

冻胀率 η（也称为冻胀量或冻胀系数）是表征土体的冻胀程度的指标，计算公式如下：

$$\eta = \frac{V_1 - V_0}{V_0} \tag{5-7}$$

式中，V_0——未冻融前试样体积（cm³）；

　　　　V_1——冻融后试样体积（cm³）。

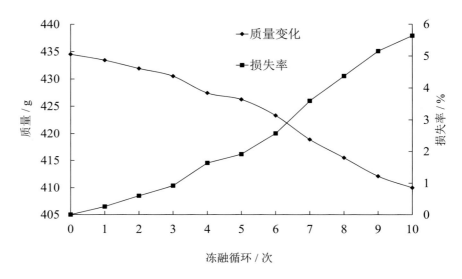

图 5-10　试样的质量损失与冻融循环的关系

图 5-11 是试样冻融过程变形量变化曲线。可以看出，试样的 d' 和 h' 呈正向增长态势，表明该类土对冻胀很敏感。l' 在前 36 h 冻融循环过程变化较大，后来趋于稳定。说明试样在冻结和融沉过程的变化速率最终趋于稳定。前 24 h，d' 要明显大于 h'，高度上总的变化量也是大于直径上的变化。由于试样在冻融循环过程中，顶部表面和侧面处于无约束状态，底部由于约束而对试样施加反作用力，试样受到的法线方向冻胀力要大于水平方向冻胀力。从高度和直径的变化率看，前 24 h 循环，法线方向冻胀力起主导地位，随着冻结过程的进行，法线方向和切线方向的冻胀力共同作用，影响着试样的变形。

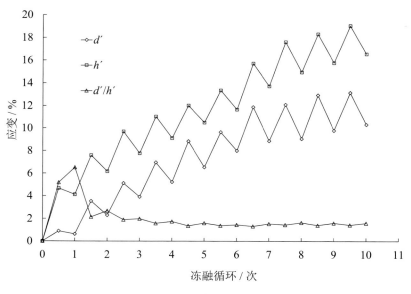

图5-11 应变曲线(图例)

一般来说，土体的冻胀率为6.0%～12.0%时，为强冻胀土；冻胀率大于12.0%的土为特强冻胀土。在不补水条件下进行冻胀试验，盐渍土的冻胀率见图5-12。冻胀率很快就超过12.0%，后期冻胀率最终趋于稳定的水平，说明盐渍土受冻融作用影响明显。由于盐渍土冻胀体积的变化实际上是盐分和水分共同作用的结果，盐分的作用如硫酸钠结晶，一个硫酸钠分子能结合10个水分子形成的十水硫酸钠会使体积大约增大148%，单纯从体积的变化看，硫酸盐渍土属于特强冻胀土类。

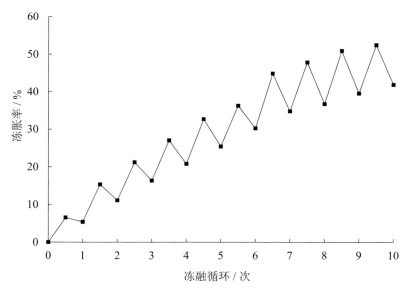

图5-12 冻胀率

（2）冻融循环抗压强度特征

根据试验结果绘制无侧限抗压强度与冻融循环次数关系图，见图5-13。从图中可以看出，无侧限抗压强度随着循环次数的增加呈减小的主趋势。在第1次冻融循环后土的无侧限抗压强度增大，与主趋势相反。后9次冻融循环后无侧限抗压强度与冻融次数的关系见图5-14。

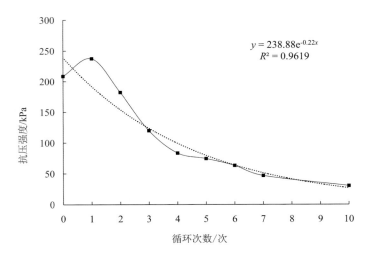

图5-13　循环次数与无侧限抗压强度关系曲线

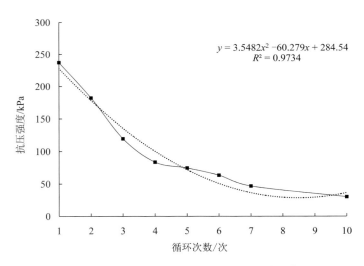

图5-14　后9次循环与无侧限抗压强度关系曲线

由图5-14可以看出，从第2次冻融循环后开始，无侧限抗压强度值与冻融循环次数呈正向衰减关系。第3次冻融循环后，无侧限抗压强度降低的幅度最大，已经达到了36.5%。随后衰减的幅度逐渐降低，到了7次冻融循环以后，无侧限抗压强度值逐渐趋于稳定。对后9次冻融循环无侧限抗压强度值进行拟合，达到较高的相关系数。可以发现，盐渍土冻融循环条件下无侧限抗压强度与冻融循环次数拟合方程满足二次关系 $y= 3.5482x^2-60.279x+284.54$，$R^2=0.9734$。由此可以判断，在冻融循环次数到达 7 次时，试样的无侧限抗压强度损失近乎达 70%，此时的试样已经冻坏，无侧限抗压强度损失不会再因冻融循环次数增加大幅降低。冻融过程已经改变了土体的结构，降低了土体的无侧限抗压强度值。

5.3.4 毛细干湿循环试验

盐渍土可以称为"四相土"[60]，区别以往土的三相，把随温度和水分而改变相态的易溶盐称之为"易溶盐相"。西北地区集中式降雨和雨后强烈蒸发带来的湿度变化，势必导致土中物质不同相态之间的转换，并对土的性质产生影响。人们在研究干湿循环对岩土体的影响时，加湿的方法多采用浸水或直接加水渗入。这些方法相对盐渍土来说有很大的局限性，浸水使试样达到饱和含水率，盐分容易溶出。直接加水渗入具有一定可行性，盐渍土的很多性质的表现是水分迁移规律的结果[61]。目前，就毛细水引起的干湿循环作用对盐渍土性质的影响研究相对较少。实际上，在大气的干湿循环系统下，地下水位的波动引起毛细水的上升，往往是地基土中水补给的重要来源。

（1）干湿循环作用试验方法

基于西部地区毛细水作用强烈的特征，模拟毛细水的吸湿方法，从而进行干湿作用试验。试验方法如下：

取一烧杯并在其底部铺设透水石，在透水石上铺置一层滤纸。然后将试样置于透水石上，将其放入恒温干燥箱中进行干燥，干燥箱的温度设置在 60 ℃±5 ℃[62]，设置干燥时间为 1 d。干燥结束后取出试样，利用少量蒸馏水清洗表面碎屑后，称量其质量，冲洗的水作为加入的水置于烧杯中。而后加蒸馏水至透水石的顶面以下，让试样通过毛细水上升作用吸湿。通过事先对吸湿过程的观测，静置的吸湿时间设置为 1 d。放置 1 d 后取出试样，用毛刷轻轻拭去烧杯中的浮土，再将试样放入新的烧杯中，进行下一个干湿作用。将湿后的烧杯连同里面土的残渣烘干，称量其质量，并减去烧杯与透水石的毛重，作为一个干湿作用的干质量损失。试样经过干燥—潮湿—干燥的过程为一个干湿作用，周期即为 2 d。

在加水时，参考最优含水率，利用含水率控制吸湿的水量。在设定的干燥条件下，烘干过程中土样的含水率可达 0% 左右。实际土样的反复干湿作用过程含水率变化如图 5-15 所示。在土样的吸湿过程中，为使土样充分吸收水分并使水分尽可能均匀分布，在烧杯壁喷水，并在烧杯口敷设一层保鲜袋，将烧杯放在室内（室温：20 ℃±2 ℃）。

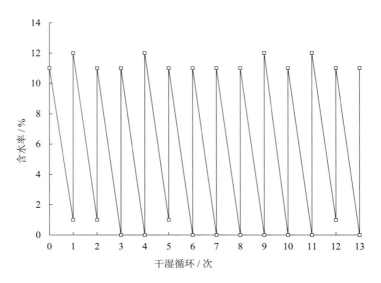

图5-15 干湿过程中含水率变化

每次干湿作用结束时添加一组试样，并对干湿作用前后试样的形态进行描述和拍照，重复上述操作步骤。参考文献 [63] 和 [64]，进行13次干湿作用，并对干后的所有试样进行无侧限抗压强度试验，无侧限抗压强度试验按照国家标准《土工试验方法标准》（GB/T 50123—2019）进行。

（2）干湿试验结果

将经过1个干湿作用后的试样与未经干湿作用的重塑试样对比，试样表面可观测到白色斑点，但不集中。土粒之间连接比较紧密，表面没有裂隙发育。试样经前2次干湿作用后，表面均没有发生明显的变化。在第3次干湿作用后，试样顶部开始出现泛白现象，说明有盐分在试样表面积聚，试样体积略微膨胀。第4次干湿作用后，试样开始出现细小裂隙，表面有隆起现象，这是由于盐分聚集、结晶析出。第8次干湿作用后，试样的隆起现象显著，同时试样上半部环形裂隙发育增多，并延伸至试样的顶部边缘，边缘试样掉落显著，土体膨胀明显。第13次干湿作用后，整个试样裂隙明显，上粗下细，膨胀破裂。大量裂隙呈不同形状分布在试样侧面，一些裂缝连接贯通，致使试样表面呈块状掉落，试样整体性受损严重，见图5-16。

总结试样表面特征随干湿作用次数增加的变化规律，前4个干湿循环为一个变化阶段，5～8次干湿循环为一个变化阶段，该阶段为一个突变适应阶段。8次干湿循环后，试样的变化逐渐趋于稳定，实际上这也反映了在8次循环过后，试样的裂隙发育、变形等已经达到一定水平，试样发生了不可逆的变化。

（a）重塑试样和1次干湿作用后试样　　　　　（b）3次干湿作用后试样

（c）8次干湿作用后试样　　　　　　　　（d）13次干湿作用后试样

图5-16　不同干湿作用次数后试样的干湿特征

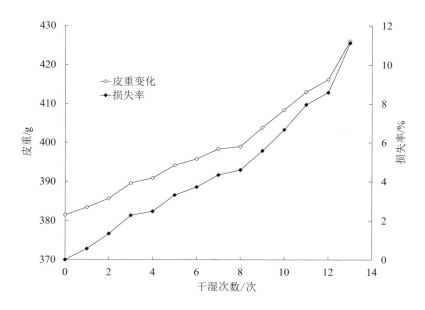

图5-17　试样的质量损失与干湿循环的关系

图5-17表示试样质量随干湿循环次数的变化关系。干湿作用质量损失具有阶段性。第一阶段，前4次干湿作用后试样质量的损失以边缘掉落的土散粒为主，质量变化相对较慢；第二阶段，试样质量损失趋于稳定，并仍以散粒掉落形式为主；第三阶段，质损增速段。干湿作用产生较大的变形空间，致使试样表面裂隙也有较大的发育空间，并不断贯通，质损加剧，隆起的地方以散粒掉落和块状掉落并存。第8次干湿作用后，试样质量的损失率已超过5%。

1）抗压强度特征

根据试验结果绘制无侧限抗压强度与干湿循环次数关系图，如图5-18所示。

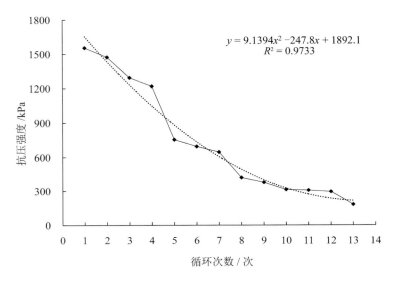

$$y = 9.1394x^2 - 247.8x + 1892.1$$
$$R^2 = 0.9733$$

图5-18 试样的质量损失与干湿循环的关系

由图可以看出，前4次干湿作用后，无侧限抗压强度降低了20%左右，试样第5次干湿作用后无侧限抗压强度的降幅最大，5～8次循环过程，无侧限抗压强度的衰减幅度超过了第1次干湿作用后无侧限抗压强度的50%，是无侧限抗压强度衰减的主要阶段。而后的干湿作用后，无侧限抗压强度的衰减幅度稍有所减缓。将无侧限抗压强度的变化规律分为三个阶段：

①缓慢衰减阶段。这个阶段主要集中在前几次干湿作用，这是由于盐渍土本身具有一定的结构强度，烘干后的土样，内部Na_2SO_4等盐分以晶体形式充填于土骨架之间，起到一定的胶结作用，使土体本身能够抵挡一定程度的变形。当然，反复的干湿作用让土骨架之间连接薄弱的地方产生的应力变得集中，开始发育微裂隙，但这个阶段微裂隙的发育不足以对无侧限抗压强度产生较大影响，宏观上表现为一个缓慢衰减的过程。

②增速衰减阶段。这个阶段主要集中在5～8次干湿循环过程，随着循环次数的增加，部分盐分的流失导致晶体对土骨架的稳定作用减弱，而Na_2SO_4等溶解会放热，从

能量平衡角度讲，土样系统的能量降低。同时，微裂隙不断扩展，并直接影响到土骨架的连接，土体抵抗变形的能力减弱，导致强度迅速衰减。

③稳定衰减阶段。这个阶段主要集中在干湿循环8～10次以后，前期的反复干湿过程会使得土体内部微裂隙扩展到一定水平，让土体存在足够的变形空间，由于变形而产生的应力会减小，并反馈到微裂隙上，后期微裂隙的发育也会减慢。第8次干湿作用后，试样表面的隆起现象很好地说明了这点。强度的衰减逐渐趋于一个稳定的降低过程。

利用二次方程对无侧限抗压强度与干湿循环次数之间的关系进行拟合，拟合方程满足 $y=9.1394x^2-247.8x+1892.1$，$R^2=0.9733$，两者相关性很高。对比干湿作用与冻融作用对无侧限抗压强度的影响，干湿作用要大于冻融作用。在进行盐渍土耐久性防治时，含水量要优于温度作为主要的考虑因素。

2）破坏形态分析

观察无侧限抗压强度试验中的试样，试样与加载钢板接触地方首先出现裂痕，接着随着加载应变增加，裂痕不断增多和增大，裂痕的方向大多是垂直于试样底面。剥去破坏后的试样外表面破碎土块，试样内部仍有部分保持整体性（图5-19），并酷似一个"苹果核"，试样的中间窄、两底面宽。可以得出，在无侧向限制加压的条件下，大多属于横向受拉破坏，符合一般规律[65]。由于试样本身的强度各有不同，还受到试样尺寸、所受侧向约束等因素的影响，在脆性横向受拉破坏和塑性斜向受剪破坏两种形式中，干湿试样的受压破坏以前者为主。同时，加载钢板对试样存在着"环箍效应"，破坏最严重的部位在受加载面约束最小的部位，也就是试样高度的中央部位，所以破坏形态会呈两个圆锥以锥顶相接的形式而酷似"苹果核"，这也表明了破坏的形式是横向受拉破坏。

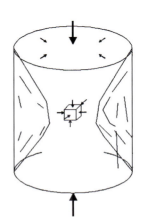

图5-19　试样破坏形态及示意图

5.3.5　冻融干湿循环体变特征

关于盐渍土变形规律的探究多考虑单因素影响，或是集中在冻融试验冻胀特性的研究，或是集中在干湿试验干缩膨胀规律的研究。在冻胀性相关试验研究中发现，法线方向的变形能力要比径向的强，但这在干湿作用过程中却不是很明显。这说明试样在不同的状态下，收缩变形的特征不同。同时，在法线方向和径向上的变形也会存在差异。为此，可通过控制失水方向观察不同方向失水情况，并将冻融作用和干湿作用联合，以期初步探究干湿-冻融作用下试样的形变规律。

具体方法：制备环刀试样，进行编号并分成两组；一组试样用塑料膜将其四周包裹，用以观测法向形变；一组试样用适合其大小的塑料膜封住其上下面，用以观测径向形变。所有试样先进行干湿作用，再进行冻融作用，以这种交替方式进行联合试验。将环刀样进行一个毛细干湿作用后，在塑料膜上多处做标志，利用高精度的卡尺测量标志处高度的变化，测完后，再进行一个冻融作用，即一个联合作用的周期为 3 d（在干湿循环过程中，同样利用极限含水率和最优含水率控制含水量变化）。

参照冻融试验的结果，将联合循环次数设置为 10 次，分别测读两组试样的高度和直径，计算分析结果，并绘制不同作用下应变与循环次数的关系图。

由图 5-20 和图 5-21 可以看出，不论是冻融作用还是干湿作用，10 次循环后试样的法向应变都要大于径向应变。冻融循环的法向应变、径向应变不断增长，而干湿作用的法向应变在 5 次循环后不再增长，径向应变在 7 次循环后反而有所下降，这可能与湿后试样蓬松造成的"尺寸假象"有关，最终应变都趋于稳定。冻融作用对试样形变的影响要强于干湿作用的影响，但无论是干湿作用还是冻融作用，法向变形都是起主导作用，且与试样冻融作用时的规律是一致的。

观察干湿-冻融联合循环应变曲线，不难发现试样的变形不是两个作用过程的简单累积。环刀试样在 10 次联合循环后法向的应变达到 2.7%，径向的应变为 1.0% 左右。前几次循环过程，联合作用产生的应变要大于单一作用下的应变，干湿作用和冻融作用对裂隙发育的贡献很大；在后几次联合循环过程中，土体内部的裂隙已大幅开展，形变量趋于某一水平。7 次循环后试样法向和径向应变变化很小，最终法向和径向应变都是低于冻融循环下的应变。对法向和径向应变进行回归分析，以联合循环的应变为因变量，冻融作用下与干湿作用下的应变量为自变量，应用逐步回归法进行自变量的筛选，得到结果见表 5-4。法向和径向应变在回归过程中都剔除了自变量干湿作用下的应变，最终得到法向应变 $U_3=0.185+0.795U_1$，判定系数为 0.967，说明冻融作用产生的应变能联合循环 96.7% 的变化。径向应变 $V_3=0.131+0.808V_1$，判定系数为 0.973。DW 统计量的值分别为1.534和1.845，说明产生的随机误差项不存在自相关关系。总体来说，干湿作用加快了土体的形变速度，但对联合循环中最终应变的累积不产生较大影响。

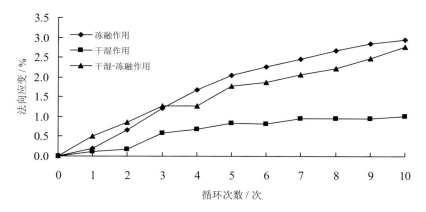

图5-20　法向应变与循环次数的关系

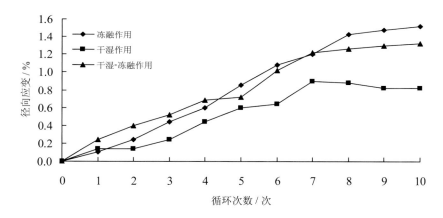

图5-21　径向应变与循环次数的关系

表5-4　回归模型

回归方程	R	R^2	调整R^2	标准估计误差	Durbin-Watson
$U_3=0.185+0.795U_1$	0.9835	0.967	0.964	0.16387	1.534
$V_3=0.131+0.808V_1$	0.9865	0.973	0.971	0.07994	1.845

5.3.6　讨论

对河西走廊的硫酸盐渍土进行了冻融循环作用和干湿循环作用，得到如下的成果：
①探讨了硫酸盐渍土冻融循环作用和干湿循环作用下的无侧限抗压强度的变化规

律和质损规律。在反复的冻融作用中，无侧限抗压强度会在第一次循环过后有所增强，但随着循环次数继续增加而不断降低。干湿循环作用中，无侧限抗压强度逐渐降低。

②研究了冻融干湿联合循环作用下和分别在单一循环作用下，试样法向和径向应变的变化规律。试样的变形都不是单一作用结果的简单累积，利用回归方程分析得到，联合循环的径向和法向应变受到冻融循环影响比较大，干湿作用加快了形变速度，但对最终应变的累积不产生较大影响。联合循环过程是单一循环间以某种关系互相反馈和影响，从而加快土体劣化的过程。

③冻融试验和干湿试验方法分别是通过控制温度和含水率实现的。这两个因素对硫酸盐渍土的性质影响很大，研究如何长期有效地防治盐渍土劣化问题要以此为突破口。

5.4　冻融干湿循环作用下盐渍土微观结构特征

土质结构的微观细观研究与宏观力学特性研究的结合被认为是 20 世纪土力学研究发展过程中的一个具有根本性、革命性的事件，推动着土质学与土力学的有机结合向更深层次发展。从土力学连续介质理论分析，土体的性质直接受土颗粒（颗粒群）的组成特点控制。从物理化学概念出发，盐渍土中的盐分当以离子态存在时，土颗粒的双电层结构受其浓度影响，盐分和结合水包裹在细颗粒周围就会形成差异性连接等。所以盐渍土的性质肯定受到其内部复杂结构特征的影响，不能忽视盐分的存在给微观结构带来多样性和不确定性等影响。为深入了解盐渍土内部微观结构对宏观性质产生的影响，从土颗粒微观特性着手并准确把握微观特征对宏观性质的影响具有重要的理论意义和指导价值。

5.4.1　扫描电镜试验

土体的微观观察可以利用显微镜去实现，扫描电镜（scaning electron microscope，SEM）是介于透射电镜和光学显微镜之间的微观观察仪器，具有分辨率高、景深长、视野大、成像富有立体感及分析功能多等优点。扫描电镜图像为立体图像，能有效反映样品表面特征情况。土体的影像主要有颗粒和孔隙两类，确定颗粒的各类参数后，便可计算得到孔隙的参数。

扫描电镜工作原理主要是利用 2～30 kV 的加速电压，将高能电子束聚焦成极细电子束，扫描样品表面，并激发出次级电子等信号，这些信号被不同接收器接收，经过一定技术手段的处理和转换后，在显像管上显示出与电子束同步的扫描图像。

5.4.1.1　仪器设备

本次微观试验在中国科学院物理化学研究所完成，仪器设备（图5-22）主要采用由日本电子光学公司与美国Kevex公司联合生产的JSM-5600LV低真空扫描电子显微镜X射线能量色散谱仪，其SEM分辨率为3.5 nm，DES分辨率为131.7 eV，以及JFC-1600型溅射仪。试验耗材包括导电胶、双面胶等。

（a）JSM-5600LV型扫描电子显微镜

（b）JFC-1600型溅射仪

图5-22　仪器设备

5.4.1.2　试样制备

扫描电镜试验的样品必须是固体，且须在真空下能长期保持稳定，对于含有水分的样品必须事先进行干燥等预处理。样品不经处理或处理不当，都会造成样品损伤或变形，这将导致在拍摄过程中出现各种假象，致使达不到试验结果的要求。所以，样品的预处理对试验的结果影响重大，预处理包括抽真空、喷金等。

制备不同作用下土样试验中的观察样品，须先进行样品的脱水干燥处理，样品的脱水可以通过自然风干、烘干、冷冻干燥等方法完成[66, 67]。但不同方法均存在利弊，如自然风干时间较长，高温烘干往往会影响微观结构，而冷冻干燥是目前被认为对土体扰动影响最小的方法。试验所用扫描电镜装置本身具有试样抽真空功能。选取具有较平整断面的薄片，制成边长约为8 mm的立方体，吹去表层扰动颗粒。利用导电胶、双面胶固定在金属台上，对应编号。岩土体的导电性一般都比较差，放入溅射仪进行喷金，喷金时间视样品大小而定，并适当延长。

5.4.1.3　试验步骤

将放置样品的金属台平稳放入电镜设备中的观察台，相对平整的断面为扫描电镜试验的观察断面。先高倍聚焦，再在低倍条件下寻找合适的区域进行拍摄。每个试样在制成电镜扫描样品后，对全景要有个大致了解，不断地将样品在视野中移动，同时尽可能避开奇异点。拍摄的过程中，取点的代表性实际上会对试验定量分析造成重要影响，因而需要合理选取拍摄点，一般会选择分布比较清晰均匀、杂质异物较少的位置，并且选取多个代表性区域，连续选取多张照片，以此降低随机性带来的误差，提高试验结果的可靠性。将所选定的照片输入计算机，通过图像分析软件进行处理，以得到土体内部颗粒及孔隙的特征等。本次试验过程拍摄分别选取50倍、500倍、5000倍的不同放大条件，并进行不同作用后盐渍土的扫描电镜图像的选取。

5.4.2　微观特性分析

图像分析作为一种非接触的观测方法，是土体微观特征分析的重要技术手段[68]。扫描电镜图像分析的手段有DIPIX系统、Video lab系统、Imag Pro Plus软件及Image J软件等[69]。相比之下，Image J软件虽为免费软件但其各方面都比较优秀，可以处理分析8位、16位、32位的图像，具备较强的图像分析功能，还能通过JAVA语言编写插件扩展功能，因而足以满足土体相关微观分析需要，且操作起来简单容易，对于那些非计算机专业的研究人员同样适用。

5.4.2.1　结构形貌观察

观察土体的微观结构形貌主要是基于定性分析，即对土的基本单元体和孔隙进行观察。土单元体的组成特点、土单元体（孔隙）的形态、接触方式和排列方式等要作为重点考察对象。

在低倍放大条件下，观察到土体微观形貌见图5-23（放大50倍）。对比图5-23（a）和图5-23（b）发现，反复冻融作用后图片中很多区域的阴影面积增多，这说明孔隙更深、更开阔，架空现象愈发显著。比起经过一次冻融作用后的土颗粒间距，土颗粒间接触不再紧凑，说明反复冻融作用对颗粒间距影响显著。对比图5-23（c）和图5-23（d）发现，经过反复干湿作用破坏后的土颗粒与经过一次干湿作用后的土颗粒间距差异不是很明显，但从颗粒的边缘形态看，经过反复干湿作用破坏后的土颗粒的圆滑程度要差一些，同时也有一些区域土颗粒架空。整体来看，土单元体和孔隙分布都不是很均匀。因而无论冻融作用还是干湿作用，在反复的试验条件下，土的微观特征都会出现较大变化。

（a）冻融作用后盐渍土　　　　　　　（b）反复冻融作用后盐渍土

（c）干湿作用后盐渍土　　　　　　　（d）反复干湿作用破坏后盐渍土

图5-23　冻融干湿循环作用下盐渍土的微观结构(50倍)

观察未经作用的盐渍土，图5-24为50倍和500倍放大条件下重塑盐渍土的微观结构照片。由图可以看出，结构类型由骨架状向基质状过渡，颗粒骨架以单粒为主，大小混杂，小颗粒包裹在大颗粒的外围，充填在孔隙间，在空间上多有镶嵌排列，单元体间接触以点-面、边-面形式为主。孔隙类型以粒间孔隙为主，存在架空孔隙，但孔隙的连通性比较差，易在外力作用下发生改变。图中能观察到颗粒状的晶体以及细枝状的晶体积聚。

图5-24　重塑盐渍土微观结构特征(50倍、500倍)

比较冻融作用前后的放大500倍的扫描电镜图像，作用后的土单元体间连接紧密，大型的架空结构不再明显。呈棱角状和条片状碎屑颗粒减少，有些颗粒发生不可恢复的变形。单元体间以边-面、面-面接触增多，整体排列无明显的有序性。说明经过一次冻融作用后，土颗粒有聚集现象，团聚、集合体增多。一方面是因为，未冻水的运移过程让土单元体间的互相交叠作用增强；另一方面是由于盐溶液的絮凝作用，促进了小颗粒的变粗过程。对比图5-25（a）和5-25（b），冻融循环作用后一个很明显的变化是土单元体间距增大，孔隙体积膨胀。冻融循环之后，冰晶和盐分结晶的挤压作用使土颗粒继续团聚，也使得一些孔隙贯通，体积增大，并以架空孔隙为主，土体整体较循环前蓬松。但结晶膨胀的体积不能完全被孔隙吸收，会在土骨架上产生较大应力，致使骨架结构破坏，土体内部单元体的完整性大打折扣。

由图5-25（c）还可以看出，干湿作用后土颗粒结构变得更加紧密，但仍有大孔隙存在，孔隙的间距增大。土颗粒边缘趋于类似椭球形状，整体性变得更强，这也解释了干湿作用后强度增大的原因。而反复干湿作用后，土体的内部结构不断被破坏，土体变得疏松和破碎。土颗粒表面又开始有较多碎屑状颗粒附着，边缘开始逐渐呈不规则形状。相比未经干湿作用的试样结构，干湿作用土体的接触方式有较大变化，最终使其结构不稳定。

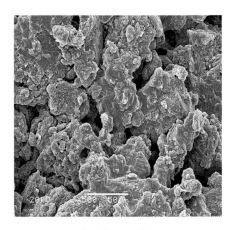

（a）冻融作用后盐渍土　　　　　　　　（b）反复冻融作用后盐渍土

（c）干湿作用后盐渍土　　　　　　　　（d）反复干湿作用破坏后盐渍土

图 5-25　冻融干湿循环作用下盐渍土的微观结构（500 倍）

在高倍条件（放大 5000 倍）下的扫描电镜图像见图 5-26，土颗粒的聚集现象更为清晰，一次冻融作用后，集聚的表面相对完整，但经过反复冻融作用，集聚的表面裂隙发育，裂隙分布不规则。对比干湿作用后和冻融作用后的土样，冻融后土样的集聚面边缘要比干湿作用后土样的集聚边缘更为光滑，在纵面上，层与层间的结合整体性更强。而经过反复干湿作用后这种裂隙的发育现象更为显著，这也佐证了反复干湿作用使土样强度降低的幅度比反复冻融作用大得多。

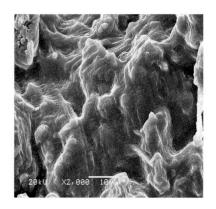

（a）冻融作用后盐渍土　　　　　　　　（b）反复冻融作用后盐渍土

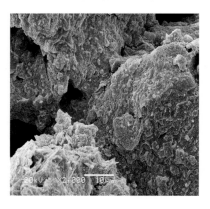

（c）干湿作用后盐渍土　　　　　　　（d）反复干湿作用破坏后盐渍土

图5-26　冻融干湿循环作用下盐渍土的微观结构（5000倍）

5.4.2.2　孔隙定量分析

　　扫描电镜照片中只有孔隙与颗粒两类影像，确定其中一类影像特征，另一类影像相关参数也就能确定。本次定量分析从孔隙特征角度出发，对试验获得的不同倍数照片进行筛选，统一选取500倍照片作为定量分析的主要图像。所有图片需要进行灰度校正、降噪等预处理。由于土体中很难做到准确地区分颗粒与孔隙的界限，相关试验的分析也表明，阈值的选取不仅关乎得到的二值图是否与真实情况接近，还会对结果产生较大的误差影响。为尽可能做到科学合理，参考文献［70］中的"最小累计差法"确定阈值大致范围，以此降低阈值的选取对试验结果产生的误差影响。

（1）孔隙大小

　　雷祥义[71]在研究黄土孔隙分类系统时，将孔隙按大小分为4类，分别为大孔隙（孔隙面积>803.84 μm^2）、中孔隙（孔隙面积50.24～803.84 μm^2）、小孔隙（孔隙面积3.14～50.24 μm^2）和微孔隙（孔隙面积<3.14 μm^2）。利用Image J软件提取孔隙面积参

数见表5-5。

表5-5　孔隙面积

状态	孔隙类型	数量	总面积/μm²	孔隙面积/μm²	百分比/%
重塑盐渍土	大孔隙	2	1980.04	20152.72	9.83
	中孔隙	13	1955.32		9.70
	小孔隙	374	16217.36		80.47
冻融作用后	大孔隙	5	8451.16	18539.72	45.58
	中孔隙	32	6263.76		33.79
	小孔隙	641	3824.80		20.63
冻融破坏后	大孔隙	5	21991.88	25219.12	87.20
	中孔隙	9	1592.68		6.32
	小孔隙	324	1634.56		6.48
干湿作用后	大孔隙	4	5001.52	12445.84	40.19
	中孔隙	21	4845.64		38.93
	小孔隙	756	2598.68		20.88
干湿破坏后	大孔隙	2	13495.88	21919.00	61.57
	中孔隙	25	5100.72		23.27
	小孔隙	640	3322.40		15.16

从表5-5中可以看出，不同状态下盐渍土孔隙微结构特征差异明显。从孔隙的总面积看，土样经过冻融作用和干湿作用后其孔隙的面积都有不同程度的降低，而土样经过不同作用循环破坏后的孔隙的面积都要大于未经作用土样孔隙的面积。在孔隙类型方面，对比冻融作用和冻融循环作用后的土样，大孔隙的个数没有增加，中孔隙和小孔隙的数量都大幅降低，但大孔隙面积明显增大。说明中、小孔隙不断贯通成大孔隙，土样结构更加疏松。对比冻融作用后和干湿作用后的土样，不同类型土样孔隙分布比例相差不大，干湿作用后土样孔隙总面积较冻融作用后的小，但两者较未经作用的土样的孔隙总面积都有所下降，一定程度上说明土颗粒之间更加紧密，而干湿作用后的这种表现更为明显。

（2）孔隙形态

丰度是指土中的结构单元体（或孔隙）的短轴与长轴的比值。孔隙的丰度可以反映右平面中孔隙的几何形状特征上，是表征孔隙形态的重要指标。通常丰度的取值为

145

[0，1]，当取值越接近0，说明孔隙的形态越扁，形似于条形；当取值越趋于1，说明孔隙形态越正，越趋于等轴形，分析试验结果并绘图（图5-27）。

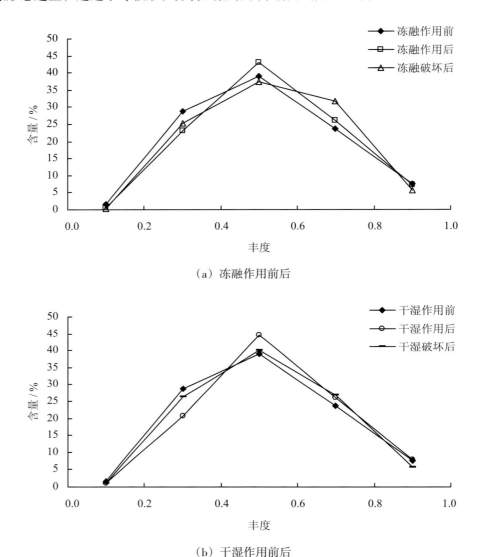

（a）冻融作用前后

（b）干湿作用前后

图5-27　丰度频率分布

由图5-27可以看出，在不同的丰度区间都有孔隙分布。冻融作用和干湿作用两种过程的丰度均在0.4～0.6区间较为集中，整体酷似"矛头"，说明孔隙以近圆形、近方形居多。观察冻融过程，经过一次冻融后，丰度在0.4～0.6区间频率上升，在0.2～0.4区间频率下降，使土颗粒集聚让孔隙边缘的形态变圆滑。而反复冻融破坏后丰度在0.4～0.6区间频率又有所下降，反复的冻融作用使得颗粒更为破碎，增加了孔隙边缘的起伏变化。对于干湿过程，干湿作用后丰度在0.2～0.4区间及0.4～0.6区间有着与冻融作用同样的变化，而反复干湿破坏后丰度在0.4～0.6区间频率与干湿作用前很接近，在0.2～0.4区间频率明显增大。总体来说，孔隙的形态不是一成不变的。

（3）孔隙排列

孔隙的定向频率是形容孔隙排列的参数之一，将孔隙的取向角以等区间分成若干分，分别观察和计算所有孔隙的取向角落入不同区间的频率，并用图形画出，来反映所研究对象的定向特征。绘制不同作用下孔隙定向分布频率图（图5-28）。

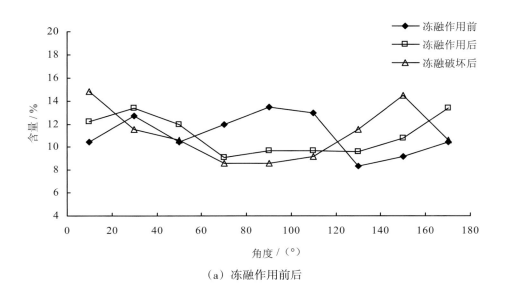

（a）冻融作用前后

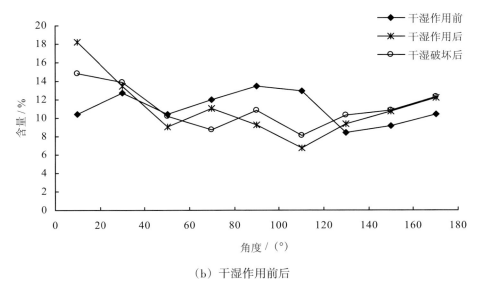

（b）干湿作用前后

图5-28　孔隙定向频率分布

由图5-28可以看出，在不同的角度区间都有孔隙分布。可以说，不管是冻融作用过程还是干湿作用过程，孔隙分布的定向特征都处在不断变化中。冻融过程中，在0°~20°及60°~100°的区间内孔隙分布频率变化较大，其他区间含量的百分数变化幅度较小。而干湿过程中，0°~20°及80°~120°的区间内孔隙分布频率变化较大，孔隙的分布变化是复杂的。总体来说，孔隙在不同角度分布的数量都向着均匀方向发展。

5.4.3 微观特征与强度关系

5.4.3.1 冻融过程强度变化规律

第1次冻融循环后抗压强度有所增加，与后面冻融过程的结果截然相反。一般情况在 20 ℃环境下进行融的过程中，水结冰后融成水，盐分由结晶态转化成离子态的过程都会导致土样体积先增大后减小，使得土颗粒间的孔隙率有着先增长再回落的过程，当增加的体积要大于回落的体积时就会使土体结构变得疏松，引起土体强度的降低。从微观特征看，第1次冻融作用后，土样的各类孔隙的数量都在增多，这并不利于强度变强。但孔隙的总面积是减小的，也就是说，土单元体体积是增大的。这说明在融后，土颗粒间的硫酸钠等盐类仍有部分会以结晶形式存在于土样中，并充当骨架的作用使土体强度增加。同时，结晶态的硫酸钠向离子态转变需要吸收热量，土体总系统的能量是增大的。

一般情况下，大孔隙内薄膜水含量较高，毛细水多位于小孔隙中。冻融过后小孔隙数量增多，而孔隙总面积是减小的，说明大、中孔隙对孔隙的变化贡献很大。孔隙的变化促使薄膜水与毛细水含量发生转化，水以液相较多存在大孔隙中，初始干密度较大的土体的土水势会有所增强，这也对土体强度起到补强作用。综上，土水势增强的过程对土体强度的影响要大于降低的过程，从而使得一次冻融循环后强度会得到一定程度的提升，微观特征很好地反映了这一增强过程。

在研究冻胀率时已经表明，试验所用的天然硫酸盐渍土是特强冻胀盐渍土，随着冻融次数的增加，盐胀现象会更加明显，土的密实度逐渐降低，孔隙体积逐渐增大，10次冻融作用后，孔隙的总面积非常大，大孔隙面积占有较大比例，甚至超过了总面积的87%。这直接说明土骨架间距增大，土颗粒间连接能力明显减弱。而孔隙的丰度也向0.4~0.6区间靠拢，同时孔隙的定向排列程度降低，一定程度也说明土颗粒间咬合能力降低。盐胀和冻胀的进一步作用会使得盐渍土的黏聚力进一步下降[72]，土体中盐分和水分的运移、可溶盐的结晶与溶解间的转换已经破坏了土体的内部结构，土体的强度不断衰减。

5.4.3.2   干湿过程强度变化规律

对于毛细水干湿作用过程，经过一次干湿作用后的试样，从微观特征可以看出，孔隙的面积大大减小，一方面这与颗粒的"干缩效应"有关；另一方面，硫酸盐多以晶体形式存在于土骨架之间，增加了与颗粒间的接触，增大了连接能力。孔隙的丰度也发生明显变化，在 0.4～0.6 区间分布增多，孔隙排列在 0°～20° 区间频率大幅上升。这种变化趋势有助于强度的补强，但主要还是受孔隙的体积影响。重塑试样的强度是 205 kPa，而干后的试样强度达到了 1555 kPa，强度增大了 6 倍多，可以看出盐分结晶作为土骨架，这种连接作用是很牢固的。

在强度缓慢衰减阶段，以中、小孔隙的发育为主。实际上孔隙的增多，表明土单元体间接触变差，也是某些集中应力释放的表现；增速衰减阶段，大孔隙开始发育，并随着循环次数的增加，微裂隙不断扩展，土骨架的稳定性也逐渐降低，并直接影响到土体强度，强度开始迅速衰减；稳定衰减阶段，前期的反复干湿过程使得土体内部微裂隙扩展到一定程度，让土体存在足够变形空间，孔隙的体积由收缩到增大再回落的过程产生的体积变形不再那么明显，强度的衰减变缓。干湿破坏时，土体中大孔隙的面积达到总面积的 61%，孔隙的数量也增加了将近 1 倍，可见颗粒间接触连接很差。经历反复的干湿作用后土体的外部隆起现象是土体内部结构疏松的表现。水分迁移运动的过程，导致土颗粒间结构连接的软化，进而产生一些复杂变化让土体微结构受到不可逆的破坏，孔隙面积的变化也很好地佐证了这一点。

诸如"表面张力理论"和"层间水理论"[73] 等分别从不同角度对水分迁移过程加以解释分析，都提到了水分迁移运动过程会引起内外压力差，产生不平衡力影响强度等变化。环境温差会使水分的相态受到影响，水分发生相变进一步反馈到水分的迁移速度的变化，而冻融过程则是温度的周期性变化过程，强度均会受到这种不平衡力的影响。盐渍土中，温度和水分的变化、盐分的相互转换，使得水分迁移的过程变得更加复杂，本节旨在研究干湿作用对强度的影响，后期有必要对水分迁移的规律做深入研究。

5.4.4   讨论

通过扫描电镜试验，观察研究了盐渍土的微观特征，并对冻融作用和干湿作用下土体微观结构的变化加以研究，得到主要的结论如下：

①无论冻融作用，还是干湿作用都会对盐渍土的微观结构造成影响，并影响到宏观性质。

②从孔隙的大小、形态、排列方面，对冻融作用、干湿作用所引起的微观结构的变化加以研究，从大小看，土样经过冻融作用、干湿作用后孔隙体积都有不同程度的变小，而土样经过不同作用循环破坏后的孔隙面积都要大于未经作用的孔隙面积。孔隙的形态不是一成不变的，取向角在不同分布区间的数量都向着均匀方向发展。

③冻融作用中，第1次冻融作用后强度有所增强，孔隙的总面积是减小的，土单元体中仍有部分盐类以结晶态存在，结晶态对强度的补强作用明显。而后的冻融循环过程中，大孔隙的发育彻底改变了土体的结构。土体变得越来越疏松，强度不断降低。干湿作用中，在强度衰减的三个阶段，微裂隙的发育过程中，不同类型孔隙的变化规律都扮演着重要角色。

作为土体微观特征研究的主要目的，在认识某些性质的微观作用机理的同时，也需要为实践中工程问题的解决起到指导作用。本节研究了不同作用下盐渍土微观特征的变化，并与强度的变化规律建立联系，可为土的某些宏观性质的判定提供可靠的资料。

5.5 冻融干湿循环作用下盐渍土崩解特性

崩解亦可称为湿化，即土体在水中发生碎裂和崩落的现象，这种现象与土体抗水蚀能力密切相关[74]，一定程度上能反映土体的结构特点。一般盐渍土的原始结构认为有紧密型和松散型两大类型，而松散型崩解现象比较明显。由于人类工程建设活动受自然环境条件等不稳定因素影响，土体的崩解现象也会有较大的差异性。

由于崩解试验并无标准可依，盐渍土的崩解性研究也还处于探讨的阶段。描述盐渍土不同作用下崩解过程的发展特点，获取具体参数如崩解时间和崩解速率等，从定量方面分析盐渍土重塑样崩解机理，并与微观特点建立联系，可为工程建设和数值计算提供重要参考依据。

5.5.1 崩解试验

5.5.1.1 试验方法

水有静态水和动态水，盐渍土试样的浸水过程有两种情况：一种情况是在水力梯度相对较小的条件下，此时土体在静水中溶陷变形、解离和流失，这个过程没有明显渗流现象；另一种情况是具有一定水力梯度的条件下，土体由于水流运动而直接受到冲刷和侵蚀,土体崩解而被渗流作用带走。相关地区的勘察资料显示,河西走廊地区地下水以潜水为主,水力梯度并不是很大,因而本节着重研究静水条件下土体的崩解现象。

静水中崩解试验的研究方法,分为定性研究和定量研究。定性研究主要用于观察和描述崩解反应,记录崩解时间;定量研究可以根据设定的试验装置按照适当的时间间隔测试记录试样的崩解量和崩解速率等,观察并描述崩解反应。国内外采用方法有浮筒法、称重法及圆锥法[75]。圆锥法是利用圆锥仪在试样中下沉的数量确定土的湿化程度,仅适用于定性描述,目前已较少使用。浮筒法和称重法能够较准确地测量崩解量和崩解速率,同时也适应于定性和定量的研究。选取浮筒法作为本次崩解试验方法。

浮筒法是以阿基米德原理为基础,当试样浸水崩解时,崩解的试样从金属架台中掉落下来,由金属架、浮筒以及试样构成的系统的重量变轻,系统自身重力将小于系统所受浮力,浮筒上浮,浮筒读数变大,此时系统自身重力与浮力重新达到平衡。如此反复下去,直到试样停止崩解。浮筒不断上浮,读取浮筒刻度变化便可定量地测得崩解量与崩解速率。

5.5.1.2 仪器设备

由于对盐渍土的崩解仪器要求没有明确的规定,故参考《土工试验方法标准》(GB/T 50123—2019)[76]的相关要求,本次浮筒法崩解试验的仪器采用SHY-1型土壤湿化仪。该装置主要由玻璃水槽、金属网板和浮筒组成。玻璃水槽宽约15 cm,高约70 cm,筒壁外附有刻度线,最小分度值为1 mm;金属网板为10 cm×10 cm金属方格网,网眼大小为1 cm×1 cm;浮筒为长颈锥体,颈上标有刻度,最大刻度为12,最小分度值为0.1,下有挂钩用于钩住网板。该崩解仪主要适用于粒径小于10 mm的土体的崩解试验,实际装置及示意图如图5-29所示。

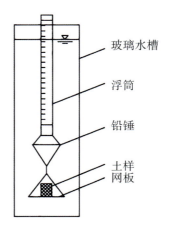

图5-29 崩解仪及示意图

玻璃水槽

浮筒

铅锤

土样
网板

该装置组装方便、操作简单，因而可以针对不同试验目的进行进一步研究和改装，并能够较直观地观测试样遇水崩解特征。

5.5.1.3　试验制备

土体的矿物成分和结构、颗粒的粒度成分和形状以及胶结程度等都会影响到土体的崩解特性。殷宗泽等[77]指出土体颗粒尺寸及应力条件等会对湿化过程产生影响。高建伟等[78]在对重塑黄土崩解性进行研究时，结合现场和室内试验结果，也指出尺寸效应的存在。同时，崩解过程受到试样初始干密度、初始含水率和孔隙率等自身试验条件制约。

本节着重研究不同作用下盐渍土的崩解特性，不考虑含盐量的影响。依据已有的击实试验数据，控制试样的初始状态（干密度和初始含水率）。规范中要求试样为边长5 cm的立方体试样，考虑到试验的进一步比较，也采用圆柱试样，尺寸为直径50 mm，高50 mm。试样的制备过程参照章节5.3.1中的制样办法。控制试验土样初始干密度为1.83 g/cm³（最大干密度），初始含水率为11%（最优含水率），压实度为1。

将制备的试样，按照本章第三节中的研究方法，分别进行干湿作用、冻融作用及干湿-冻融联合作用，并对冻后和干后及不同作用条件模拟下的试样进行崩解试验。试样的个数和编号如表5-6所示。

表5-6　不同条件下崩解试验试样的个数与编号

试样	重塑样	冻后样	融后样	干后样	湿后样	冻融-干湿样	干湿-冻融样
个数	3	3	3	3	3	3	3
编号	A	B	C	D	E	F	G

5.5.1.4　试验步骤

崩解试验操作的具体步骤如下：

①准备仪器。放置好玻璃水槽，加水至水位线以下，以免放入试样和浮筒后水漫溢出来，用毛巾将筒壁擦净，以利于观察崩解过程和后期的摄影、拍照。整个崩解试验过程采用蒸馏水，水温保持在室温左右（16 ℃±2 ℃）。

②开始试验。将不同条件模拟后的试样放在金属网板中央，网板挂在浮筒下，使试样、网板与浮筒中心在同一直线上。手持浮筒的近端部分，迅速地将试样连同金属网板浸入玻璃水槽中间，与此同时开动秒表。待浮筒稍微稳定下来时，迅速读取齐水面处刻度的瞬间读数（所有读数过程中保持视线水平），并记录此刻的时间。而后，保持浮筒在水槽中央，如果无法实现，应避免浮筒触碰玻璃水槽壁。

152

③进行试验。在刚开始的 1 min 内，每隔 10 s 测记一次浮筒齐水面处的刻度读数，描述测读时试样的崩解情况，用摄像机拍摄前期崩解过程。1 min 后，每隔 1 min 测记一次浮筒齐水面处的刻度读数，根据试样崩解的快慢，可以适当调整测读的时间间隔。由于试样相对较大，会在金属网板周围的水域造成大面积浑浊。后期，在每次测记浮筒刻度时进行拍照，并对崩解情况加以描述。

④停止试验。当试样完全通过网格掉落下来，或者试样长期未发生明显崩落，参考文献［78］，浮筒在 30 min 时间间隔内刻度未发生明显变化，做好网格上和水中的试验情况的描述和记录工作，并实时拍照，同时宣告终止试验。

5.5.2　盐渍土崩解特性

5.5.2.1　崩解特征参数

目前常用的崩解量化指标主要有崩解量、崩解速率和崩解稳定阶段平均速率以及崩解过程最大速率。

崩解量可以用某时刻已崩解的质量或体积与初始试样的质量或体积的比值表示，在《土工试验方法标准》（GB/T 50123—2019）中，崩解量的计算采用公式（5-8）：

$$A_t = \frac{R_t - R_0}{100 - R_0} \times 100 \tag{5-8}$$

式中，A_t——时间 t 时的崩解量（%）；

R_0——试验开始时浮筒齐水面处刻度读数；

R_t——时间 t 时浮筒齐水面处刻度读数。

根据本次试验采用仪器的浮筒标度的特征，需要对公式进行转化。崩解量按式（5-9）计算：

$$A_t = \frac{R_t - R_0}{R_e - R_0} \times 100\% \tag{5-9}$$

式中，A_t——时间 t 时的崩解量（无量纲）；

R_0——试验开始时浮筒齐水面处刻度读数；

R_t——时间 t 时浮筒齐水面处刻度读数；

R_e——实验结束时浮筒齐水面处刻度读数。

崩解速率是试样在单位时间崩解的快慢程度，其单位为 min^{-1}，可由崩解量计算得到，用式（5-10）表示。它用来反映崩解量变化的快慢，也进一步反映了土可侵蚀性的能力。

$$v_t = \frac{A_t^{i+1} - A_t^i}{t_{i+1} - t_i} \tag{5-10}$$

式中，v_t——试样在某个时段$t_i \sim t_{i+1}$的平均崩解速率（min^{-1}）；

A_t^{i+1}——t_{i+1}时刻的崩解量（崩解率）；

A_t^i——t_i时刻的崩解量（崩解率）。

根据各个时刻浮筒刻度读数，绘制试样崩解量曲线图、崩解速率曲线图等。在众多关于土体崩解的试验结果中，崩解过程都具有一定的阶段性，并可归纳成三个阶段。在第二阶段，崩解速率趋于稳定，但持续时间相对较短，在崩解量累计曲线图上会出现似直线段，崩解稳定阶段平均速率即定义为该段直线斜率。而整个崩解过程中崩解速率的峰值即为最大崩解速率。大量研究表明，平均崩解速率和最大崩解速率具有重要参考性。

5.5.2.2 重塑盐渍土的崩解性

以重塑盐渍土崩解试验为例，记录崩解过程的总时间，并大致观察和描述崩解的发展过程，记录如表5-7所示。

表5-7 重塑盐渍土试样崩解现象观察表

浸水时间/min	崩解现象描述
1	表层缓慢掉落,呈粉末状下落,试样底部掉落稍快于顶部
2	呈粉末状下落,周边伴随细小气泡生成
3	呈粉末状下落,周边伴随细小气泡生成
4	呈散粒状下落,顶部边缘脱落,出现凹点,并有小气泡生成
5	呈散粒状下落,凹点向四周发展成裂隙,并伴有小气泡生成
6	呈散粒状下落,伴有气泡生成,水域明显浑浊
7	呈散粒状下落,伴有气泡生成
8	呈散粒状下落,伴有气泡生成,水面出现泡沫
9	呈散粒状下落,伴有气泡生成,试样底部掉落明显快于顶部
10	呈散粒状下落,偶有块状下落,伴有气泡生成
11	呈散粒状与块状下落,伴有气泡生成,试样裂开
12	呈块状下落,伴有细小气泡生成
13	呈散粒状下落,伴有细小气泡生成
14	呈散粒状下落,伴有细小气泡生成
15	呈散粒状下落,伴有细小气泡生成,水域浑浊度降低
16	崩解完毕,水槽底部土体呈圆锥形堆积

在研究大块黄土的崩解试验时，李喜安[53]等将崩解的形式归纳为三种方式，分别为崩离、进离和解离，并由此将崩解过程也分为三个阶段。崩解物的形态描述为散粒状、鳞片状、碎块状、片状、粒状、块状等，但没有一个统一的标准。

盐渍土的崩解过程类似于黄土，整个崩解过程用时 16 min 20 s。观察崩解现象，整个崩解过程以散粒状掉落为主。崩解前期，圆柱状试样底部土样掉落速度要大于顶部，顶部土样由边缘处陆陆续续掉落，以散粒的形式下落，并伴有细小气泡生成。这个时间段内，土体内盐类的胶结物短时间内溶解量不大，对试样形状保持及崩解速度产生一定影响，不会发生较大现象变化。随着浸水时间不断延长，试样上裂隙和微裂隙开始发育，气泡从中冒出并不断增大，裂缝边缘处土样掉落，裂隙的发育有助于水分子的渗透、胶结物的稀释、盐类的溶解流失，加剧了土体软化崩开，也使裂缝充分发育和展开，促进崩解过程的进行。浸水时间越长，让土颗粒之间连接作用力降低，结构和强度都会大大削弱。同时空气的逸出，让出口处（裂缝）土颗粒掉落加速，并在裂缝处出现局部的块状掉落，水面处观察到泡沫。底部崩解速度较快致使试样会出现不稳定的形状，直至试样裂开分散在金属网板上，重新平衡并继续崩解，试样与水的接触面积不断增大，水域变得浑浊。到崩解后期，土样掉落形态又以散粒状为主，金属网板的附近水域由浑浊变淡，并在水槽底部可看到圆锥状堆积的土体。观察崩解试验前后（图5-30），试样基本完全崩解，没有明显的残余物。

（a）崩解试验开始时　　　　　　　　（b）崩解试验结束时

图5-30　试样崩解情况

以浸水时间为横轴，分别绘制重塑盐渍土崩解量随时间变化曲线（图5-31）、崩解速率随时间变化曲线（图5-32）如下：

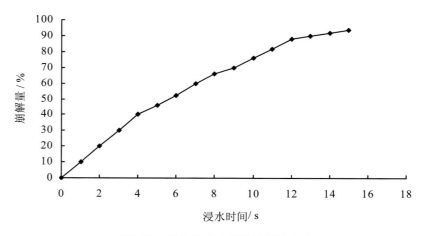

图5-31 重塑盐渍土试样崩解量曲线

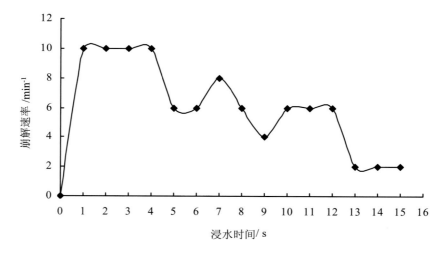

图5-32 重塑盐渍土试样崩解速率曲线

从图5-31中可以看出盐渍土的崩解量随时间呈均匀增长趋势，崩解量曲线在陡缓程度上没有一个明显的变化，并非典型的"S"形崩解曲线，整个崩解过程是一个均匀渐进的过程。图5-32中，崩解过程崩解速率是变化的，前期崩解速率会达到一个最大值，并保持一定时间。崩解过程中随着水分的浸入，排挤孔隙中气体，同时受土挤压作用，土体内部越来越接近饱和状态时，使得崩解的速率逐渐降低。但微裂隙的发育和贯通，会使土体内部的孔隙率提高，且速率存在波动，但崩解过程继续进行，最终能完全崩解。

5.5.2.3 冻融干湿状态下盐渍土的崩解性

统计不同作用后试样崩解的时间，见表5-8，根据各组试验结果，绘制不同作用下的崩解曲线如图 5-33。

表 5-8　不同状态下试样崩解量情况

试样状态	完全崩解时间/min	10 min 崩解量/%	1 h 崩解量/%
重塑样	16.33	65.0	100.0
冻后	19.60	66.0	100.0
冻融后	25.50	60.0	100.0
干后	35.55	33.0	100.0
干湿后	>300.00	10.4	43.8
冻融-干湿后	>200.00	16.7	39.6
干湿-冻融后	60.08	16.0	98.0

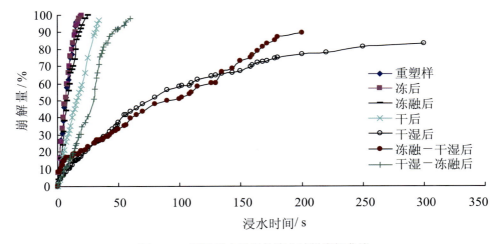

图 5-33　不同状态重塑盐渍土试样崩解曲线

分析对比不同作用后试样完全崩解所用时间，未经任何作用的重塑样崩解最快，而干湿作用后的试样崩解时间最长。将冻后试样也进行崩解，试验前 10 min 内重塑样、冻融后试样、冻后试样的崩解量分别为 65%、60%、66%，三者相差不大，说明融的过程对崩解影响不大。从完全崩解时间看，冻后试样的崩解速度要稍快于冻融作用后试样的崩解速度，这与土水势（包括温度梯度、浓度梯度等）的差异性有关。从强度看，冻后、冻融后的试样强度高于正常状态的试样强度，盐类以结晶形态存在于土体，有助于土体结构的稳定。

对烘干后的试样进行崩解试验，前 10 min 的崩解量只有 33%，崩解过程有所减慢。这主要是试样烘干的过程，使得土体内部结构更加紧密，宏观上"干缩"对土体性质的影响要稍强于盐分的结晶作用，"干缩"提升了其前期抗水崩解能力。但后期烘干后的试样也在30 min内完成崩解。因此实践中，抽取地下水致使水位突然降低，使得土层底板以上的土层长期失水，在遇到短期大暴雨等外界变化时又使水位迅速回到初始状态，该类土层遇水后仍然比较容易崩解。

冻融干湿后的试样崩解曲线，类似"阶梯状"，说明崩解的过程不是均匀进行的。干湿冻融后的试样崩解曲线，类似"抛物线"，说明整个崩解过程由快变慢，后趋于稳定。两类曲线并不与典型的"S"形曲线相符，岩土体的崩解过程是不同因素综合作用的结果，但会受到初始状态的影响。

从图5-34（b）和5-34（d）中可以看到，崩解试验结束时在金属板上会残留一定的土体，类似小型的"崩解核"[55]。这与图5-33中崩解量曲线最终的发展趋势是一致的。实际崩解过程中，因为内层渗透作用逐渐减弱，同时含水量在缓慢增加，当到达饱和状态时，便会显著延缓崩解过程甚至使其终止，内层便会残留在金属板上。

（a）干湿试样崩解试验开始时

（b）干湿试样崩解试验结束时

（c）冻融-干湿试样崩解试验开始时

（d）冻融-干湿试样崩解试验结束时

图5-34 不同状态重塑盐渍土试样崩解曲线

通过建立崩解速率与浸水时间的关系，绘制不同作用后试样崩解速率的特征曲线见图5-35至图5-40，并对崩解速率组成的样本的最大值及最小值进行统计如表5-9所示。

表5-9　不同状态下试样最大崩解速率

试样状态	最大崩解速率/min^{-1}	最小崩解速率/min^{-1}	平均崩解速率/min^{-1}
重塑样	10.00	2.00	5.88
冻后	10.00	1.00	4.76
冻融后	8.00	1.00	4.20
干后	7.00	1.70	2.88
干湿后	2.49	0.04	0.62
冻融–干湿后	0.83	0.10	0.42
干湿–冻融后	6.00	0.30	2.00

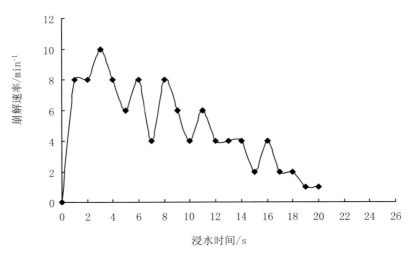

图5-35　冻后重塑盐渍土试样崩解曲线

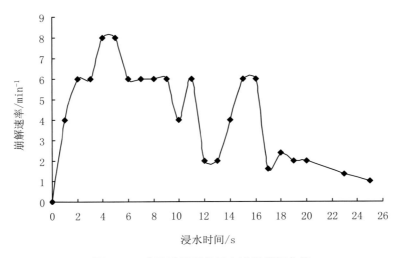

图5-36　冻融后重塑盐渍土试样崩解曲线

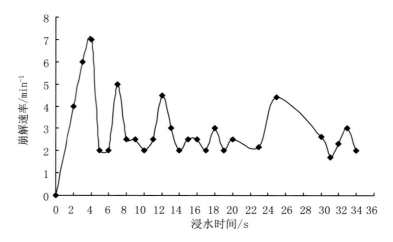

图5-37　干后重塑盐渍土试样崩解曲线

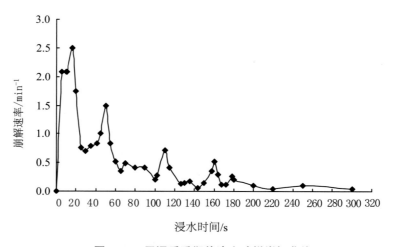

图5-38　干湿后重塑盐渍土试样崩解曲线

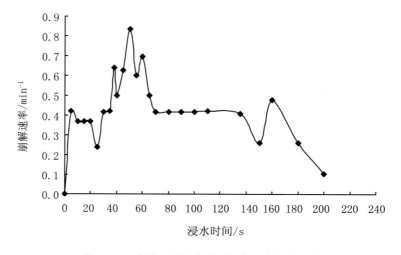

图5-39　冻融-干湿后重塑盐渍土试样崩解曲线

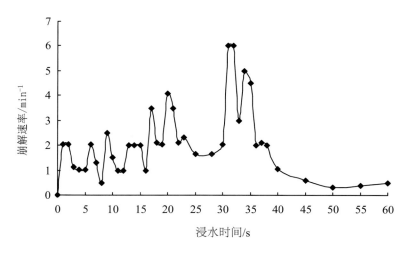

图5-40 干湿-冻融后重塑盐渍土试样崩解曲线

从表5-9可以看出，干湿作用对崩解速率的影响很大。对比图5-35和图5-36，冻后和冻融后的崩解速率都在前5 min便达到最大速率，冻后试样的崩解速率降低过程较均匀，冻融后的试样在15 min时崩解速率由6 min^{-1}降到1.8 min^{-1}，崩解速率波动在短时间内完成。实际上冻融后的试样表面的一层结皮（图5-41）减缓了崩解速率的变化趋势，但进行崩解时，在裂隙的贯通下加速了结皮掉落，崩解速率会有突变现象。

由图5-37和图5-38可以看出，含水率对崩解过程的影响很大。干后的试样崩解速率也会在前5 min达到最大值，崩解后期平均速率基本保持在一定水平，在26 min时，崩解速率陡升主要是金属网板上试样不同部位崩解速率不同致使试样失去平衡倒去，重新寻找新的平衡状态。在图5-39和图5-40中，冻融-干湿后崩解的最大速率为0.83 min^{-1}，干湿-冻融后试样崩解的最大速率为6 min^{-1}，达到的最大速率比其他状态都要往后推迟。试样的最终状态决定了崩解速率的变化趋势，在不同作用的影响下，干湿作用让试样崩解的延缓过程强于冻融作用，这种影响程度还与作用的先后次序有关。

因此，对于干旱、半干旱地区的地基基础工程来说，毛细水的作用会使盐渍土的抗崩解能力产生一个较敏感的变化。在选择防治措施时，想办法降低毛细作用造成的水位变化是解决问题的关键。建议在摸清工程的当地水文环境条件的前提下，在必要的部位铺设隔水层，以此降低由毛细现象引起的水位变化。而对于外界环境变化如短时间内强降雨的情况，可以采取设置防水和排水设施如排水沟、截水沟等，以减小和防止强降雨引起的浸水。

图5-41　土样的结皮现象

5.5.3　讨论

①认识了一定含盐量的硫酸盐渍土的崩解过程，重塑盐渍土能在短时间内崩解完全，抗水崩解能力较弱。崩解的过程是个循序渐进的变化过程，其中颗粒的掉落形式以散粒状为主。

②探讨了不同作用下盐渍土崩解量和崩解速率的变化，冻后、冻融后及干后的试样崩解曲线比较接近。而干湿作用后的试样，整个崩解进程变得缓慢，完成的时间显著增加。干湿作用比冻融作用对崩解过程产生的影响更大，在进行不同先后次序的联合作用后，土体崩解规律也存在差异，崩解曲线也并非典型的"S"形曲线。

③水浸入作用、土样表面的楔裂作用以及胶结物的稀释或溶解，三者同时发生且彼此之间相互反馈、相互联系，共同引导土体软化崩解的过程。

前人的研究认为，由于土体中液相和气相成分相对容易发生体变，故土体液相和气相的构成比例及相互间的作用关系都会在一定程度上影响到土体的崩解过程。但是，如何影响、作用的机理又是什么等问题需要继续深入探讨。

5.6　小结

选取河西走廊饮马农场一带的硫酸盐渍土作为试验土样，对土样的含盐量、击实特性等基本性质进行了研究，并深入研究了土体在不同作用下的强度特性和崩解特性，利用扫描电镜试验研究了不同作用下土样的微观变化，并结合微观特征对宏观变化进行了解释，得到的主要结论如下：

①针对冻融过程，初次冻融作用会使土样强度有一定的增强，这是由于强度的补强作用要大于强度的损失作用。冻融循环过程中，比较后9次冻融后的强度和质量，均与循环次数呈正向衰减关系；反复干湿过程中，强度和质量也随循环次数的增加不断减小，减小的过程具有一定的阶段性。土样在干湿-冻融联合作用中的破坏，要快于单一作用的影响，但不论法向应变还是径向应变，土样的变形都不是单一作用结果的简单累积。

②冻融作用、干湿作用会对土样的微观结构产生较大影响，并反映到宏观性质上。经过一次冻融作用后，土体中孔隙数量增加，但总面积是减小的，土单元体中仍有以结晶态存在的硫酸盐，硫酸盐对土骨架的稳定发挥连接作用。反复的冻融作用导致大孔隙面积占有较大比例，使得土体结构的软化发生不可逆的变化，土体强度不断衰减。而在干湿作用中，孔隙的变化规律在微裂隙发育过程中扮演重要角色。经过一次干湿作用后，孔隙面积大幅减小，颗粒干缩效应明显，土颗粒接触更加紧密，土样具有较大强度。反复的干湿作用使土体中微裂隙不断发育，孔隙数量增多，大孔隙的发育贡献作用很大。

③盐渍土的崩解过程是水的浸入作用、土样表面的楔裂作用以及胶结物（盐分）的溶解流失作用等彼此之间相互反馈、相互联系的综合表现。不同作用下盐渍土的崩解量和崩解速率变化规律不同，冻后、冻融后及干后的试样崩解曲线比较接近。而经过干湿作用处理后，试样崩解过程比较缓慢，总的崩解时间比较长。干湿作用比冻融作用对崩解过程产生的影响更大，在进行不同先后次序的联合作用后，可以得到：土体崩解规律一定条件下受到初始条件控制，并存在明显差异性，而崩解曲线也并非典型的"S"形曲线。

参考文献

　　[1]MILLER R D. Freezing and heaving of saturated and unsaturated soil[J]. Highway research record,1972(393):1-11.

［2］程国栋,马巍.冻土力学与工程研究进展［J］.冰川冻土,2003,25(3):303-308.

［3］BLASER H D,SCHERER O J.Expansion of soils containing sodium sulfate caused by drop in ambient temperatures［C］//Highway research board.International Conference on Expansive Soil. Washington DC:［s.n.］,1969:150-160.

［4］PERFECT E, WILLIAMS P J.Thermally induced water migration in frozen soil［J］. Cold regions science and technoloyg,1980,3(2):101-109.

［5］BROUCHKOV A. Frozen saline soil of the arctic coast: their distribution and engineering properties ［C］ //The 8th international conference on frozen soil. Proceedings of the 8th international frozen soil conference. Zurich: CRC press, 2003: 95-100.

［6］王大雁,马巍,常小晓,等.冻融循环作用对青藏粘土物理力学性质的影响［J］.岩石力学与工程学报,2005,24(23):4313-4319.

［7］方丽莉,齐吉琳,马巍.冻融作用对土结构性的影响及其导致的强度变化［J］.冰川冻土,2012,34(2):435-440.

［8］李振,刑义川,张宏.盐渍土冻胀性的试验研究［J］.西北农林科技大学学报(自然科学版),2005,33(7):73-76.

［9］陈炜韬,王鹰,王明年,等.冻融循环对盐渍土黏聚力影响的试验研究［J］.岩土力学,2007,28(11):2343-2347.

［10］张莎莎,杨晓华.粗粒盐渍土大型冻融循环剪切试验［J］.长安大学学报(自然科学版),2012,32(3):2343-2347.

［11］包卫星,杨晓华,谢永利.典型天然盐渍土多次冻融循环盐胀试验研究［J］.岩土工程学报,2006,28(11):1991-1995.

［12］KLEPPE J H,OLSON R E.Desiccation cracking of soil barriers［J］.Hydraulic barriers in soil and rock astm,1985(874):263-275.

［13］BOYNTON S S, DANIEL D E.Hydraulic conductivity tests on compacted clays［J］. Journal of geotechnical engineering,1985,114(4):465-478.

［14］AL-HOMOUD A S,BASMA A A,MALKAWI A I H,et al.Cyclic swelling behavior of clays［J］.Journal of geotechnical engineering,1995,121(7):562-565.

［15］NOWAMOOZ H,JAHANIGIR E,MASROURI F.Volume change behavior of a swelling soil compacted at different initial states［J］.Engineering geology,2013,153:25-34.

［16］DEXTER A R,KROESBERGEN B,KUIPERS H. Some mechanical-properties of aggregates of top soils form the ljsselmeer polders.1. undisturbed soil aggregates［J］. Netherlands journal of agricultural science,1984,32(2):215-227.

［17］BARZEGAR A R,OADES J M,RENGASAMY P. Soil structure degradation and mellowing of compacted soils by saline-sodic solutions[J]. Soil science society of America journal, 1996,60(2):583-588.

[18]YOSHIDA I, KOUNO H, CHIKUSHI J. The effects of hysteresis in soil water-suction upon soil strength[J]. Journal of the Faculty of Agriculture Tottori University, 1985,20(1): 41-44.

[19]TISDALL J M, COCKCRAFT B, UREN N C. The stability of soil aggregates as affected by organic materials microbial activity and physical disruption[J]. Australian journal of soil research, 1987,16(1):9-17.

[20]TRUMAN C C, BRADFORD J M, FERRIS J E. Antecedent water content and rainfall energy influence on soil aggregate breakdown[J]. Soil science society of America journal, 1990,54(5):1385-1392.

[21]STARICKA J A, BENOIT G R. Freeze-drying effects on wet and dry soil aggregate stability[J]. Soil science society of America journal, 1995,59(1):218-233.

[22]黄增奎.恒湿、干湿循环和风干对砂粉土速效钾的影响[J].土壤通报,1981(3): 9-11.

[23]卢再华,陈正汉,蒲毅彬.膨胀土干湿循环胀缩裂隙演化的CT试验研究[J].岩土力学,2002,23(4):417-424.

[24]沈珠江,邓刚.粘土干湿循环中裂缝演变过程的数值模拟[J].岩土力学,2004,25(2):1-6.

[25]吕海波,曾召田,赵艳林,等.膨胀土强度干湿循环试验研究[J].岩土力学,2009,30(12):3797-3802.

[26]张芳枝,陈晓平.反复干湿循环对非饱和土的力学特性影响研究[J].岩土工程学报,2010,32(1):41-46.

[27]张虎元,严耿升,赵天宇,等.土建筑遗址干湿耐久性研究[J].岩土力学,2011,32(2):347-355.

[28]曹智国,章定文,刘松玉.固化铅污染土的干湿循环耐久性试验研究[J].岩土力学,2013,34(12):3485-3490.

[29]周永祥,阎培渝.不同类型盐渍土固化体的干缩与湿胀特性[J].岩土工程学报,2007,29(11):1653-1658.

[30]罗鸣,陈超,杨晓娟.改良盐渍土路基耐久性试验研究[J].公路与汽运,2010,5(3):88-90.

[31]周琦,邓安,韩文峰,等.固化滨海盐渍土耐久性试验研究[J].岩土力学,2007,28(6):1129-1132.

［32］柴寿喜,王晓燕,王沛,等.六种固化滨海盐渍土的轴向应力应变特征[J].辽宁工程技术大学学报(自然科学版),2009,28(6):941-944.

［33］柴寿喜,王晓燕,魏丽,等.五种固化滨海盐渍土强度与工程适用性评价[J].辽宁工程技术大学学报(自然科学版),2009,28(1):59-62.

［34］OLPHEN V. Anintroduction to clay colloid chemistry [M].New York:Interscience Publishers,1963.

［35］GILLOTT J E. Study of the fabric of fine - grained sediments with the scanning electron microscope[J].Sedimentary petrology,1969,39(1):90-105.

［36］MITCHEELL J K. Fundamentals of soil behavior[M].New York:Wiley,1976.

［37］Craig R F. Soil mechanics[M]. New York:Van Nostrand Reinhold Company,1983.

［38］OSIPOV J B, SOKOLOY B K. On the texture of clay soils of different genesis investigated by magnetic anisotropy method ［C］ //ISSSP. Proceeding in the international symposium on soil structure. Gothenburg of Sweden:［s. n.］, 1973:50-59.

［39］MORSY M M,CHAN D H,MORGENSTERN N R. An effective stress model for creep of clay[J]. Canadian geotechnical journal,1995 (32):819-834.

［40］SERGEEV E M. Engineering Geology[M]. Moscow:Moscow State University Publishing House,1979.

［41］PIRES L F,BACCHIO O S,REICHARDT K. Gamma ray computed tomography to evaluate wetting/drying soil structure changes[J].Nuclear instruments and methods in physics research,2005,229(3/4):443-456.

［42］PIRES L F,COOPER M,CÁSSARO F A M,et al. Micromorphological analysis to characterize structure modifications of soil samples submitted to wetting and drying cycles[J]. Catena,2008,72(2):297-304.

［43］齐吉琳,张建明,朱元林.冻融作用对土结构性影响的土力学意义[J].岩石力学与工程学报,2003,22(2):2690-2694.

［44］王春雷,姜崇喜,谢强,等.析晶过程中盐渍土的微观结构变化[J].西南交通大学学报,2007,42(1):66-69.

［45］刘清秉,项伟,BUDHU M,等.砂土颗粒形状量化及其对力学指标的影响分析[J].岩土力学,2011,32(1):190-197.

［46］韩志强,包卫星.路基盐渍土多次冻融循环盐胀特征及微观结构机制研究[J].道路工程,2011(14):96-99.

［47］刘毅,刘杰,陈杰.极旱荒漠盐湖区盐渍土微结构对强度特性的影响分析[J].中外公路,2013,33(4):41-45.

[48]万勇,薛强,吴彦,等.干湿循环作用下压实黏土力学特性与微观机制研究[J].岩土力学,2015,36(10):2815-2824.

[49]CASSELL F L. Slips in fissured clay [C] //The second international society for mechanics and geotechnical engineering. Proceedings of the 2nd international conference soil mechanic. Rotterdam of Netherlands: [s. n.], 1948:46-49.

[50]TERZAGHI K,PECK R B. Soil mechanics in engineering practice[M]. 2nd ed. New Ycrk:John Wiley & Sons,1967.

[51]GAMBLE J C. Durability - plasticity classification of shales and other argillaceous rocks[D]. Champaign,USA: University of Illinois at Urbana-Champaign,1971.

[52]李家春,田伟平.工程压实黄土崩解试验研究[J].重庆交通学院学报,2005,24(5):74-77.

[53]李喜安,黄润秋,彭建兵.黄土崩解性试验研究[J].岩石力学与工程学报,2009,28(1):3207-3213.

[54]张泽,马巍,PENDIN V V,等.不同含水量亚黏土的崩解特性实验研究[J].水文地质工程地质,2014,41(4):104-108.

[55]徐攸在,史桃开.青海西部盐渍土的承载力和溶陷变形特性[J].工业建筑,1991(3):2-7.

[56]中华人民共和国建设部.岩土工程勘察规范:GB 50021—2017[S].北京:中国建筑工业出版社,2017.

[57]陈肖柏,王雅卿.粘性土冻胀预报新模型[J].中国科学,1991(3):296-306.

[58]李阳,李栋伟,陈军浩.人工冻结黏土冻胀特性试验研究[J].煤炭工程,2015,47(2):126-129.

[59]倪万魁,师华强.冻融循环作用对黄土微结构和强度的影响[J].冰川冻土,2014,36(4):922-927.

[60]张洪萍.冻融循环作用对黄土微结构和强度的影响[M].北京:国防工业出版社,2012.

[61]翁通.盐渍土毛细水作用及击实特性研究[D].西安:长安大学,2006.

[62]American Society for Testing and Materials. Standard test method for wetting and dryingtest of solid wastes:ASTM D4843—1988[S]. Philadephta:ASTM Press,1988.

[63]杨强义,李承蔚.毛细水干湿循环对土遗址风化影响的试验研究[J].地下工程与地下空间,2012,8(3):517-525.

[64]程佳明,王银梅,苗世超,等.固化黄土的干湿循环特性研究[J].工程地质学报,2014,22(2):226-231.

[65]柴寿喜,王晓燕,王沛.滨海盐渍土改性固化与加筋利用研究[M].天津:天津大学出版,2011.

[66]邵显显.黄土湿陷过程中微观结构的动态变化研究[D].兰州:兰州大学,2014.

[67]DELAGE P,LEFEBVRE G.Study of the structure of a sensitive champlain clay and of its evolution during consolidation[J].Canadian geotechnical journal,1984,21(1):21-35.

[68]王一兆.土体颗粒尺度效应的理论与试验研究[D].广州:华南理工大学,2014.

[69]毕利东,张斌,潘继花.运用Image J软件分析土壤结构特征[J].土壤,2009,41(4):654-658.

[70]樊成意,梁收运.土体SEM图像处理中阈值的选取[J].工程地质学报,2012(20):718-723.

[71]雷祥义.中国黄土的孔隙类型与湿陷性[J].中国科学(B辑),1987(12):48-54.

[72]孙勇,张远芳,周冬梅,等.冻融循环条件下罗布泊天然盐渍土强度变化规律的研究[J].水利与建筑工程学报,2014,12(3):121-124.

[73]王建华,高玉琴.干湿循环过程导致水泥改良土强度衰减机理的研究[J].中国铁道科学,2006,27(5):23-27.

[74]王菁莪,项伟,毕仁能.基质吸力对非饱和重塑黄土崩解性影响试验研究[J].岩土力学,2011,32(11):3258-3262.

[75]杨永俊,骆亚生,董雷.氯盐渍土的湿化特性研究[J].人民黄河,2008,30(8):100-103.

[76]中华人民共和国水利部.土工试验方法标准:GB/T 50123—2019[S].北京:中国计划出版社,1999.

[77]殷宗泽,费余绮,张金富.小浪底土坝坝料土的湿化变形试验研究[J].河海科技进展,1993,13(4):73-76.

[78]高建伟,余宏明,钱玉智,等.重塑黄土崩解特性试验研究[J].长江科学院院报,2014,31(10):146-150.

第6章 改性水玻璃固化硫酸盐渍土干湿冻融循环耐久性

水玻璃不仅是一种性能优良的胶凝剂，还是一种环境友好型的黏结剂，因此近年来受到了许多研究人员的青睐，并且已被当作岩土灌浆材料得到了大量运用[1-6]。

水玻璃注浆属于化学注浆中硅化法注浆的常用手段，它的作用机理在于：水玻璃混合进入土体，溶液里的硅酸根离子与土中的Ca^{2+}、Mg^{2+}作用生成的硅酸凝胶，填补了土颗粒间的孔隙并黏结各土颗粒，提高了土粒间的整体性进而起到加固效果[7]，可用下列反应式表示：

$$Na_2O \cdot nSiO_2 + Ca^{2+} + nH_2O \longrightarrow mSiO_2 \cdot (n-1)H_2O + Ca(OH)_2 \qquad (6-1)$$

$$Ca(OH)_2 + SiO_2 \cdot nH_2O \longrightarrow CaO \cdot SiO_2 \cdot (n+1)H_2O \qquad (6-2)$$

$$Na_2O \cdot mSiO_2 + Mg^{2+} + nH_2O \longrightarrow mSiO_2 \cdot (n-1)H_2O + Mg(OH)_2 \qquad (6-3)$$

$$Mg(OH)_2 + SiO_2 \cdot nH_2O \longrightarrow MgO \cdot SiO_2 \cdot (n+1)H_2O \qquad (6-4)$$

土体强度提高是水玻璃与土颗粒混合后，将土颗粒通过黏结膜结合在一起，这种黏结膜通过黏结桥的形式胶结土颗粒从而提高土体黏结强度[8]，如图6-1所示。在水玻璃注浆过程中需要对土体进行连续的监测，为了实现这一目的，黄凤凤等[9]向上表面有荷载的重塑黄土中注入了水玻璃，并监测了土样在纵、横两个方向的几种电流频率下的电阻率，探索了硅化法固化黄土中运用电阻率法这一创新试验的可能性。苏联B.E.索柯罗维奇[10]利用水玻璃对建筑物的黄土地基进行修缮，并通过注入CO_2加速水玻璃硬化，提高黄土地基强度；程福周等[11]进行了水泥和钠水玻璃联合固化武汉城中湖淤泥的试验，通过改变试样中水泥含量与Na_2SiO_3的含量进行强度对比，得出Na_2SiO_3能大幅度提升污泥强度的结论；简文彬等[12]采用不同龄期水泥-水玻璃加固软土，并通过扫描电镜和GIS的三维可视化技术研究了固化土样的微观结构特征，并从化学和物理两个方面分析了固化机理；和法国等[13]采用偏硅酸钾固化两种遗址土，通过无侧限抗压强度、抗剪强度、透水性、耐水性、抗老化性和抗冻融性能六个指标评价固化后的土样性能，研究发现固化后的古遗址土的工程性质获得大幅度提升；陈永等[14]选用水玻璃和$AlCl_3$共同固化海砂，将干燥后的试样捣碎，将得到的粉末进行热重分析、XRD试验和FTIR试验，认为$AlCl_3$与水玻璃反应生成硅酸，硅酸再与$Al(OH)_3$反应生成硅凝胶，形成Si–O–Si和Si–O–Al网状交联结构进而黏结固化海砂。吕擎峰等[15-18]采用温度改性和偏硅酸钾复合改性水玻璃两种方案固化黄土并分析其固化机理，从而寻求更有效的水玻璃加固黄土的方法，研究表明：提高改性温度与偏硅酸钾掺量，黄土的力学性能与抗冻融性能均得到相应的提升。Maaitah[19]研究发现固化剂的掺入量和养护龄期对黏土的工程性质有很大的影响，试验结果表明：水玻璃石灰掺入量提高时，改良土的抗剪强度增大，同时龄期的延长也可以使强度得到提升。岩土工程及相关专业人员对水玻璃固化黄土方面的实际应用做了大量研究，同时也发表了许多相关文献[20-31]，但其中关于水玻璃固化盐渍土方面的研究却很少。

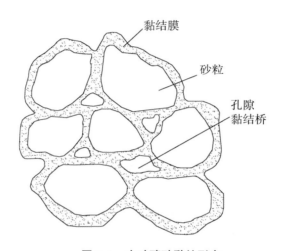

黏结膜

砂粒

孔隙
黏结桥

图6-1　水玻璃砂黏结形态

水玻璃作为土体改良材料在土木工程领域已经被广泛应用，也取得了良好的效果。但是，水玻璃存在老化现象：随着贮放时间加长，黏结性能逐渐降低。因此为了更有效地利用水玻璃，有必要对水玻璃进行改性处理，提高水玻璃利用率。目前的研究主要是通过物理手段、化学手段和复合添加的方式对水玻璃进行改性处理，国内外学者对不同方法处理后水玻璃的性能和改性机理做了探讨。

在性能方面，杨湘杰等[32]在水玻璃通过的管道周围布置与流向同向的磁场，保证水玻璃流动过程中受到磁力作用而被改性，试验发现磁化改性后水玻璃的黏结强度提高了，模数为2.3的水玻璃掺入量降低到2.3%，符合实际生产要求，但是不同管道材料会影响改性效果。魏金宇等[33]使用自制脉冲电流产生的冲击波和电磁振荡把聚硅酸大直径胶体粒子打碎，在此过程中影响改性效果的因素，根据主次排依次为：电极材料>脉冲频率>改性时间>脉冲电压。但是，经此方法改性的水玻璃具有时效性，有效期一过还是会发生老化现象。王继娜等[34]采用超声波、三种纳米级氧化物粉末和复合改性三种方法对48°Bé水玻璃进行了改性并对比各自的改性性能，试验发现：复合改性剂的改性效果最好。杨成[35]选取质量分数为3%的纳米Al_2O_3、ZnO、TiO_2、MgO粉末改性40 °Bé、模数为3.2的水玻璃，向型砂（≤300 μm）中掺入7%的上述四种改性水玻璃固化剂，改性后的水玻璃砂的抗拉、抗压强度比未经处理的水玻璃的抗拉、抗压强度分别提高了1.14倍和1.44倍，同时溃散性也得到了改善。王兴琳等[36]将土面粉作为原材料，通过控制它和水玻璃的质量比将其制成一种新型的黏结剂ZNM，通过试验发现：ZNM不仅具有原水玻璃的特性，还减弱了残余强度，而且除了可以通过吹CO_2硬化外还可以自然硬化，节约了CO_2。屈银虎[37]将水溶性淀粉、三聚磷酸钠$Na_5P_3O_{10}$、亚硫酸钠Na_2SO_3和硼砂等混合掺入可溶于水的聚丙烯酸钠树脂中制成糊状黏结剂用以改性水玻璃，改性后的水玻璃黏结效果好、贮存期限长，且掺入量减少了3%～5%。在改性机理方面，朱纯熙等[38]阐述了水玻璃的化学改性机理，并提出了改性剂应具备的条件，他认为水玻璃的化学改性主要是通过细化胶粒、改变胶粒配位数和扩大黏结桥载面积等实现的。

环境条件的细微改变也会引发硫酸盐渍土做出相应的改变，如引发土体膨胀与变形，给施工和现有工程带来巨大的损坏。所以必须对盐渍土进行固化或者地基处理，为此国内外的学者做了广泛而且深层次的研究，在固化盐渍土方面获得了大量优秀的成果。

周永祥等[39, 40]使用普通硅酸盐水泥、粉煤灰、矿渣组成的三种固化剂固化氯盐渍土和硫酸盐渍土时分析了固化后的盐渍土在冻融作用下收缩–膨胀的变化与原理，以及Ca^+、Na^+和含水率对膨胀/收缩率的影响，并发现氯盐渍土不会发生较大的膨胀变形，固化硫酸盐渍土会产生较大的膨胀率。Dobrovol'skii等[41]对盐渍土区域的建筑地基用工业矿渣进行了加固，并取得了很好的效果。Moayed等[42]采用石灰和硅粉固化Hashtgerd-Taleghan的路基盐渍土，讨论了固化后的土样天然状态和浸水状态下的加州承载比（California bearing ratio，CBR）及抗压强度规律，发现质量分数分别为2%的石灰和3%的硅粉固化盐渍土的强度及变形特征就可满足一般道路工程的强度要求。罗鸣等[43]也选取石灰、粉煤灰和水泥对盐渍土进行加固而且取得了很好的效果，加固后土样的抗压强度得到了很大的提升。罗鹏程等[44]采用石灰、粉煤灰以及水泥固化盐渍土，采用低温直剪试验、干湿循环试验和冻融循环试验探究了三种材料的配比对路基填料和路用性能的影响，最后得出加入盐渍土的固化最优配比。申晓明等[45]分析了现有加固盐渍土的手段与研究进展，总结出石灰、粉煤灰和水泥三种无机固化材料因为使用简单且易获取等特点在工程中得到了普遍运用。Aiban等[46]为了提高盐沼地区的路基承载能力，研究了不同等级的土工布、铺设厚度以及荷载对于土工布和Portlan水泥分别加固盐渍土的效果，发现提高承载力时，Portlan水泥显示了优越的性能，但是采用土工布改良盐渍土路基更具经济性。

以往国内外对固化盐渍土的研究主要集中于抗压强度、压实度、CBR值、渗透性和体积变化等方面，近年来开始关注冻融作用下改良盐渍土的性能。Sahin等[47]为了提高盐渍土的抗冻融性能，使用污泥和粉煤灰固化含钠盐渍土，并研究冻融循环（3、6和9次）后试样团聚体的稳定性、体积密度和土壤渗透系数，而且为了同时坚持造价低和易取材两个原则，所用污泥选自处理废水后产生的副产品；在冻融循环试验的过程中，污泥提高了固化土团聚体的稳定性和体积密度，粉煤灰的掺入也降低了冻融循环对固化钠盐盐渍土土体结构的破坏。韩春鹏等[48]探究了冻融作用下石灰加固路基黏土的强度变化规律，研究发现冻融循环次数的增多直接导致石灰固化后黏土的无侧限抗压强度的降低，但是其强度随掺灰剂量的逐渐增大而增大，石灰的掺量越多土样强度受冻融作用的影响也就越小，而且压实度高的土样的强度衰减率在冻融循环试验后比压实度低的土样的强度衰减率大。谈云志等[49]研究了不同初始压实度和初始含水率改良粉土试样冻融作用下的物理力学性能，试验结果表明小孔径孔隙（<10 nm）在冻融循环次数以及初始含水率变化时土样结构和总体积变化不大；冻融循环过程破坏了直径为0.01~100 μm的孔隙的状态，以至于破坏了固化后粉土的微结构并使其强度下降。Musharraf等[50]使用石灰、粉煤灰及水泥炉灰固化两种常见黏土，采用无侧限抗压强度、弹性模量、真空饱和度和水稳定性对固化黏土在冻融和干湿循环下的强度变化进行综合评价发现：6%石灰、10%粉煤灰及10%水泥炉灰固化后的土样具有最好的抗冻融循环及抗干湿循环性能，真空饱和度和水稳定性试验也得出了相似的结果。Zaimoglu[51]探讨在冻融循环条件下聚丙烯纤维改良细颗粒土的质量损失及抗压强度和纤维黏结剂加入量的相互联系发现：纤维黏结剂加入量越多的试样受到冻融作用的影响越小，且固化后的试样表现出更好的韧性。

周永祥等[52]采用固化剂YZS对硫酸盐渍土-氯盐渍土进行固化，对固化样进行了无压力下的单一方向补水和四个方向同时补水的冻融试验。试验证明固化剂加入后确实能够使固化后的盐渍土的抗冻能力提升，但是一定限度延长养护时长才是提高固化盐渍土冻融作用下工程特性的决定要素。周琦等[53]使用石灰、水泥和SH对几种常见的滨海盐渍土进行加固，并测定了加固后土样的抗干湿作用性能以及抗冻融作用性能，结果表明：加固后的土样比起未改良的土样具有更强的水稳性和抗冻性，而且完全可以满足沿海地区路基施工的需求。宋俊涛[54]使用工业废渣加固盐渍土并对其进行干湿、冷热和冻融循环试验以及盐分侵蚀试验，试验证明经此方法加固后的盐渍土可以达到工程施工规定的指标。

6.1　水玻璃的改性及固化剂的选择

6.1.1　水玻璃的老化性质

新制好的模数大于2的水玻璃不会出现丁铎尔效应（区别溶胶和真溶液最简便的方法），这就代表新制好的水玻璃溶液还是真溶液，但是在配置完成15 min后就开始逐渐产生丁铎尔效应，这说明溶液中已有胶体粒子生成并且在不断增多。水玻璃溶液在贮存阶段，模数以及密度大体不会改变，可是其黏度上升而黏结能力却在慢慢减弱，表面张力不断上升，胶体化值变小，凝胶化也越来越快。这是由于水玻璃中有一部分聚硅酸自主发生缩聚反应，并且逐渐地消耗能量，导致水玻璃老化，水玻璃黏度下降30%～35%[55, 56]，而其表面张力却变大，这就是水玻璃老化现象。

残留强度高和回收利用难度大可以说是锻造领域关于水玻璃利用的头号难题，这主要是因为：一方面采用水玻璃这种黏结剂要面临黏结性能差、掺入量需求高的问题；另一方面水玻璃的老化又使其黏结强度再一次降低，这就给生产使用带来了难题。所以，研究水玻璃的老化机理，从而减缓甚至彻底防止水玻璃老化，是国内外学者都想达到的目标。

过去水玻璃老化的问题一直未能解决，是因为研究人员对这一问题在认识上存在误区，将研究重点放在了化学分析上面。另外，加上过去的分析、测量技术对研究的限制，这些弊端都导致水玻璃老化问题悬而未决。直到19世纪80年代后，学者专家才开始从胶粒的方向入手研究该问题，而且当时的纳米技术也取得了长足的进步，这为研究创建了良好的平台。

黄天佑主编的《铸造手册——造型材料》定义水玻璃属于一种处于动态平衡中的多聚硅酸氢钠的混合溶液，如图6-2所示。水玻璃老化是由于聚缩反应和解聚反应同时发生，聚缩反应过程中排斥出多余的Na⁺，紧接着Na⁺又使另一聚硅酸分子链解聚，因此聚缩和解聚是同时进行的。但是在这一过程中环四硅酸以及立方八硅酸的比例下降，同时多聚硅酸以及单正硅酸的比例却在上升，从而使聚硅酸盐的相对分子质量产生了歧化。上述反应进行到最后变成聚硅酸胶体粒子和正硅酸钠的一种新的平衡体系，这就表现为水玻璃的老化现象。但是随着水玻璃老化程度加深，其老化速度也逐渐下降，因此不会真正达到聚硅酸胶体粒子和正硅酸钠的平衡体系，而是一种正硅酸钠、多种聚硅酸钠和胶体粒子三者之间的特殊平衡体系。R.Iler的试验认定"常见的水玻璃

主要是二硅酸盐 $HSi_2O_5^-$、SiO_3^{2-}，以及聚硅酸盐 $Si(OH)_4$、$HSiO_3^-$、SiO_3^{2-}有关的硅酸盐分子和离子化合物"[57]。

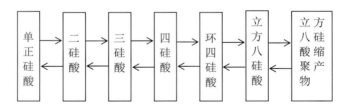

图6-2　多聚硅酸氢钠的混合溶液的动态平衡图

水玻璃在贮存期间，由于硅酸的团聚反应转化为多硅酸的团聚体，这样的团聚体直径比原来的纳米级颗粒直径大很多。从纳米技术的角度出发，粒子越小，与其他化学键的结合能力就越强。王惠祖等[58]二百多天的观察证明水玻璃中的纳米级颗粒的变化规律为从无到有，再从有到无。这就表现出水玻璃的黏结强度在刚制成时最佳，而且随着存放时间的延长在减弱。水玻璃黏结强度的下降是由于团聚体的产生，那么从另一方面讲，只要使这种不能水解的团聚体转化为纳米粒子就可以解决这一问题。研究证明，这种团聚体在获得了外部的能量以后会被冲散，重新产生纳米级颗粒。

水玻璃的老化为其使用带来了许多麻烦，如黏结强度的损失、高模数的水玻璃的应用受到制约和使水玻璃混合砂的有效期大大缩短等。程宽中等[59]使用固体泡花碱加水制得相应模数的水玻璃，并观测了水玻璃在贮存过程中的性能损失。

试验证明无论是高模数还是低模数的水玻璃，老化都会大幅度削减其使用性能，使其有效使用时限缩短了20%～30%，黏结强度下降了30%～40%，在实际应用中表现为水玻璃的掺量随着贮放时间的延长而增加，也导致水玻璃砂难以回收利用。所以应该尽量选用新制成的水玻璃，对存放一段时间存在老化的水玻璃进行改性后应用，避免浪费。

6.1.2　水玻璃的改性方法

钠水玻璃的老化是其内部的能量逐渐消耗而导致的，因此想要防止钠水玻璃老化或者使老化的钠水玻璃恢复可以从两个方面着手：一是向其内部注入能量从而促使硅酸的相对分子质量再次达到平衡，使其恢复至新制成的状态；二是通过向其中加入另外的化学成分与其相互作用达到减缓老化速度的目的，通过这个方法同时也可以减少老化过程带来的黏度损失以及加强钠水玻璃的抗吸湿的能力。这就是常说的水玻璃的物理改性和化学改性[60-62]。

6.1.2.1　物理改性

虽然在酸性环境中硅酸的聚合反应不可逆，但是在碱性环境（水玻璃）中的聚合反应却在提供能量的条件下是可逆的。因此，通过磁场、超声、微波和加热等方式，聚合形成的大体积胶体粒子有机会解聚重新产生纳米粒子，使聚硅酸盐的相对分子质量再一次回到平均状态，消除歧化达到平衡。这就是水玻璃物理改性的理论基础。目前，向水玻璃中注入能量的手段主要有加热、超声震荡处理和磁场处理。

（1）加热

如图6-3所示，不同模数的钠水玻璃的黏度在温度升高的同时逐渐减小，黏结强度提高[60]，因此通过加热水玻璃对其进行改性，直接有效而且实际操作相对简单，在室内试验以及现场灌浆中都比较容易实现。本次研究选取了加热改性水玻璃的方法作为一种试验方案与其他方案进行对比。

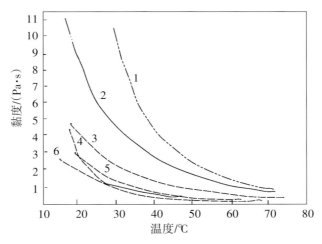

图6-3　钠水玻璃黏度随温度变化图（朱纯熙）

（2）超声振荡处理

在实际操作中，通过超声震荡处理方法对水玻璃进行改性有两种方式：一是利用超声波清洗器震荡处理已经老化的水玻璃，为老化的水玻璃再次提供能量；二是利用超声发生器把磁致伸缩杆置入装有水玻璃的器皿内震荡搅拌。前者设备及操作简单，但不适合处理生产所需的大批量水玻璃，因此适用于室内试验。后者更适于现场生产。

（3）磁场处理

经过磁场处理的水玻璃在短时间内有效，贮存时间太长也会导致处理效果下降，性能变差，因此须尽快使用[61]。磁场处理的改性方法比较适合应用在模数介于2.35到2.60之间的水玻璃。

6.1.2.2 化学改性

向水玻璃中加入某种或数种化学物质，从而减缓水玻璃老化的速度就是水玻璃的化学改性方法。只有具备以下特性的化学物质才适合作为水玻璃的改性剂：第一，具有与硅羟基形成氢键的能力，这可以使高分子改性剂吸附在胶体粒子的表面，限制胶粒变大的可能性；第二，具有表面活性，可增加分子结构的极性官能团活性；第三，在可溶的前提下，聚合度增高的同时活性也应该变大；第四，分子折叠后可将8～10个硅羟基覆盖，并在凝胶表面形成高分子保护层，减缓水玻璃老化。化学改性方法简单而且改性剂造价低，对水玻璃黏结剂的补强效果明显，还能减少同等条件下水玻璃的掺入量，提升水玻璃的利用率。

许进[57]对比了化学改性水玻璃砂和普通水玻璃砂的强度，他采用的是CO_2硬化水玻璃，并选取了丙烯酸为化学改性剂，结果发现丙烯酸改性水玻璃效果非常好，水玻璃砂强度得到了大幅度提升。

但是，化学改性水玻璃是有一定有效期的，例如聚丙烯酰胺改性高模数水玻璃，在一个月内可有效减缓水玻璃老化，但对模数较小的水玻璃改性后的有效期大约为两个月。

6.1.2.3 复合改性

复合改性水玻璃指的是把各种不同的水玻璃通过不同的比例将其中二者或者多者掺杂起来得到的与单一水玻璃不同的一种新的水玻璃。复合水玻璃相较单一的某种水玻璃拥有以下优势：抗老化性能好、硬化强度高、溃散性良好和吸湿性好。

水玻璃的复合改性之所以有效，并不是由于多种水玻璃性能的机械式叠加，而是水玻璃凝胶产生了变化。

6.1.3 固化剂的选择

中国西北地区拥有大面积的盐渍土，其种类主要有硫酸盐渍土、氯盐渍土以及碳酸盐渍土，这三类盐渍土中给工程带来威胁最大的是硫酸盐渍土。硫酸盐对温度、含水率之类的环境条件的波动非常敏感，土体会因此产生膨胀变形，这给公路等带来了严重破坏。因此，固化改良盐渍土路基势在必行[63]。

申晓明等[45]分析了现有加固盐渍土的手段与研究进展，总结出石灰、粉煤灰和水泥这类无机固化材料因为使用简单且易获取等特点在工程中得到了普遍运用。罗鸣[43]等也选取石灰、粉煤灰、水泥对盐渍土进行加固且取得了很好的效果，加固后土样的抗玉强度得到了很大的提升。

近些年对于地聚物材料的研究在国内外都很受关注，粉煤灰被认作是一种地聚物碱胶凝材料[64]。水玻璃目前作为化学注浆材料得到了大量的应用，而且它也是一种常见的碱性激发剂[65]。对于水玻璃激发粉煤灰作用机理的研究，很多研究人员也做了相关的工作[66-70]。前述研究中通过试验探索了粉煤灰和石灰联合固化盐渍土的最优比例以及水玻璃浓度对固化效果的影响，试验表明质量分数为14%粉煤灰配以质量分数为7%石灰加上20 °Bé水玻璃固化后的硫酸盐渍土的无侧限抗压强度就可以达到1.0 MPa，而且随着水玻璃浓度的上升改良土的强度也在提高。

但是水玻璃在贮存的过程中会发生老化，虽然模数和密度与之前相差不多，可是它的黏度上升而黏结能力却在慢慢减弱。由于温度上升时各种模数的钠水玻璃的黏度都会减小，而加热改性技术相对容易实现且在岩土灌浆中易于操作。水玻璃作为粉煤灰的碱性激发剂，它的作用类似于催化剂，因此在反应温度合适的条件下水玻璃才能够起到最好的作用。侯云芬等[71]采用工业水玻璃充当粉煤灰的碱性激发剂有效地激发出粉煤灰的活性，在一定界限内提高养护的温度能够使粉煤灰基矿物聚合物的抗压强度也得到提升。采用温度改性和偏硅酸钾复合改性水玻璃两种方案固化黄土并分析其固化机理，从而寻求更有效的水玻璃加固黄土的方法，研究表明：提高改性温度与偏硅酸钾掺量，黄土的力学性能与抗冻融性能均得到相应的提升。

水玻璃作为固化剂在试验以及生产方面的应用已经十分广泛，同时水玻璃老化也是切实存在的制约水玻璃应用性能的问题，因此本研究选取了三种固化剂：一是温度改性水玻璃；二是复合改性水玻璃；三是无机材料掺温度改性水玻璃联合固化剂。通过无侧限抗压强度测试、物相分析和微观结构分析，比较三种固化剂固化盐渍土的强度、矿物成分和孔隙结构，并探讨各自的固化机制。

6.2　加热改性水玻璃固化盐渍土

加热改性水玻璃的研究已受到锻造领域的普遍关注，该研究有很高的实际应用价值并已取得了很好的成绩。朱玉龙等[72]使用硅砂棒高温炉对硅砂进行高温改性，当改性温度达到900 ℃时，硅砂的强度可以由2 MPa升到6 MPa以上，他们在试验基础上总结了加热改性水玻璃的机理。孟翠竹等[73]对高温改性水玻璃石英砂、围场砂和梧龙砂的抗拉强度进行了研究，结果发现煅烧温度越高的型砂的抗拉强度也越大；相同的加热温度，不同种砂的强度提高幅度也不相同。李华基等[74, 75]则选用了微波加热的方法改性水玻璃，并通过监测加热过程中温度场的变化研究温度场对改性效果的影响。中国石油大学石油工程学院[76-78]在温度改性水玻璃加固土体的研究方向上获得了重要突破。加热改性水玻璃在实际应用中操作简单易实现，且经济环保，在铸造方面的研究与应用十分广泛，而在加固岩土体方面的研究却很少，因此开展温度改性水玻璃固化盐渍土的探索对完善硅化法改良盐渍土的理论有一定意义。

6.2.1　试样制备

试验所用盐渍土选自甘肃酒泉饮马农场，各项基本物理性质指标如表6-1，化学成分组成如表6-2。按照《岩土工程勘察规范》（GB 50021—2017）的规定可知该盐渍土为硫酸盐渍土。试验所用水玻璃是水玻璃原液与蒸馏水混合至20 °Bé的溶液，水玻璃原液浓度为41 °Bé，模数为3.2，密度为1.3835 g/cm³。

表6-1　盐渍土物理指标

指标	比重	液限/%	塑限/%	塑性指数	最优含水量/%	最大干密度/(g·cm⁻³)
数值	2.7	23.5	16.5	7	11	1.83

表6-2　土中离子组成状况

阴离子含量/(mg·kg⁻¹)				阳离子含量/(mg·kg⁻¹)		
CO_3^{2-}	HCO_3^-	SO_4^{2-}	Cl^-	Ca^{2+}	Mg^{2+}	Na^++K^+
68	414	25840	25413	4077	4968	15732

先向过完2 mm标准筛的盐渍土中加入计算得到的蒸馏水并搅拌均匀后静置8 h，使水分和盐渍土混合均匀，再将事先准备好的20 ℃、40 ℃、60 ℃的水玻璃分别与"闷好的样"充分拌合。试验用如图6-4所示的压实装置，采取静压法制样，制作最大干密度（ρ_d）为1.83 g/cm³和最优含水率（ω_0）为11.3%的试样，压实后静置2 min再脱模。圆柱状土样直径为6.5 cm，高为6.5 cm，三个改性温度条件下土样各准备3个试样。将制备好的试样在相应的改性温度下养护1 d，再在保湿器中（20 ℃）养护28 d，如图6-5，这个过程中用保鲜膜包裹试样以保证其含水率恒定，养护完成后对其进行各项试验检测。

图6-4　静力压实装置

图6-5　试样在保湿器中养护图片

6.2.2　加热改性水玻璃固化盐渍土强度特征

抗压强度试验参照国家标准《土工试验方法标准》（GB/T 50123—2019）进行，由中国科学院寒区环境与工程旱区研究所的CSS-WAW300型电液伺服万能试验机（图6-6）完成试验结果测定。

图6-6　CSS-WAW300型电液伺服万能试验机

试样受压过程中，试样与加载钢板接触地方首先出现裂痕，裂缝多垂直于试样底面；试样破坏后剥去试样外表面破碎土块，试样内部仍有一部分保持整体性（图6-7），形状类似"苹果核"，这是由于加载钢板对试样有"环箍作用"；试样中间部分受加载面约束最小，因此破坏最严重，导致形成中间窄底面宽的破坏形态。

图6-7　试样破坏形态及示意图

由表6-3和图6-8可以看出，随着改性温度的提升，三种温度条件改性水玻璃固化后的盐渍土的强度都有大幅度提高，在改性温度为40 ℃时盐渍土的强度达到最高4.01 MPa。在改性温度分别为20 ℃、40 ℃、60 ℃的条件下，盐渍土的强度比起未改性水玻璃固化的盐渍土试样强度分别提高了68%、568%、490%。改性温度为20 ℃时盐渍土的强度提高较少，这是由于20 ℃接近室温，因此改性效果不明显。改性温度为60 ℃时盐渍土的强度略有下降，但是比起素土，强度仍然提高了5倍，强度的提高和固化温度的升高不存在线性关系。

刚度是受力与变形的比值，反映材料抗变形能力，从表6-3可以看出，温度改性水玻璃固化盐渍土的抗压刚度变化趋势和强度走向相同，不同改性温度的水玻璃都提高了试样的抗变形能力。

表6-3　三种温度改性水玻璃固化盐渍土的强度和刚度

改性温度/℃	0	20	40	60
无侧限抗压强度/MPa	0.60	1.01	4.01	3.54
抗压刚度/kN	2.00	3.37	13.33	11.77

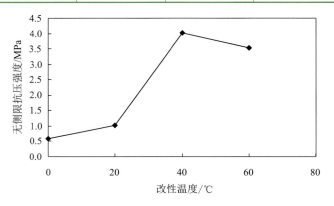

图6-8　三种温度改性水玻璃固化盐渍土的无侧限抗压强度

6.2.3　微观结构特征分析

土体的微观结构包括土颗粒的形状大小、空间排布和黏结方式等，是决定土体力学性质和工程特性的要素，通过扫描电子显微镜研究土体这一重要指标是目前岩土工程中最有效、最直接的途径。扫描电镜的成像原理是用高速电子束聚集轰击样品表面，探测器收到二次电子发射的信息后在荧光屏成像并拍照。但是扫描电镜拍照后直接得到的图像，只可以用来定性研究土体的孔隙、土粒的形状、颗粒间的铰接方式，不能直接用于定量分析，进行定量分析需要通过图像的降噪、分割以及二值化预处理。试验利用兰州大学物理科学与技术学院的电子显微镜，观察经过三种温度改性水玻璃固化后的试样的孔隙和土颗粒间的黏结情况。

盐渍土砂砾本体只含有 Si 和 O，由表6-2可知盐渍土砂粒表面还有少量 Ca、Mg 等元素的附着；对比图6-9温度改性水玻璃固化后的盐渍土砂表面能谱，砂粒表面则出现了 Al、Ca、Mg、Fe 元素的富集，这就证明盐渍土颗粒表面有吸附膜的存在。由图6-10的扫描电镜图像可以看出，未经改性的水玻璃加固后的盐渍土微结构：架空孔隙中有少量凝胶填补；盐渍土的粒径较大的颗粒表面有少量小颗粒黏附；土颗粒由于被凝胶衬着，颗粒边棱变圆润；固化过程中产生的硅酸钙凝胶包裹、填充在土体骨架颗粒之间，颗粒间接触面积变大，提高了骨架的整体性且强化了土颗粒的黏结能力。这是因为水玻璃加入土中后会与 CO_2 反应形成硅酸，并在干燥脱水后硬化，这一过程可由下式解释说明（其中 $Na_2O \cdot nSiO_2$ 为钠水玻璃，$nSi(OH)_4$ 为胶体二氧化硅）：

$$Na_2O \cdot nSiO_2 + (2n + 1)H_2O \longrightarrow 2NaOH + nSi(OH)_4 \qquad (6-5)$$

$$2NaOH + H_2CO_3 \longrightarrow NaCO_3 + 2H_2O \qquad (6-6)$$

$$nSi(OH)_4 \xrightarrow{\text{缩聚}} \left[Si(OH)_4\right]_n \xrightarrow{\text{脱水}} nSiO_2 \qquad (6-7)$$

这种无定形硅酸高聚物填充在盐渍土颗粒之间，将粒径较小的土颗粒包裹黏结使颗粒间形成黏结桥，加强了颗粒间的整体性并提高了固化样整体强度。

从不同改性温度下盐渍土试样的电镜图像（图6-10）中可以看出：改性温度为 20 ℃时，土粒外侧有吸附膜，充填于孔隙之中；颗粒虽有凝胶附着，但棱角依旧明显，骨架颗粒间的架空形成的孔隙联通，且大孔隙较多；颗粒之间的吸附膜黏结面积较小。随着改性温度的升高，固化样土颗粒间的凝胶明显增多，且颗粒间的黏结形态也有明显的变化：土颗粒被吸附膜完全包裹，轮廓圆滑，土颗粒的棱角主要以次圆形为主；颗粒之间的吸附膜黏结面积变大，小颗粒通过黏结桥团聚在大颗粒周围，盐渍土土颗粒通过凝胶薄膜黏结成为一个整体。

这就说明改性温度的升高确实有利于提高凝胶与土颗粒的黏结强度，硅酸凝胶包裹土颗粒并填充了孔隙，降低了其连通性，但是土颗粒间仍以架空结构为主，只是接触面积增大。改性温度的升高改变了吸附膜的性质，改善了凝胶与土颗粒间的相互作用关系；固化温度越高，活性硅酸聚合时间越短，聚合速度越快，产生的凝胶被牢固地黏结在砂粒表面，提高了凝胶膜的内聚强度和砂粒的结合强度。

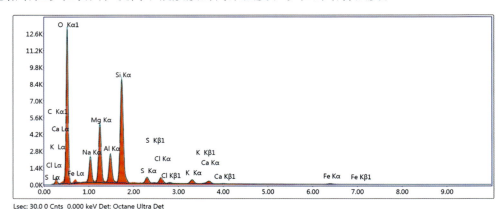

图6-9　温度改性水玻璃固化后的盐渍土砂表面能谱

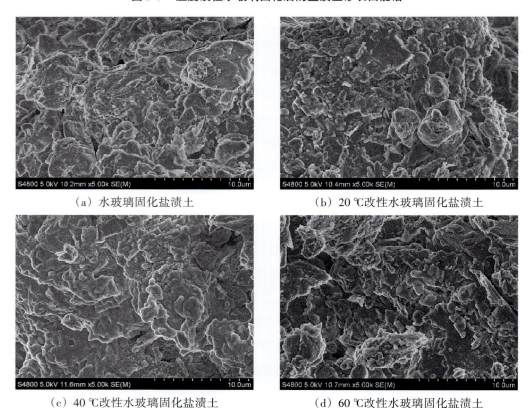

（a）水玻璃固化盐渍土　　　　　　（b）20℃改性水玻璃固化盐渍土

（c）40℃改性水玻璃固化盐渍土　　　（d）60℃改性水玻璃固化盐渍土

图6-10　加热改性水玻璃固化后的盐渍土扫描电镜图像

6.2.4　X射线衍射分析

试验利用X射线衍射分析仪，分别对20 ℃、40 ℃、60 ℃条件下的水玻璃固化后的试样粉末样品进行分析，通过该方法分析各温度条件下改性水玻璃对盐渍土进行固化后试样的化学组成以及物相特征。

图6-11为水玻璃固化硫酸盐渍土的XRD谱图，由图可知，固化土主要矿物包括石英（SiO_2）、无水芒硝（Na_2SO_4）、白云石[$CaMg(CO_3)_2$]、方解石（$CaCO_3$）、云母[$KAl_2(AlSi_3O_{10})(OH)_2$]、石盐（NaCl）等。由图6-12至图6-14可知，不同加热温度改性水玻璃固化后的盐渍土土样中的矿物成分没有发生变化，但是各种矿物的衍射强度出现了变化：①水玻璃固化盐渍土都出现石盐（NaCl）衍射峰强度增强的情况，出现这种现象的原因是水玻璃中有NaCl等氯盐杂质，但随着改性温度的上升石盐峰值下降，说明形成的含Na^+硅凝胶增多；②石英（SiO_2）的衍射峰值随着改性温度的升高不断上升；③无水芒硝（Na_2SO_4）衍射强度随着改性温度的升高减弱；④经过固化后的土样衍射谱图中出现鳞集的低矮的衍射峰群，这是由于水玻璃和土中盐类作用形成非晶质凝胶，加强了土颗粒间的黏结强度。

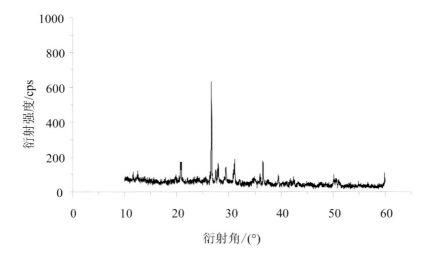

图6-11　水玻璃固化后的盐渍土X衍射谱图

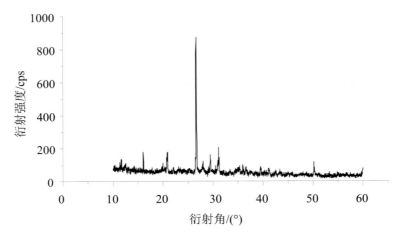

图6-12　20℃改性水玻璃固化后的盐渍土X衍射谱图

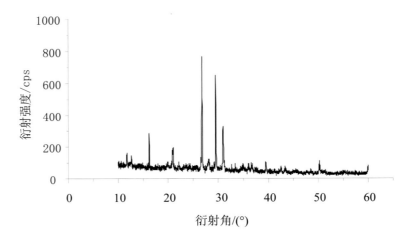

图6-13　40℃改性水玻璃固化后的盐渍土X衍射谱图

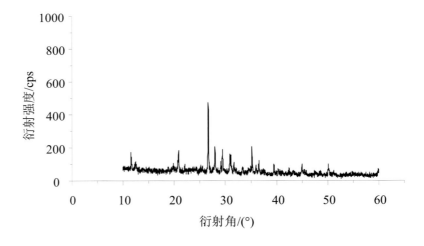

图6-14　60℃改性水玻璃固化后的盐渍土X衍射谱图

6.2.5 讨论

加热改性水玻璃是通过加热产生的能量使高聚硅酸的缩聚产物解聚，从而使其再次形成纳米级颗粒，使黏结性能再度恢复。另外，水玻璃直接失水比酸化后失水形成的凝胶的黏结强度大得多，因此水玻璃砂应尽量做到"强脱水，少反应"，加热改性水玻璃就符合这一原则。

①加热改性水玻璃确实能够提高水玻璃固化盐渍土的无侧限抗压强度，并且随着加热改性水玻璃温度的上升，盐渍土的无侧限抗压强度有大幅度的提高，但是无侧限抗压强度的提高和固化温度的升高不存在线性关系，改性温度为40℃时无侧限抗压强度最大，无侧限抗压强度达到4.01 MPa，比起未改性水玻璃固化的盐渍土土样无侧限抗压强度提高了6.68倍。对水玻璃分别进行20℃、40℃、60℃加热改性，加热提供的能量使硅酸团聚反应过程中形成的多硅酸团聚体解聚重新产生纳米粒子，使中环四硅酸和立方八硅酸含量回升，聚硅酸盐的相对分子质量再一次回到平均状态，消除了水玻璃的老化，提高了凝胶与土颗粒间的黏结强度。

②将温度改性水玻璃加入盐渍土中，Na_2SiO_3与盐渍土中的易溶盐、土颗粒中的石英、碳酸盐和黏土矿物等（主要是Ca^{2+}、Mg^{2+}）产生相互的物理、化学作用，形成水合硅酸钙（C–S–H）凝胶、水合硅酸镁凝胶和硅酸凝胶，因此在XRD谱图中可以看到鳞集低矮的衍射峰群；温度改性水玻璃固化后的盐渍土在凝胶的作用下结构变得更紧密，固化温度的提高有利于加快水玻璃失水产生硅酸凝胶并使产生的凝胶增多，提高固化土的无侧限抗压强度。

③砂粒表面则出现了Al、Ca、Mg、Fe元素的富集，证明盐渍土颗粒表面有凝胶吸附膜的存在，并且随着改性温度的升高，固化样土颗粒间的凝胶明显增多，改性温度的升高改变了吸附膜的性质，改善了凝胶与土颗粒间的相互作用关系，有利于提高凝胶与土颗粒的黏结强度，这种硅酸凝胶包裹土颗粒并填充了孔隙。但是土颗粒间仍以架空结构为主，只是接触面积增大，而这种架空结构是由盐渍土本身的性质决定的。盐渍土中的水蒸发时溶解在其中的易溶盐结晶覆盖包裹在土颗粒外侧并与土颗粒在分子作用下产生的水膜一起组成胶结构，连接骨架颗粒，阻止土粒在重力下挤密从而变成隙穴结构。

6.3 复合改性水玻璃固化盐渍土

随着人们对"绿色环保"的重视，树脂砂由于操作环境差、气体排放量大等缺点在应用中受到越来越多的限制，同时水玻璃依靠良好的应用性能和环境友好的优点进入了人们的视野。但是水玻璃的湿润角和黏聚力比其他黏结材料高出许多倍，且一般注入CO_2硬化后的水玻璃凝胶含水多，这就导致它对SiO_2表面的润湿性较差和胶体粒子直径大的缺陷，为了改善这些缺陷而又不损害其溃散性国内外学者做了大量的研究[79-90]。复合水玻璃并不是机械地混合，而是水玻璃凝胶结构在混合后产生了异变。例如：钾水玻璃抗湿性强，在钠水玻璃中掺入总质量为30%的钾水玻璃，所形成的混合液相对混合复合改性前的单一水玻璃溶液具有较高的抗吸湿性[85]。康永等[86]也总结了复合改性水玻璃的应用研究，并论述了水玻璃复合材料的应用前景。邢铁海等[87]做了大量试验测试CO_2硬化的钠水玻璃、钾水玻璃以及二者组合而成的复合水玻璃的应用性能，发现复合水玻璃可在提升抗压强度的同时弱化复合水玻璃砂的残留强度从而保证其溃散性。杨伟杰等[88]认为选用复合磷酸盐改性水玻璃固化型砂同样可以兼顾高强度以及低残留强度的平衡。巫茂寅等[89]研究了复合水泥基和水玻璃两种注浆材料同时使用的固化效果并通过工程实例证明了其可行性。李风藻等[90]选用硅酸钾和铝酸钠同时改性水玻璃制成硅酸钠–钾–铝三元复合水玻璃黏结剂，复合改性水玻璃加固砂的抗压强度得到大幅度提升。可见，复合改性水玻璃不同于其他改性手段，不仅可以有效保证水玻璃砂的强度，而且可以兼顾水玻璃砂残留强度高、溃散性差和难回收的缺点。

6.3.1 试样制备

水玻璃溶液是水玻璃原液与蒸馏水混合稀释至20 °Bé所得，水玻璃原液的浓度为41 °Bé，模数为3.2，密度为1.3835 g/cm³。选取高模数的偏硅酸钾溶液对水玻璃进行改性，偏硅酸钾溶液是由敦煌研究院提供的在文物保护方面广泛应用的PS材料，原液模数为3.87，浓度为24.9%，密度为1.25 g/cm³。

首先向过完2 mm标准筛的盐渍土中加入计算得到的蒸馏水并搅拌均匀后静置8 h，使水分和盐渍土混合均匀；然后选用20 °Bé水玻璃溶液，加入体积分数分别为0%、10%、20%和30%的偏硅酸钾溶液搅拌均匀制成改性剂；再将新制成的复合改性材料迅速倒入盐渍土中，经过充分均匀搅拌后压制成试样，共制备重塑样4组，每组3件，圆柱状试样的直径为6.5 cm，高为6.5 cm。将制备好的试样在相应的改性温度下养护1 d，后置于保湿器（20 ℃）中养护28 d，这个过程中用保鲜膜包裹试样以保证其含水率恒定，养护完成对其进行各项试验检测。

6.3.2　复合改性水玻璃固化盐渍土强度特征

PS材料改性水玻璃固化后的试样在无侧限抗压强度试验时的破坏形式与温度改性水玻璃的破坏形式相似。由表6-4和图6-15所示，PS材料改性水玻璃固化的盐渍土的无侧限抗压强度可以达到1.41～3.74 MPa。复合改性水玻璃固化盐渍土的无侧限抗压强度最大值为3.74 MPa，偏硅酸钾的掺量为混合固化剂体积的30%，刚度变化也与无侧限抗压强度的变化规律相似，可见复合改性水玻璃固化盐渍土可以大幅度提升盐渍土的无侧限抗压强度。这是由于偏硅酸钾与钠水玻璃混合后破坏了原有水玻璃多种聚硅酸氢钠的动态平衡状态，使其pH发生变化并有放热现象，形成一种与原来的钠水玻璃、钾水玻璃都不同的更细化的胶体体系，提升了混合溶液的黏结性能[91]。

表6-4　复合改性水玻璃固化盐渍土强度和刚度

PS材料体积百分比/%	0	10	20	30
无侧限抗压强度/MPa	0.60	1.41	1.04	3.74
抗压刚度/kN	2.00	4.68	3.01	12.43

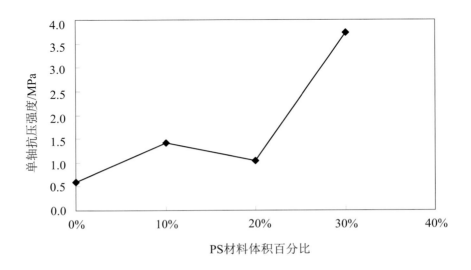

图6-15　PS材料体积分数与复合改性水玻璃固化盐渍土抗压强度关系

6.3.3 微观结构特征分析

因为土颗粒的矿物组成、排列方式、含水量和团聚体的黏结方式的不同会赋予土体不同的力学和工程性质，因此，研究盐渍土的微观特征能更好地揭示其盐胀、溶陷和冻胀等病害机理。通过扫描电镜的应用，可以从微观层面研究土体的微形态、土颗粒结构单元和土颗粒分布特征等，这极大地推动了土体微结构的研究。本次试验采用JSM-5600LV型低真空扫描电子显微镜，观察PS材料复合改性水玻璃固化盐渍土土颗粒的孔隙、黏结情况及排列方式。

如图6-16所示，各类凝胶包裹覆盖在盐渍土颗粒外侧，还有一些凝胶填补在孔隙内；孔隙主要由颗粒间的架空结构造成，土粒之间的黏结方式主要是面接触，面接触比起没有凝胶的点接触其黏结面积变大。

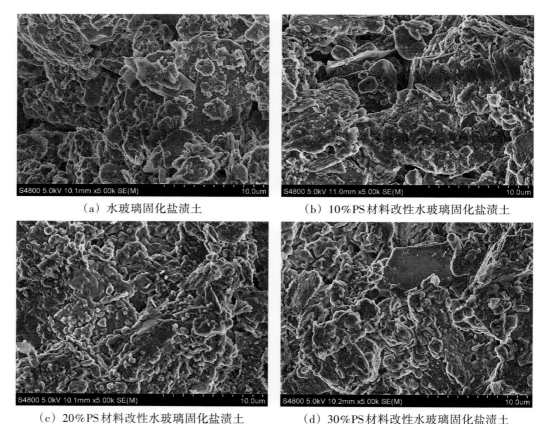

（a）水玻璃固化盐渍土　　　　　　（b）10%PS材料改性水玻璃固化盐渍土

（c）20%PS材料改性水玻璃固化盐渍土　　　（d）30%PS材料改性水玻璃固化盐渍土

图6-16　偏硅酸钾复合改性水玻璃固化盐渍土扫描电镜图像

PS材料改性后的水玻璃固化盐渍土电镜图像与未改性水玻璃固化盐渍土电镜图像相比：土粒之间的孔隙中有更多的凝胶填补；盐渍土的大直径土颗粒表面有少量小直

径二颗粒附着；土颗粒由于被凝胶包裹覆盖，颗粒边缘棱角变模糊；固化过程中产生的硅酸钙凝胶包裹、填充在土体骨架颗粒之间，颗粒间接触面积变大，提高了骨架的整体性且强化了土颗粒的黏结能力。

　　与钠水玻璃单独加固后的盐渍土相比，PS材料复合后的水玻璃固化盐渍土土颗粒表面的凝胶吸附膜变薄，孔隙仍以土粒之间的架空结构形式为主，凝胶通过土粒之间的黏结桥将土体胶结成为一个空间网状式整体。

　　在水溶性硅酸盐中，K^+对胶粒的凝聚能力大于Na^+，而且钾水玻璃吸收CO_2以后的硬化速度与钠水玻璃吸收CO_2以后的硬化速度相比要更快，因此会出现两种水玻璃凝胶及硬化进程不同步的现象。钾水玻璃先形成胶体二氧化硅再缩聚脱水形成无定型硅酸，钾水玻璃硬化速度慢产生的凝胶薄膜会包裹K^+凝胶薄膜，修复其因为黏结膜较薄而产生的内聚断裂，使PS材料改性后的水玻璃固化盐渍土的强度要比单一的钠水玻璃固化盐渍土的强度高。

6.3.4　X射线衍射分析

　　对20°Bé水玻璃溶液与几种不同体积比的PS材料组成的复合固化剂固化的盐渍土土样进行X射线衍射分析，并探讨和验证其化学成分和物相特征。

　　由图6-17至图6-20可知，复合改性水玻璃固化盐渍土的主要矿物组成有石英（SiO_2）、无水芒硝（Na_2SO_4）、白云石［$CaMg(CO_3)_2$］、方解石（$CaCO_3$），固化盐渍土与天然盐渍土相比未出现新的衍射峰，说明没有新的矿物产生，但是各种矿物的衍射强度出现了变化：随着偏硅酸钾体积比的增加，石英的衍射峰升高，这是由于偏硅酸钾对石英等矿物的侵蚀能力不如钠水玻璃，偏硅酸钾的增多导致复合水玻璃黏结剂对矿物晶格的破坏程度下降；当偏硅酸钾体积比为20%时，方解石和白云石的衍射强度增大，这说明在此掺量下，硅酸钙凝胶的减少导致固化样的强度低于偏硅酸钾掺量为10%和30%的强度。

6.3.5　讨论

　　钾水玻璃与其他种类的水玻璃相比不易老化且硬化速度更快，这是由于K^+的水合能力强过Na^+，偏硅酸钾复合改性后的钠水玻璃在冬季也可以硬化完全，复合改性后的水玻璃凝硬后的强度也高于单独的某一种水玻璃的凝硬强度；K^+很难侵入SO_2晶格，对于硅砂的侵蚀性弱于Na^+，因此可提高复合黏结剂的溃散性。但是复合改性水玻璃的特性并不是各种水玻璃相应特性的机械叠加，而是发生了凝胶的结构性变化[55]，例如钾水玻璃、钠复合水玻璃以后的抗吸湿性比各自的抗吸湿性都好。

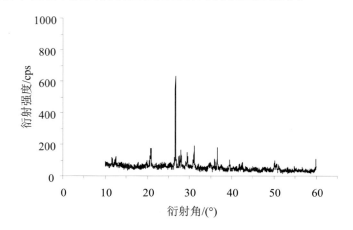

图 6–17　水玻璃固化盐渍土 X 衍射谱图

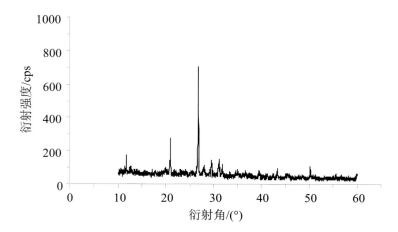

图 6–18　10%PS 材料复合改性水玻璃固化盐渍土 X 衍射谱图

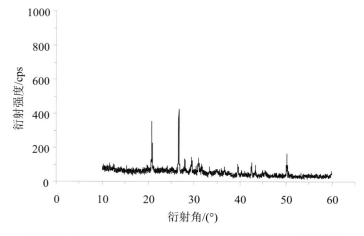

图 6–19　20%PS 材料复合改性水玻璃固化盐渍土 X 衍射谱图

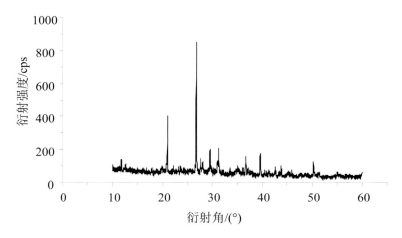

图 6-20 30%PS 材料复合改性水玻璃固化盐渍土 X 衍射谱图

随着 PS 材料掺量的提高，复合改性水玻璃固化盐渍土的强度都有大幅度的提高，但是强度的提高和 PS 材料的掺量不存在线性关系，PS 材料占复合溶液体积的 30% 的时候其改性效果最好，土样强度能达到 3.74 MPa，比起普通水玻璃固化的盐渍土土样强度提高了 6.23 倍。

随着钾水玻璃的加入，钠水玻璃原有的聚硅酸氢钠平衡体系被打破，聚硅酸在又一次的缩聚和解聚反应过程中形成新的胶体微粒分布，这一过程细化了胶体粒子使其直径减小并提升了复合改性剂的黏结强度。复合改性水玻璃与盐渍土中的石英、易溶盐以及黏土矿物等发生一系列复杂反应生成凝胶，如水合硅酸钙（镁）凝胶、水合硅酸凝胶和含钠水玻璃凝胶等。这些凝胶薄膜包裹覆盖在盐渍土颗粒外侧，也有一些凝胶充填在孔隙里；盐渍土的大直径土颗粒表面有少量小直径土颗粒附着；孔隙主要由颗粒间的架空结构造成；土粒之间的黏结方式以面与面接触为主，凝胶通过土粒之间的黏结桥将土体胶结成为一个三维网状整体。

K^+ 或 Na^+ 吸附在聚硅酸分子链的阴离子周围的时候，它们各自可以结合的硅羟基的总数与水分子的总数分别是 8、6，而硅酸聚合时生成的不是直链的聚合物而是环状和双环状聚合物并将 K^+ 或 Na^+ 包裹在其中，这时会因为 K^+ 的半径更大而促使包裹 K^+ 的大环数量增多，形成的能量低而稳定性高的配位化合物增多。另外，由于 K^+ 的截面积大于 Na^+ 的截面积，K^+ 与 CO_2 碰撞的概率更大、硬化的速度也更快，这就会出现 K^+ 先反应产生凝胶薄膜，而后 Na^+ 再一次形成薄膜；虽然 K^+ 形成的凝胶薄膜厚度不够会产生内聚断裂，但是 Na^+ 形成的凝胶薄膜会覆盖裂痕，二次强化凝胶胶结强度，从而提高土体的强度。

6.4 无机材料掺温度改性水玻璃
固化盐渍土冻融循环试验

土的化学加固是土改性固化的一种重要手段。强度与耐久性是评价改良土工程特性的两大指标。长期以来，众多关于固化土的研究主要关注其强度特性、压实度、渗透性和体积变化等，对其早期强度和冻融循环条件下耐久性的研究较少。固化土冻融循环下劣化的机理研究认为，无论何种土体，所有固化剂的固化机理都是经过一系列复杂的物理化学反应生成纤维状、针状和玻璃质水合硅酸盐凝胶三维网状结构，从而使土粒之间的黏结力得到提升，而冻融循环过程中土体发生的体积收缩–膨胀循环会破坏这种微结构，从而削弱土体强度。因此有必要开展冻融作用对固化土固化反应和强度的影响研究。

6.4.1 试样制备

试验采用质量分数为7%的石灰、质量分数为14%的粉煤灰的最佳比例和20 °Bé的水玻璃对硫酸盐渍土进行固化。试验所用粉煤灰取自兰州西固热电有限公司，其成分主要是CaO、SiO_2、MgO、Fe_2O_3、Al_2O_3等。试验所用水玻璃由水玻璃原液与蒸馏水混合稀释至20 °Bé所得，水玻璃原液浓度为41 °Bé，模数为3.2，密度为1.3835g/cm³。

先向过完2 mm标准筛的盐渍土中加入计算所得量的蒸馏水并搅拌均匀后静置8 h，使水分和盐渍土混合均匀；再将事先称量好的质量分数为7%石灰、质量分数为14%粉煤灰与盐渍土混合均匀；然后将提升至20 ℃、40 ℃以及60 ℃的水玻璃分别快速与样品混合，同时把它们拌和均匀。试验采用静压法制样，圆柱状土样直径为6.5 cm，高为6.5 cm，将每个改性温度条件下的联合固化土样各制作20组，每组3个。将制备好的土样在相应的改性温度下养护1 d，再在保湿器（20 ℃）中养护28 d，这个过程中用保鲜膜包裹土样以保证其含水率恒定，养护完成后对其进行各项试验检测。

6.4.2 固化盐渍土强度特征

由表6-5可以看出，水玻璃+石灰+粉煤灰联合固化后的盐渍土强度大大提高，而且与前述的2种改性水玻璃固化后的盐渍土相比，强度也大幅度增长，在20 ℃时联合固化样的强度（5.43 MPa）是普通水玻璃固化样强度的9倍左右。但是，如图6-21所示。图中联合固化盐渍土土样的强度变化规律与前述温度改性水玻璃固化的盐渍土土样的强度变化规律相反，随着改性温度的升高，联合固化盐渍土土样的强度反而下降。改性温度为60 ℃时盐渍土土样的强度最低为4.25 MPa，但仍然大于前文所述两种方法固化后盐渍土的最大强度。

表6-5 无机材料掺温度改性水玻璃固化盐渍土无侧限抗压强度

固化剂	水玻璃	20 ℃改性水玻璃+石灰、粉煤灰	40 ℃改性水玻璃+石灰、粉煤灰	60 ℃改性水玻璃+石灰、粉煤灰
抗压强度/MPa	0.60	5.43	4.89	4.25

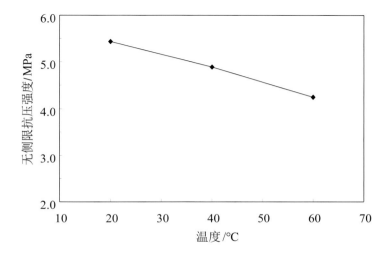

图6-21 无机材料掺温度改性水玻璃固化盐渍土无侧限抗压强度

由图6-22可看出，无机材料掺温度改性水玻璃固化后盐渍土受压时的应力应变曲线均能划分为三个阶段：第一阶段固化后土样处在弹性变形阶段，土样还没有大的裂缝形成，原有的大孔隙和细微裂痕被压实，改性温度为60 ℃时的土样在此阶段与其他两组土样相比曲线上升趋势较缓；第二阶段土样处于塑性屈服时期，由于试验的加载逐渐提高，土样开始出现新的裂隙，初始的细微裂痕进一步发育，出现应力最大值；第三阶段属于土样破坏后的阶段。在改性温度为20 ℃时土样受压时的应力应变曲线最陡，土样的弹性模量大，土样破坏时的应变小，脆性破坏的表现明显。当改性温度提升时，应力应变曲线变缓，破坏时的应变增大，塑性变形的表现明显。

水玻璃、石灰以及粉煤灰对盐渍土的固化作用包括以下几个反应过程：①硅酸钠与生石灰水解生成的$Ca(OH)_2$作用形成硅酸钙凝胶（C-S-H）；②Na_2SiO_3水解生成的NaOH提供碱性环境，粉煤灰表层稳定的硅氧键和铝氧键在此环境下断开，与$Ca(OH)_2$作用形成C-S-H和C-A-H；③Na_2SiO_3与盐渍土中的易溶盐、矿物（主要是Ca^{2+}、Mg^{2+}）

形成凝胶。以上三种作用可由下列式子表示：

$$Na_2SiO_3 + Ca(OH)_2 + 2H_2O \Longrightarrow CaSiO_3 \cdot 2H_2O + 2NaOH \qquad (6-8)$$

$$Ca(OH)_2 + SiO_2 + H_2O \longrightarrow xCaO \cdot ySi_2O_3 \cdot zH_2O \qquad (6-9)$$

$$Ca(OH)_2 + Al_2O_3 + H_2O \longrightarrow xCaO \cdot yAl_2O_3 \cdot zH_2O \qquad (6-10)$$

$$xCa^{2+}(Mg^{2+}) + 2yNa_2SiO_3 + zH_2O \longrightarrow xCaO(MgO) \cdot ySi_2O_3 \cdot zH_2O \qquad (6-11)$$

由上述固化过程可以看出胶体的形成直接导致盐渍土固化后土样强度的提高，而胶体的多少又与粉煤灰在水玻璃与生石灰共同作用形成的碱性激发剂溶液中的溶解程度有关。Vargas 等[92]在研究养护温度以及养护龄期对地聚物材料强度的影响时发现，当 Na_2O/SiO_2 的比值比较小时会导致碱性激发剂的浓度不够，在这种情况下温度以及龄期对地聚物材料强度的影响较小，甚至在龄期为 28 d 时会出现温度上升强度反而降低的情况。本次研究选用的水玻璃模数是 3.2，因此 Na_2O/SiO_2 较小，因而无法使粉煤灰彻底充分地溶解于激发剂中，故形成的凝胶比较少。

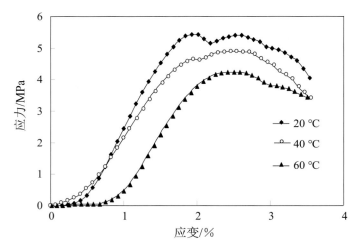

图 6-22　无机材料掺温度改性水玻璃固化盐渍土单轴应力应变曲线

6.4.3　冻融循环试验

参考兰州地区冬季平均地表温度，确定冻结温度为 -20 ℃，融化温度为 20 ℃，冻 12 h，融 12 h，参照《水工混凝土试验规程（SL 352—2006）》用恒温箱做不补水状态下的反复冻融。

如表 6-6，当冻融循环次数增多时几种温度改性后的水玻璃联合固化的盐渍土土样的无侧限抗压强度都是逐渐下降的，而且经历相同循环次数的联合固化土样的强度也随着改性温度的升高而降低。如图 6-23 所示，在冻融循环次数较少时，冻融循环致使土粒之间的连接方式从水膜胶结变换为冰胶黏结，从而使土样的孔隙缩小并且降低了土样的孔隙率，这就起到一种类似冻实压密作用，然后在一定范围内提升了土样的无侧限抗压强度；当冻融循环次数超过 5 次之后，土颗粒之间的黏结桥在土样体积膨胀—收缩循环过程中不断受到拉伸，包裹在土粒之上的凝胶薄膜也出现损坏，导致土样的无侧限抗压强度也受到影响而开始慢慢下降；经过 10 次冻融循环之后，土颗粒之间的黏结桥基本被完全破坏，失去对土样的黏结作用，硅酸盐凝胶三维网状结构也被破坏，因此土样的无侧限抗压强度下降趋势减缓。经过 15 次冻融循环之后无机材料掺 20 ℃、40 ℃、60 ℃水玻璃固化后的土样无侧限抗压强度损失率分别为 21.3%、15.2%、25.7%，改性温度为 40 ℃时无侧限抗压强度衰减最小。

表 6-6　无机材料+温度改性水玻璃固化盐渍土冻融循环无侧限抗压强度

温度/℃	无侧限抗压强度/ MPa							
	0次	1次	2次	3次	4次	5次	6次	7次
20	5.44	5.11	5.12	4.85	4.91	5.02	4.72	4.98
40	4.90	4.75	4.36	4.20	4.34	4.76	4.58	4.28
60	4.25	4.04	4.28	3.98	4.21	4.56	4.22	4.10

温度/℃	无侧限抗压强度/ MPa							
	8次	9次	10次	11次	12次	13次	14次	15次
20	4.42	4.42	4.76	4.60	4.64	4.54	4.46	4.28
40	4.37	4.33	4.56	4.35	4.35	4.37	4.40	4.15
60	3.64	3.46	3.55	3.31	3.46	3.34	3.46	3.15

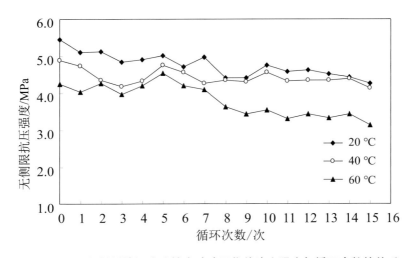

图 6-23　无机材料掺温度改性水玻璃固化盐渍土强度与循环次数的关系

6.4.4　微观结构特征分析

　　试验采用JSM–5600LV型低真空扫描电子显微镜。图6–24为20～60 ℃加热改性20 °Bé水玻璃+石灰+粉煤灰固化后的盐渍土土样以及15次冻融循环后土样的电镜图像。固化后的盐渍土土样的微观特征：土颗粒由于被凝胶附着，颗粒边棱变模糊，也有凝胶充填于土颗粒的孔隙之中；还可以观测到由于碱性激发剂的碱浓度不够而未溶解于其中的粉煤灰的球体结构。水玻璃的改性温度为20 ℃时，直径小于10 μm的土粒表现出一种团聚效应，盐渍土的粒径较大的颗粒表面有少量小颗粒黏附并形成一种整体结构，研究证明这种团聚体具有较高的强度；改性温度较高时，土体形成一种玻璃相结构，不再具有团聚结构以及空间三维网状结构带来的高强度。

(a) 20 ℃　　　　　　　　　　(b) 20 ℃，15次冻融循环

(c) 40 ℃　　　　　　　　　　(d) 40 ℃，15次冻融循环

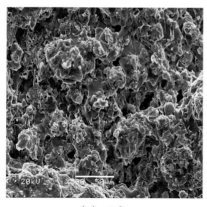

（e）60 ℃

（f）60 ℃，15 次冻融循环

图 6-24　无机材料掺温度改性水玻璃固化盐渍土冻融循环后土样扫描电镜图像

扫描电镜拍照后直接得到的图像不能直接用于定量分析，因此利用软件对电镜图像进行了二值化处理用以分析土样的表观孔隙率[93]。如表 6-7，未经冻融的土样在水玻璃改性温度上升时，表观大孔隙率由 46.22%减小至 28.94%，表观小孔隙率由 9.53%增大至 13.89%。改性温度升高时固化土样表观小孔隙率的增大一定程度上意味着土体中的小孔隙变多，而本次试验所用水重量与胶凝材料重量的比值大于 0.4，这就会出现土样在强度试验过程前期加压时由小孔隙转变为细微的裂缝，荷载变大时微裂缝继续发育并延伸变大削弱了土体的强度[94]。

表 6-7　无机材料掺温度改性水玻璃固化盐渍土表观孔隙率统计表

改性温度/℃	小孔隙率/%	中孔隙率/%	大孔隙率/%
20	9.53	44.24	46.22
40	10.77	50.20	39.03
60	13.89	57.17	28.94

经过 15 次冻融循环之后的固化盐渍土土样，附着在土颗粒外侧的凝胶变少，土样的孔隙明显增多而且孔隙之间相互连通破坏了土体的整体性，原有的凝胶与土颗粒共同形成的团聚结构和玻璃相结构在冻融过程中土样体积收缩-膨胀下被反复拉扯直至遭到破坏，原来被凝胶包裹的土颗粒暴露出来。

6.4.5　X 射线衍射分析

图 6-25 至图 6-27 为改性温度分别是 20 ℃、40 ℃和 60 ℃时无机材料掺温度改性水玻璃固化后的盐渍土的衍射谱图。对比三幅谱图可知，水玻璃改性温度的变化并未使

固化土样的物质组成发生改变，但却改变了各项物质的比例分配：改性温度提升时白云石 [CaMg(CO_3)_2] 的衍射峰值随之增大；当改性温度为 40 ℃时无水芒硝（Na_2SO_4）的衍射强度最弱而改性温度为 60 ℃时却最强。

白云石的衍射强度增大说明改性温度提升时，粉煤灰在水玻璃和生石灰作用形成的碱性环境下溶解程度低而产生的水合硅酸钙凝胶减少，Na_2SiO_3 与盐渍土中的易溶盐、矿物形成的水合硅酸钙、水合硅酸镁凝胶也减少。

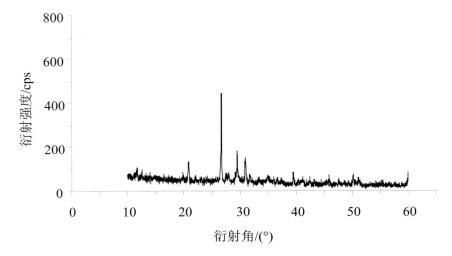

图 6-25　无机材料掺 20 ℃改性水玻璃固化盐渍土 X 衍射谱图

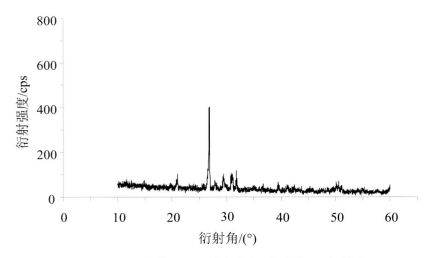

图 6-26　无机材料掺 40 ℃改性水玻璃固化盐渍土 X 衍射谱图

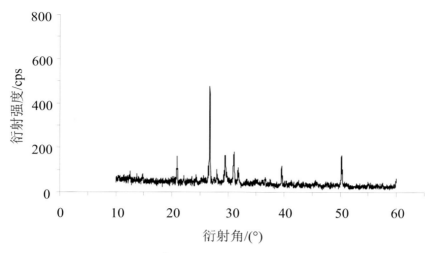

图6-27 无机材料掺60℃改性水玻璃固化盐渍土X衍射谱图

当改性温度为40℃时，Na_2SO_4的衍射强度最弱，而硫酸钠的溶解度与温度密切相关，温度降低时其溶解度下降。因此在冻结过程，水从液相变为固相时体积变大，Na_2SO_4的溶解度急剧下降转变为$Na_2SO_4 \cdot 10H_2O$晶体，体积膨胀可达到原来的3.1倍，破坏了土颗粒之间的胶结结构。因此，硫酸钠含量的减少使改性温度为40℃时的盐渍土土样受到冻融循环的破坏较弱。

6.4.6 讨论

①随着改性温度的升高，无机材料掺温度改性水玻璃固化盐渍土试样的强度下降；改性温度为60℃时盐渍土试样的强度最低为4.25 MPa，但仍然大于加热改性、PS材料改性水玻璃两种方法固化后盐渍土的最大强度；20℃时联合固化样的强度最高为5.43 MPa，是普通水玻璃固化样强度的9倍左右。

②冻融初期，冻融作用起到的类似冻实压密作用使试样的强度有所提高；冻融循环5次以后，土颗粒间的黏结桥在反复拉伸过程中开始出现损坏，试样的强度逐渐降低；在冻融10次以后颗粒间的黏结桥基本被完全破坏，硅酸盐凝胶三维网状结构也基本完全被破坏，试样强度下降幅度减小；经过冻融循环试验后的试样强度的衰减在改性温度为40℃时最小。

③扫描电镜图像显示，固化后的土样中土颗粒被硅酸凝胶附着，颗粒边棱变模糊，还有未完全溶解的粉煤灰球体结构。改性温度为20℃时，直径小于10 μm的颗粒出现一种团聚效应，改性温度提升时，转变为玻璃相结构，土样强度与前者相比较弱。改性温度提升时表观小孔隙率增大，土样在强度试验过程前期加压时由小孔隙转变为细

微的裂缝，微裂缝的发育与延伸削弱了土样的强度。

经过冻融循环之后的土样中原有的凝胶与土颗粒共同形成的团聚结构和玻璃相结构在冻融过程中土样体积收缩−膨胀下被反复拉扯直至遭到破坏，原来被凝胶包裹的土颗粒暴露出来，孔隙增多且连通性好，削弱了土样的整体性和强度。

④不同温度下无机材料掺温度改性水玻璃固化盐渍土不存在物质组成的不同，当改性温度提升时白云石衍射峰值增大，水合硅酸钙、水合硅酸镁凝胶减少。当改性温度为40 ℃时硫酸钠的衍射强度最弱，因此改性温度下的土样受到冻融循环的破坏最弱。

6.5 小结

改性水玻璃固化盐渍土之所以有效可以总结为化学硬化与物理硬化的联合作用。化学硬化表现为水玻璃加入土中后与CO_2反应形成硅酸，并在干燥脱水后硬化加强了改良土的早期强度；物理硬化表现为凝胶包裹土颗粒并填充其架空孔隙，提高了改良土的后期强度。

不同改性水玻璃固化盐渍土的机理分述如下：

（1）温度改性水玻璃固化盐渍土

固化后盐渍土土样的强度在改性温度提高时也逐渐上升，但是两者没有明显的线性关系。这是由于对水玻璃进行加热改性，加热提供的能量使硅酸的团聚反应形成的多硅酸团聚体解聚重新产生纳米粒子，使中环四硅酸和立方八硅酸含量回升，聚硅酸盐的相对分子质量再一次回到平均状态，消除了老化，提高了黏结强度。随着温度的升高，固化土的物理脱水速度变快，加快了凝胶产生的速度，生成的凝胶也增多；改性温度的升高也改变了吸附膜的性质，改善了凝胶与土颗粒间的相互作用关系，凝胶填充了盐渍土的孔隙，提高了土体强度。

（2）复合改性水玻璃固化盐渍土

固化后盐渍土土样的强度在PS材料掺入的体积分数上升时也变强。复合改性水玻璃的固化机理在于：①钾水玻璃和钠水玻璃在混合后彼此相互作用细化胶粒。②K^+的水合能力强过Na^+，钾水玻璃复合改性钠水玻璃在冬季也可以硬化完全，复合水玻璃的硬化强度比单独水玻璃的硬化强度高；K^+的半径更大使得包裹K^+的大环数量更多，促使形成的能量低而稳定性高的配位化合物增多。③由于K^+的截面积大于Na^+的截面积，K^+与CO_2碰撞的概率更大，K^+硬化的速度也更快，从而出现K^+先反应产生凝胶薄膜，而后Na^+再一次形成薄膜；虽然K^+形成的凝胶薄膜厚度不够会产生内聚断裂，但是Na^+形成的凝胶薄膜会覆盖裂痕二次强化凝胶胶结强度，从而提高土体的强度。

（3）无机材料掺温度改性水玻璃固化盐渍土

经此方法改性水玻璃固化后盐渍土的强度在改性温度上升时呈现下降趋势，研究证明这是一种当龄期为28 d时出现的特殊情况。本次研究选用的水玻璃模数为3.2，Na_2O/SiO_2相对比较低，因此水玻璃提供的碱性环境不能充分激发粉煤灰活性，形成的凝胶也比较少。虽然改性温度越高无机材料掺温度改性水玻璃固化盐渍土的强度越低，但是固化土最低强度为4.25 MPa，仍高于其他两种固化土的强度，这主要是由于生石灰、粉煤灰、水玻璃联合固化盐渍土时，相比水玻璃单独固化盐渍土有更复杂的化学作用，水玻璃、生石灰加入土中后形成的碱性环境激发了粉煤灰的活性。这一复杂的过程主要包括以下几个主要反应：硅酸钠与生石灰水解生成的$Ca(OH)_2$反应形成硅酸钙凝胶（C-S-H）；硅酸钠水解生成的NaOH提供碱性环境，粉煤灰表层稳定的硅氧键和铝氧键在此环境下断开，与$Ca(OH)_2$作用形成C-S-H和C-A-H；Na_2SiO_3与盐渍土中的易溶盐、矿物（主要是Ca^{2+}、Mg^{2+}）形成凝胶，而这类凝胶直接促使固化样强度的提升。

无机材料掺不同温度加热改性水玻璃加固后盐渍土的强度都在冻融循环次数增多时逐渐下降。冻融初期，冻密效应使盐渍土土样的强度出现一定范围内的提升；在循环次数增加到5次之后，土样的强度开始下降而且当冻融次数超过10次之后土样强度衰减率降低，土样抗冻融能力与未经固化的盐渍土土样的抗冻融能力相比有了较大的提高。强化机理在于两方面：一是固化剂的加入使土样芒硝的含量降低，使其受冻融作用的影响变小；二是硅酸类凝胶薄膜填充在孔隙之间，使得水分迁移变得困难。但是冻结过程中，土样内部水分向表面冻结锋面迁移，并冻结膨胀和弱化凝胶的胶结作用。在冻结过程中形成的冰晶融化使水分又从表面向内部迁移，再一次破坏骨架颗粒的胶结；多次冻融循环后，土样中纤维状、针状和玻璃质水合硅酸盐凝胶三维网状结构被破坏并导致其强度下降。

参考文献

[1]葛家良.化学灌浆技术的发展与展望[J].岩石力学与工程学报,2006,25(增2):3384-3392.

[2]程鉴基,韩学孔,冯兆刚.化学灌浆在地基基础工程中的应用综述[J].勘察科学技术,1999(3):31-35.

[3]杨米加,陈明雄,贺永年.注浆理论的研究现状及发展方向[J].岩石力学与工程学报,2001,20(6):839-841.

[4]蒋硕忠.我国化学灌浆技术发展与展望[J].长江科学院院报,2003,20(5):25-27,34.

[5]YONEKURA R,KAGA M.Current chemical grout engineering in Japan[J].Geotechnical special publication,1992,30(1):725-736.

[6]王红霞,王星,何廷树,等.灌浆材料的发展历程及研究进展[J].混凝土,2008(10):30-33.

[7]李占联,王振远,孙家谦,等.单液法水玻璃调堵剂的室内研究[J].石油钻采工艺,2008,30(4):100-102.

[8]侯彩英,周艳明,罗红,等.水玻璃的固化机理及其提高耐水性途径分析[J].陶瓷科学与艺术,2011,45(3):10-13.

[9]黄凤凤,周伟,刘彦忠,等.水玻璃固化黄土过程中电阻率参数的试验研究[J].广西大学学报(自然科学版),2015,40(1):213-219.

[10]B.E.索柯罗维奇.土体化学加固[M].裴章勤,冯克宽,译.兰州:甘肃科学技术出版社,1988.

[11]程福周,雷学文,孟庆山,等.水泥-水玻璃固化东湖淤泥的室内试验研究[J].人民长江,2013,44(24):45-48.

[12]简文彬,张登,黄春香.水泥-水玻璃固化软土的微观机理研究[J].岩土工程学报,2013,35(S2):632-637.

[13]和法国,谌文武,赵海英,等.PS材料加固遗址土试验研究[J].中南大学学报(自然科学版),2010,41(3):1132-1138.

[14]陈永,洪玉珍,吴印奎,等.水玻璃黏结剂的固化和粉化机理研究[J].科学技术与工程,2010,10(1):113-116

[15]吕擎峰,刘鹏飞,申贝,等.温度改性水玻璃固化黄土冻融特性试验研究[J].科学技术与工程,2014,23(31):95-99.

[16]吕擎峰,吴朱敏,王生新,等.温度改性水玻璃固化黄土机制研究[J].岩土力学,2013,34(5):1293-1298.

[17]吕擎峰,李晓媛,赵彦旭,等.改性黄土的冻融特性[J].中南大学学报(自然科学版),2014,45(3):819-825.

[18]吕擎峰,吴朱敏,王生新,等.复合改性水玻璃固化黄土机理研究[J].工程地质学报,2013,21(2):324-329.

[19]MAAITAH O N. Soil stabilization by chemical agent[J].Geotechnical and geological engineering.2012,30(6):1345-1356.

[20]ISAEV B N, ZELENSKII V Y, SHUVALOVA L P, et al. Stabilization of saturated loess soils by gas silication[J].Soil mechanics and foundation engineering,1979,16(2):65-69.

[21]ARSHAKUNI D E,GOLUBKOV V N. Results of twenty-year monitoring of silication stabilization of Odessa theater foundations[J]. Soil mechanics and foundation engineering, 1979,16(6):325-327.

[22]OLJ D C,CASSMAN K G,SCHMIDT-ROHR K,et al. Chemical stabilization of soil organic nitrogen by phenolic lignin residues in anaerobic agro ecosystems[J].Soil biology and biochemistry,2006(38):3303-3312.

[23]ISAEV B N,KUZIN B N. Experience with chemical stabilization of soils in the foundation bed of industrial and residential buildings in Volgodonsk[J].Soil mechanics and foundation engineering,1984,21(3):91-96.

[24]SOKOLOVICH V E,SEMKIN V V. Chemical stabilization of loess soils[J].Soil mechanics and foundation engineering,1984,21(4):149-154.

[25]SEMKIN V V,ERMOSHIN V M,OKISHEV N D. Chemical stabilization of loess soils in Uzbekistan to prevent building deformations[J].Soil mechanics and foundation engineering,1986,23(5):196-199.

[26]SOKOLOVICH V E. Chemical soil stabilization and the environment[J].Soil mechanics and foundation engineering,1988,24(6):233-236.

[27]GRACHEV Y A. Prospects for development of chemical soil stabilization in the USSR[J]. Soil mechanics and foundation engineering,1988,24(6):228-232.

[28]EVSTATIEV D. Loess improvement methods[J].Engineering geology,1988,25(2/4):341-366.

[29]SHEININ V I,ULYAKHIN O V,GRACHEV Y A. Probabilistic estimate of the design strength of chemically stabilized loess clayey soil[J]. Soil mechanics and foundation engineering,1989,26(2):49-53.

[30]KAGA M,YONEKURA R. Estimation of strength of silicate-grouted sand[J]. Soils and foundations,1991,31(3):43-59.

[31]MALONE J M,JOHN T S,BARLAZ M A,et al. Methods to evaluate the environmental impact of sodium silicate chemical grouts[J]. Geotechnical special publication,1995,46(1):434-448.

[32]杨湘杰,李东南,危仁杰.水玻璃磁化改性对水玻璃砂性能的影响[J].铸造,1997,14(5):20-23.

[33]魏金宇,张希俊,谈剑,等.脉冲电流对水玻璃改性的影响[J].铸造,2015,64(1):50-54.

[34]王继娜,樊自田,张黎,等.典型方法和材料对水玻璃的改性效果与机制[J].铸造

技术,2006,27(12):1303-1306.

[35]杨成.超细粉末改性水玻璃对型砂性能的影响[J].热加工工艺,2014(19):82-84.

[36]王兴琳,左宏文,吴志贵.改性水玻璃粘结剂的研究[J].东北工学院学报,1984(3):97-144.

[37]屈银虎.复合改性水玻璃的研究[J].西安工程大学学报,2002,16(4):330-332.

[38]朱纯熙,卢晨,邹忠桂,等.水玻璃的化学改性[J].铸造,1991(3):23-27.

[39]周永祥,阎培渝,冷发光,等.水泥基固化盐渍土的温度变形特性研究[J].建筑材料学报,2010,13(3):341-346.

[40]周永祥,阎培渝.固化盐渍土的自生体积稳定性[J].清华大学学报(自然科学版),2007,47(12):2089-2094.

[41]DOBROVOL'SKII G V, STASYUK N V. Fundamental work on saline soils of Russia [J]. Eurasian soil science,2008,41(1):100-101.

[42]MOAYED R Z, IZADI E, HEIDARI S. Stabilization of saline silty sand using lime and micro silica[J]. Journal of Central South University, 2012,19(10):3006-3011.

[43]罗鸣,陈超,杨晓娟.改良盐渍土路基耐久性试验研究[J].公路与汽运,2010(3):88-90.

[44]罗鹏程,宋奇,刘旭.无机结合料改良盐渍土路基填料路用性能研究[J].公路交通科技(应用技术版),2011(8):135-137.

[45]申晓明,李战国,霍达.盐渍土固化剂的研究现状[J].路基工程,2010(5):1-4.

[46]AIBAN S A, AL-AHMADI H M, ASI I M, et al. Effect of geotextile and cement on the performance of sabkha subgrade[J]. Building & environment,2006,41(6):807-820.

[47]SAHIN U, ANGIN I, KIZILOGLU F M. Effect of freezing and thawing processes on some physical properties of saline-sodic soils mixed with sewage sludge or fly ash[J]. Soil & tillage research,2008,99(2):254-260.

[48]韩春鹏,何东坡,贾艳敏.冻融循环作用下石灰改良粘土无侧限抗压强度试验研究[J].中外公路,2013,33(4):273-277.

[49]谈云志,吴翩,付伟,等.改良粉土强度的冻融循环效应与微观机制[J].岩土力学,2013,34(10):2827-2834.

[50]MUSHARRAF M Z,PRANSAHOO S,ROY K,et al. Evaluation of durability of stabilized clay specimens using different laboratory procedures[J]. Journal of testing and evaluation,2012,40(3):363-375.

[51]ZAIMOGLU A S.Freezing-thawing behavior of fine-grained soils reinforced with

polypropylene fibers[J].Cold regions science and technology,2010,60(1):63-65.

[52]周永祥,阎培渝.固化盐渍土抗冻融性能的研究[J].岩土工程学报,2007,29(1):14-19.

[53]周琦,邓安,韩文峰,等.固化滨海盐渍土耐久性试验研究[J].岩土力学,2007,28(6):1129-1132.

[54]宋俊涛.盐渍土路基填料改良利用研究[D].西安:长安大学,2009.

[55]樊自田,董选普,陆浔.水玻璃砂工艺原理及应用技术[M].北京:机械工业出版社,2004.

[56]朱纯熙,卢晨.水玻璃硬化的认识过程[J].无机盐工业,2001,33(1):22-25.

[57]许进.CO_2硬化工艺用改性水玻璃的合成研究[J].铸造技术,2008,29(8):1024-1027.

[58]王惠祖,陈水林,朱伟员.纳米技术解水玻璃老化百年之谜[J].化工新型材料,2003,31(3):37-39.

[59]程宽中,孙实准,孙万柏.水玻璃贮放时间对水玻璃性能影响的研究[C]//中国机械工程学会.全国铸造工艺及造型材料第四届学术会议.洛阳:[出版者不详],1989:16.

[60]朱纯熙,陈荣三,朱建飞.水玻璃的老化和物理改性[J].化学通报,1991(11):32-35.

[61]SRINAGESH K.Chemistry of sodium silieate as a sand binder[J].AFS international cast metals joumal,1979(3):50-63.

[62]周静一.国内外水玻璃无机粘结剂在铸造生产中的应用及最新发展[J].铸造,2012(3):237-245.

[63]邢爱国,李世争,陈龙珠.高速公路水泥固化盐渍土的试验研究[J].公路,2007(7):76-80.

[64]PALOMO A,GRUTZECK M W,BLANCO M T. Alkali-activated fly ashes a cement for the future[J]. Cement and concrete research,1999(29):1323-1329.

[65]吴辉琴,张春,李青,等.水玻璃激发粉煤灰、矿粉活性的试验研究[J].粉煤灰综合利用,2015(2):23-25.

[66]侯云芬,王栋民,李俏,等.水玻璃性能对粉煤灰基矿物聚合物的影响[J].硅酸盐学报,2008,36(1):11-14.

[67]KAZEMIAN A,VAYGHAN A G,RAJABIPOUR F. Quantitative assessment of parameters that affect strength development in alkali activated fly ash binders[J].Construction and building materials,2015(5):869-876.

[68]王凯.粉煤灰基水玻璃耐酸混凝土研制及性能探究[D].苏州:苏州科技学院,2015.

[69]陈志新,杨立荣,宋洋,等.水玻璃激发矿渣-粉煤灰胶凝材料水化机理研究[J].材料研究与应用,2016(12):5-8.

[70]张耀君,赵永林,李海宏,等.水玻璃激发矿渣制备纳米地质聚合物研究[J].全非金属矿,2009,32(1):39-44.

[71]侯云芬,王栋民,李俏.激发剂对粉煤灰基地聚合物抗压强度的影响[J].建筑材料学报,2007,10(2):214-218.

[72]朱玉龙,蔡震升,胡汉起.硅砂表面高温改性提高水玻璃砂强度的机理[J].北京科技大学学报,1998,20(2):174-177.

[73]孟翠竹,孙清洲,张普庆.石英砂高温改性对酯硬化水玻璃砂性能的影响[J].铸造技术,2007,28(7):904-906.

[74]李华基,谢卫东.水玻璃砂微波加热工艺及工程应用方案研究[J].重庆大学学报(自然科学版),1999,22(6):24-28.

[75]李华基,谢卫东.水玻璃砂微波加热过程温度场测试与分析[J].重庆大学学报(自然科学版),2000,23(1):17-19.

[76]曲萍萍,张子麟.新型水玻璃堵水剂研究与应用[J].石油地质与工程,2009,23(6):114-115.

[77]王业飞,曲萍萍,刘巍,等.耐温耐盐无机调剖剂的室内研究[J].大庆石油地质与开发,2007,26(5):117-120.

[78]任熵,由庆,王业飞,等.适合高温高盐油藏的无机调驱剂室内研究[J].河南石油,2006,20(3):63-65.

[79]刘军,樊自田,王继娜.水玻璃改性对水玻璃砂再生循环使用性能的影响[J].铸造,2006,55(12):1287-1290.

[80]汪华方,樊自田,董选普,等.超细粉末材料改性水玻璃粘结剂[J].华中科技大学学报(自然科学版),2006,34(4):93-95.

[81]屈银虎,周延波.单宁对水玻璃性能的影响[J].铸造技术,1999(5):14-16.

[82]俞正江,郑慧.有机酯水玻璃砂在特大型铸钢件上的应用[J].铸造,2007,56(11):1215-1217.

[83]朱筠,於有根,周联山.聚氧化乙烯改性水玻璃粘结剂的研究[J].铸造,2006,55(8):839-841.

[84]陈鹏波,余申卫.水玻璃复合改性剂的研究[J].热加工工艺,1997(6):35-37.

[85]ROMERO E,SIMMS P H. Microstructure investigation in unsaturated soils:a review

with special attention to contribution of mercury intrusion porosimetry and environmental scanning electron microscopy[J]. Geotechnical and geological engineering,2008,26(6):705-727.

[86]康永,侯晓辉,柴秀娟.水玻璃复合材料应用研究的进展[J].中国粉体工业,2010(6):36-39.

[87]邢铁海,李凤藻,高建华.复合硅酸钾钠水玻璃砂特性的研究[J].中北大学学报(自然科学版),1987(4):130-139.

[88]杨伟杰,马希重,赵燕梅,等.复合磷酸盐改性水玻璃砂的研究[J].热加工工艺,1991(4):44-47.

[89]巫茂寅,王起才,张戎令,等.复合水泥基-水玻璃双液注浆材料胶凝性能及抗压强度试验研究[J].硅酸盐通报,2016,35(9):2741-2746.

[90]李凤藻,邢铁海.硅酸钠-钾-铝三元复合水玻璃砂的试验研究[J].热加工工艺,1989(5):30-33.

[91]田和保.硅溶胶硅酸钾(钠)混合物体系稳定性及微量热热动力学[D].武汉:武汉理工大学,2010.

[92]VARGAS A S D,MOLIN D C C D,VILELA A C F,et al. The effects of Na$_2$O/SiO$_2$ molar ratio,curing temperature and age on compressive strength,morphology and microstructure of alkali-activated fly ash-based geopolymers[J]. Cement & concrete composite,2011,33(6):653-660.

[93]唐朝生,施斌,王宝军.基于SEM土体微观结构研究中的影响因素分析[J].岩土工程学报,2008,30(4):560-565.

[94]孟丽峰,郑娟荣.粉煤灰基矿物聚合物的强度影响因素研究[J].硅酸盐通报,2010,29(3):542-546.

第7章　固化硫酸盐渍土水盐迁移特征

土体的水盐运移理论起始于Darcy定律，其后Buckingham在土壤水的研究中引入了能量的观点。1931年Richards[1]建立偏微分方程对非饱和土体内水的运移进行描述，并建立水流在多孔介质中迁移的基本方程，逐渐开始了对水分运动的定量研究。Bresler[2]发现溶质在迁移时，对流和扩散可以从相反或相同的方向同时出现。土体中水盐迁移是个复杂的过程，目前人们仍在研究其模式和机理。从已有成果看，盐渍土的水分迁移动力可以归纳为四类[3]。①毛细管迁移：毛细管作用下，水沿土体中的孔隙向低温端运动。②薄膜水迁移理论：土的温度场和水分场在降温时的耦合作用引起水分的迁移，导致土体骨架-水-晶体分布不均匀。③结晶力理论：盐渍土在降温过程中，低温端硫酸钠由于溶解度降低从而过饱和析出，而无水硫酸钠在该过程中需要结合10个结晶水分子，导致晶体析出多的一端含水量降低，产生水力梯度促使水分发生迁移。④吸附-薄膜理论：盐渍土中的水分子和离子从比较活跃和水化膜较厚处向水分子比较稳定和水化膜较薄处移动。

20世纪30年代，能量的观点在土壤水分运移方面得到了应用。土的势能概念被引进以后，土水势梯度在数量和方向上给出了水分迁移的原动力。土水势梯度是引起土中水迁移的原动力，未冻水迁移是水分迁移的主要方式，而温度是导致土中水相变、制约未冻水含量以及相应制约土水势的主要因素。因此，温度、未冻水含量和土水势是影响水分迁移的三大基本因素。目前的研究认为，盐渍土中离子的迁移主要有三种方式[4]。①渗流迁移：土中水在渗流过程中，盐分随水分的渗流发生迁移。②扩散迁移：在重力或温度梯度作用下盐分发生迁移。③渗流-扩散混合迁移：温度下降时盐分发生渗流与扩散混合迁移。C.Q.阿夫良诺夫等研究了灌溉对土壤盐渍化的影响，H.H.未果金等则关注了对水作用下土中盐的溶解、渗透过程中扩散和吸附等参数的确定[5]。苏联B.M.鲍罗夫斯基等[6-8]对盐渍土水盐迁移定量分析进行了创新和改进。Kang等[9]通过研究冻结土体，发现水盐迁移现象在土体冻结后仍存在。Anderson等[10]建立了给定冻土中未冻水含量与土体温度及比表面积关系式。Banin等[11]给出了不同盐溶液冻结温度的计算公式。

陈肖柏等[12, 13]针对盐渍土的盐胀问题展开研究，将对盐胀敏感的硫酸钠作为研究对象，发现在降温过程中，易溶盐在垂直方向上迁移，导致冷端的含盐量增高。冷端土壤溶液的浓度因盐分结晶析出而降低，使得暖端至冷端的土壤溶液浓度存在梯度变化；冷端内粒子跳跃速度较慢，根据Einstein-Brown运动公式，冷端走向暖端的离子数目低于反向移动的离子数目，因此冷端含盐量增大。在自然状态下，强烈的蒸发作用（如重盐渍化的西北）使土壤水势显著降低，形成抽吸力梯度，使下部水分向表层迁移，溶于水中的盐分也随着发生迁移，蒸发作用后盐分积聚在表层。在降温和蒸发过程中，土壤水溶液中的盐分析出、结晶，从暖区向冷区迁移或自湿区向干区迁移和聚集并结晶是盐胀的主要原因。徐学祖等[14-16]通过研究盐渍土在冻结过程中的水盐迁移和盐胀规律，总结了水盐迁移的影响因素，同时还发现最大盐胀对应的温度区间及含盐量；结果表明，水分和盐分在土体自上而下冻结过程中产生自下而上的迁移，含盐量的增加量受冷却速度、地下水位、初始溶液浓度和土的初始干密度控制[17]。高江平等[18]通过室内冻结条件下盐渍土的水盐迁移试验，得出盐渍土中的水分和盐分均向冷端迁移，但水分和盐分的重分布在局部具有一定的随机波动现象。土体的盐胀率受到土体的初始含水量、初始含盐量和初始干密度及外荷载的综合影响。马壮等[19]研究了不同含水率、含盐量和干密度的硫酸盐渍土冻胀发育规律；邴慧等[20]试验研究了不同含盐量和含水率，以及不同类别盐渍土的冻结温度。牛玺荣、杨含[21, 22]推导出了水分迁移条件下水、热、盐的二维运移方程，并与室外试验结合，认为渗流场会对温度场产生较大影响。温度场不同时，导致盐渍土土体膨胀的原因也不同，一般当温度高于15 ℃时，主要由温度降低导致硫酸钠溶解度降低析出芒硝，此阶段的体积变化表现为盐胀和自由水体积的减少；当温度介于−3～15 ℃时，盐渍土土体膨胀主要是盐胀和冻胀两方面导致的。张彧等[23]对察尔汗盐湖区的高氯盐含量盐渍土进行观测研究发现，热效应是造成土体中水盐迁移的主导因素。万旭升和赖远明[24]研究了硫酸钠盐渍土和盐溶液的冻结温度及盐晶的析出规律。张虎元等[25]设计了专门的毛细水输盐模拟试验装置，在精确控制温度、湿度和供水水头的情况下，监测不同孔隙溶液在含盐及脱盐澄板土地仗中的毛细迁移特征，试验得出各溶液毛细迁移速度由大到小顺序为KCl与Na_2SO_4混合溶液、KCl溶液、Na_2SO_4溶液、H_2O，随着土样高度的升高毛细上升速度逐渐减缓，且溶液在脱盐澄板土中的毛细上升速度快于天然澄板土。吴道勇等[26]发现盐分和水分共同作用使得盐渍化冻土发生变形，含盐量较低时冻胀和融沉是土体变形的主要因素；当含盐量较高时盐胀和溶陷占主导作用。吴明洲等[27]在研究沿海滩涂淤泥质黏土水盐迁移试验中得出，在静置状态下，相同迁移时间内，水体体积越大，盐分迁移速度越快，盐分迁移率越高；在一维水动力弥散条件下，水力坡度越大，水动力弥散作用越显著，盐分迁移的速度越快，盐分迁移率越高。

7.1 试验方案

7.1.1 试验材料

（1）试验用土

试验用土取自甘肃酒泉玉门市饮马农场附近，为山前冲洪积扇缘位置，地下水水位自盆地边缘至盆地中心由深变浅。根据文献资料，天然状态下盐渍土的盐分含量、颗粒粒径和含盐类型随深度存在差异，因此取样时选择多个取样点，刮去表层植被和浮土，每个取样点的取样深度接近。

（2）改性剂的参数

1）粉煤灰

试验采用的粉煤灰取材自兰州西固热电有限公司，主要成分为 SiO_2、CaO、MgO、Al_2O_3、Fe_2O_3 及烧失量等。我国热电厂粉煤灰各化学成分组成范围参考表2-4。

2）石灰

此次试验采用生石灰，CaO 为其主要的化学成分，通常由含碳酸钙的岩石等高温煅烧而成，吸水性较强，与水接触时放热并生成 $Ca(OH)_2$。

3）水玻璃

$M_2O \cdot mSiO_2 \cdot nH_2O$ 为水玻璃的经验式，M 为 Na^+、K^+、R_4N^+、Li^+ 和 Rb^+，M_2O、SiO_2、H_2O 三个组成物质的量的相互比例，用 m 和 n 表示。水玻璃的模数是指 Na_2O 和 SiO_2 的摩尔比，通过加入分析纯固体 NaOH 和 KOH 调整其模数。加入 NaOH 的水玻璃成为钠水玻璃，加入 KOH 的水玻璃成为钾水玻璃。本次试验采用模数为 3.2 的钠水玻璃。

7.1.2 盐渍土的基本工程性质试验

研究盐渍土的基本工程性质，对后续的水盐迁移模拟试验具有十分重要的意义，盐渍土的基本物理力学性质包括天然含水率、界限含水率、颗粒粒度分析、最优含水率和最大干密度等。所有试验操作均参照《土工试验方法标准》（GB/T 50123—2019）[28]施行。

（1）天然含水率试验

盐渍土的天然含水率计算结果和之后的水盐迁移试验中含水率计算结果应当按照

第3章中的（3-1）式得出，结果精确至0.01%。

通过3组平行土样得到盐渍土的天然含水率，统计结果如表7-1所示。

表7-1　盐渍土天然含水率统计表

铝盒质量/g	铝盒加盐渍土质量/g	铝盒加干土质量/g	含水率/%
8.03	20.56	19.50	5.53
7.89	20.46	19.77	5.81
8.29	20.12	19.89	5.61

试验所得的盐渍土天然含水率值，误差均在0.3%以内，将上述实测值取平均值得到盐渍土的天然含水率为5.66%。

（2）颗粒分析试验

颗粒分析试验，简称颗分试验。用颗分试验的方法求出小于某种粒径的颗粒占总土质量的百分数，并绘制相应的分布曲线，主要目的是了解土中各粒组的组成情况。本次颗分试验是在兰州大学西部环境教育部重点实验室用激光粒度仪完成的。其原理为：①由激光器产生并经过空间滤波器和扩束镜后的平行单色光束照射颗粒样品，然后发生散射现象，根据颗粒直径与折射角成反比的关系，得出颗粒直径；②通过多环光电探测器的焦平面上经傅立叶透镜后成像的散射光，推算粒度分布；③颗粒的体积浓度由中央探测器测定，散射光的能量由外围探测器接收并转换成电信号；④依据能量与体积的关系就可以通过散射光的能量分布推导出颗粒的粒度分布特征[29]。结合筛析法试验和激光粒度试验，得出不同粒径范围的质量分数如表7-2所示，颗分曲线如图7-1所示。

表7-2　天然盐渍土各粒径粒组质量分数

颗粒粒径/mm	<0.001	0.001~0.005	0.005~0.010	0.010~0.075	0.075~0.250	0.250~0.500	0.500~1.000	1.000~2.000
质量分数/%	2.96	12.75	8.69	28.49	30.52	9.76	5.58	1.26

根据颗分曲线可得，限制粒径$d_{60}=0.110\,\text{mm}$，中间粒径$d_{30}=0.015\,\text{mm}$，有效粒径$d_{10}=0.0025\,\text{mm}$，则根据不均匀系数C_u和曲线的曲率系数C_c计算公式：

$$C_u = \frac{d_{60}}{d_{10}} \tag{7-1}$$

$$C_c = \frac{d_{30}^2}{d_{60}d_{10}} \tag{7-2}$$

得到$C_u = 44 > 10$，$C_c = 0.82 < 1$。据此可判定，实验用盐渍土在土木工程领域属

于级配不良的均粒土。

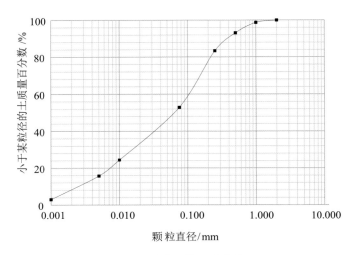

图7-1 盐渍土的颗分曲线

（3）界限含水率试验

工程实践中，各种稠度界限中意义最大的是液限w_L和塑限w_P。由于黏性土的可塑性在含水率介于液限和塑限之间才表现出来，可塑性的强弱可由这两个界限含水率的差值表征，如果两者之间的差值越大，则其可塑性就越强；反之，差值越小，可塑性越弱。该差值称为塑性指数I_P（通常略去单位%）。

试验采用数显式液塑限联合测定仪，该仪器包括带标尺的圆锥仪、电磁装置、显示屏、控制开关和土样杯。其中，圆锥质量为76 g，锥角为30°，土样杯内径为40 mm，高度为30 mm。试验采用风干土样，取0.5 mm筛子的代表性土样200 g，将土样放在橡皮泥上用纯水调成均匀膏状，盛入调土杯后放入密封的保湿缸中，静置24 h后进行试验。在液塑限测定仪上，锥尖下沉深度为12 mm时所对的含水率为17 mm液限，下沉深度为10 mm时所对的含水率为10 mm液限，下沉深度为2 mm时所对的含水率为塑限，我国一般不采用10 mm液限。试验结果如表7-3所示。

表7-3 液塑限联合测定试验结果

铝盒质量 /g	铝盒加湿土质量 /g	铝盒加干土质量 /g	下落深度 /mm	含水量 /%	液限w_L /%	塑限w_P /%
5.49	13.28	11.70	4.60	25.44		
6.25	14.22	12.37	10.40	30.23	34.58	24.19
5.74	17.72	14.70	16.40	33.71		

塑性指数I_P和液性指数I_L分别按下式计算：

$$I_\mathrm{P} = w_\mathrm{L} - w_\mathrm{P} \tag{7-3}$$

$$I_\mathrm{L} = \frac{w - w_\mathrm{P}}{I_\mathrm{P}} \tag{7-4}$$

计算得到 $I_\mathrm{P} = 10.39$，$I_\mathrm{L} = 1.87$。据此可以判定，试验用盐渍土为粉质黏土。

（4）击实试验

击实试验目的是绘制一定击实次数下或某种击实功下土样的含水率与干密度之间的关系曲线（称为击实曲线），通过击实曲线确定最优含水率和最大干密度。

试验采用轻型击实仪，轻型击实试验采用2.5 kg的锤，击锤落距305 mm，分3层击实，每层25击，所施加的单位体积击实功约为592.2 kJ/m³。

干法制备试样，首先要根据盐渍土的液塑限大小估算其最优含水率，然后再加水浸润土体，并依据含水率从小到大分别为15%、17%、19%、21%、23%制作试样。依照公式（7-5）计算各个含水率所需要加入的水量。按式（7-6）计算土样的干密度，试验成果见表7-4、图7-2。

$$m_\mathrm{w} = \frac{m_0}{1 + 0.01\omega_0} \times 0.01(\omega - \omega_0) \tag{7-5}$$

式中，m_w——所需的水量（g）；

ω_0——风干含水率（%）；

m_0——干土质量（g）；

ω——目标含水率（%）。

$$\rho_\mathrm{d} = \frac{\rho}{1 + 0.01\omega} \tag{7-6}$$

式中，ρ_d——土样的干密度（g/cm³）；

ω——某点土样的含水率（%）；

ρ——某点土样的湿密度（g/cm³）。

表7-4　击实试验结果统计表

土体质量/g	含水率/%	土体体积/cm³	密度/(g·cm⁻³)	最大干密度/(g·cm⁻³)
2100	15	947.8	1.71	1.49
2100	17	947.8	1.84	1.58
2100	19	947.8	1.96	1.59
2100	21	947.8	1.95	1.62
2100	23	947.8	1.93	1.56

根据表7-4绘制干密度与含水率的关系曲线（图7-2），并取曲线峰值点的纵坐标为击实土样的最大干密度，相应的横坐标为击实土样的最优含水率。

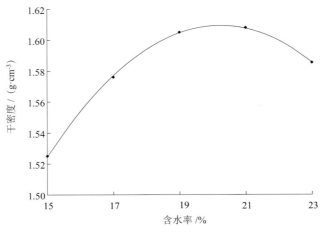

图 7-2　击实曲线

由图 7-2 可得，曲线最高点纵坐标对应盐渍土的最大干密度，最大干密度为 1.61 g/cm³，横坐标对应最优含水率，最优含水率为 20.2%。

7.1.3　盐渍土的易溶盐含量测试

盐渍土可以根据其含盐量进行分类。主要的 3 种盐渍土为硫酸盐类、盐酸盐类和碳酸盐类，对工程建筑产生的危害与其所含盐类型及含盐量有关，据此可将盐渍土划分为"弱""中""强""超" 4 个等级，如表 7-5 所列。

表 7-5　盐渍土按含盐量分类表

盐渍土名称	含盐量/%			
	弱盐渍土	中盐渍土	强盐渍土	超盐渍土
氯及亚氯盐渍土	0.3～1.0	1.0～5.0	5.0～8.0	>8.0
硫酸及亚硫酸盐渍土	—	0.3～2.0	2.0～5.0	>5.0
碱性盐渍土	—	0.3～1.0	1.0～2.0	>2.0

表 7-6　盐渍土按化学成分分类表

盐渍土名称	$\dfrac{c(Cl^-)}{2c(SO_4^{2-})}$	$\dfrac{2c(CO_3^{2-}) + c(HCO_3^-)}{c(Cl^-) + 2c(SO_4^{2-})}$
硫酸盐渍土	<0.3	—
亚硫酸盐渍土	0.3～1.0	—
亚氯盐渍土	1.0～2.0	—
氯盐渍土	>2.0	—
碱性盐渍土	—	>0.3

盐渍土可以根据其化学成分进行分类。主要依据其易溶盐中的阴离子在100 g土中所含毫摩尔数的比值进行分类，表7-6为我国一直沿用的苏联的分类法。

苏联自1972年起已经改用新表，如表7-7所列。

表7-7　盐渍土按化学成分分类表（新表）

盐渍土名称	$\dfrac{c(Cl^-)}{2c(SO_4^{2-})}$	$\dfrac{2c(CO_3^{2-}) + c(HCO_3^-)}{c(Cl^-) + 2c(SO_4^{2-})}$
硫酸盐渍土	<1.0	—
亚硫酸盐渍土	1.0～1.5	—
亚氯盐渍土	1.5～2.5	—
氯盐渍土	>2.5	—
碱性盐渍土	—	>0.33

土体易溶盐分析试验中，采用1∶5的土水比例制备待测液，并通过ICS-2500研究型离子色谱仪对不同离子进行含量分析，整个试验过程在兰州大学西部环境教育部重点实验室用离子色谱仪完成。以进行多组试验取平均值方法计算易溶盐含量，试验设备见图3-4，试验待测液如图7-3，试验结果见表7-8。

图7-3　盐渍土离子含量待测液

表7-8　土样中盐的化学成分分析结果

离子种类	SO_4^{2-}	Cl^-	NO_3^-	Na^+	K^+	Mg^{2+}	Ca^{2+}
含量/$(mg\cdot kg^{-1})$	36895.60	11149.90	1076.05	10444.50	803.45	884.25	8946.35

据此可得，其含盐量（碳酸盐未计算）为7.02%。依据我国标准，该盐渍土为亚硫酸盐渍土；依据苏联新表，该盐渍土为硫酸盐渍土，且为超盐渍土。

7.2 盐渍土水盐迁移模拟试验方案

盐渍土的基本物理力学性质试验完成后，配置盐渍土和固化盐渍土土样并制模。首先将野外获取的盐渍土碾碎、烘干并过 2 mm 筛，除去土体内的草根。土样采用静压法压制，参考路基工程实际，以最大干密度乘以 0.9 的系数作为土样的干密度，含水率仍控制为最优含水率。土样为尺寸统一的圆柱体，直径为 65 mm，高度为 100 mm。制样器械见图 3-5，制作完成的土样如图 7-4 所示。

配置压实盐渍土土样时，依据最优含水率在烘干的盐渍土中加入定量的蒸馏水，拌匀之后静置闷样 8 h 以上，使得压实盐渍土土样中水分均匀分布，按量填入模具内静力压实。配置固化盐渍土土样时，石灰、粉煤灰同样要过 2 mm 筛，根据前文中各改性剂的指标，石灰的掺和比（质量分数）为 7%，粉煤灰的掺和比为 14%，水玻璃浓度为 20 °Bé，为避免固化剂反应过快而导致固化反应不均匀，固体料混合均匀后加入定量的水玻璃后迅速搅拌均匀，尽可能揉搓团聚的土块使其均匀散开并静力压实制样，混合料的水仍然依据最优含水率配置，各土样的配比如表 7-9 所列。静力压实后利用脱模器脱出土样，并用密封塑料膜包裹，在保湿器内养护 28 d，促进水分均匀分布和反应的充分进行。共制备压实盐渍土和固化盐渍土土样各 46 组，共计 92 组。

图 7-4 土样

表 7-9 土样的材料配比及指标

	石灰质量/g	粉煤灰质量/g	水玻璃质量/g	土样总质量/g	含水率/%	体积/cm³	密度/(g·cm⁻³)
压实盐渍土	0	0	0	577.95	20.20	331.83	1.74
固化盐渍土	26.02	52.04	112.31	577.95	20.20	331.83	1.74

养护完成进行毛细水迁移试验，试验的主要目的是研究压实盐渍土和固化盐渍土的毛细水迁移特征和离子迁移规律，因此毛细水迁移溶液选用蒸馏水和复合盐溶液。为了能够判断玉门当地路基等工程发生盐胀等病害的主导盐类，复合盐溶液参考资料[30]，模拟玉门当地的地下水，采用 22.35 mg/L 的氯化钾、190.00 mg/L 的氯化镁、568.00 mg/L 的硫酸钠进行配置。由于土样的高度和毛细特性，毛细水迁移速度较快，因此设置 23 种时间梯度进行试验，时间梯度由短变长，且前期采用更加紧密的梯度，后期试验时长不断加大，时间分别为：5 min、15 min、30 min、45 min、1 h、1.5 h、

2 h、3 h、4 h、6 h、9 h、12 h、15 h、18 h、21 h、1 d、3 d、5 d、7 d、9 d、12 d、15 d、18 d。

　　将土样分别编号为A、B、C、D（A为放置在蒸馏水上的压实盐渍土，B为放置在蒸馏水上的固化盐渍土，C为放置在复合盐溶液上压实盐渍土，D为放置在复合盐溶液上的固化盐渍土），将土样上下底面的塑料薄膜切开（圆柱面上的塑料薄膜保持不变，用来约束土样侧面的蒸发和水盐运动），分别放置在对应的水槽中，土样与迁移溶液不直接接触，土样底部放置透水石，并加入相应的迁移溶液（水位不超过透水石顶面）进行毛细水上升试验，试验在开放系统下进行，应避免阳光直射，试验温度约为25 ℃，空气湿度约为50%，如图7-5所示。

图7-5　毛细水上升试验

　　试验进行到相应的时间后将土样取出，为避免水分和盐分继续运动而发生变化，土样取出后即从下至上等距离切割为5层，每层高度为2 cm，并将每层土样一分为二后用塑料薄膜密封保存，一部分用来测试土样在该高度下的含水率和电导率，另一部分用来测试土样相应高度的易溶盐含量。试验全部完成后整理试验结果，并进行分析和讨论。

　　含水率的测试仍然采用干燥箱烘干的方式计算质量差。土样进行易溶盐和电导率测试时，需先对土壤溶液进行提取。将土样烘干后碾碎，按照1：5的土水比例称取碎土与蒸馏水并溶解在容器中，用玻璃棒充分搅拌，采用电导率仪对溶液的电导率进行测定。易溶盐含量的测定同样是在兰州大学西部环境教育部重点实验室通过ICS-2500研究型离子色谱仪进行的，并对多种易溶盐离子成分进行了含量测定。

通过对土样不同高度的含水率、电导率和易溶盐含量进行测定与比对，来研究压实盐渍土水分和盐分的运动规律。如图7-6所示，高度单位为厘米，透水石和土样的交界面设为高度零点。为了便于观察和比较，本章所有的图表中，土样每层的测试指标均在该层的中间位置用高度来表示。

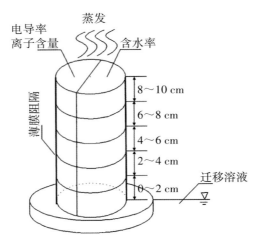

图7-6 水盐迁移试验后土样切片示意图

7.3 压实盐渍土及固化盐渍土的含水率分布

试验开始后，土样的含水率自下而上开始发生变化。压实盐渍土和固化盐渍土中含水率的变化反映出毛细水在土样内的上升情况，即当土样中某层的含水率发生明显变化时，说明毛细水已经上升到相应的高度。

图7-7（a）至（d）表示的是水盐迁移试验在1 h内土样的含水率随土样高度的分布关系。其中，图7-7（a）是试验时间为5 min时的含水率分布，土样被放置在透水石上后开始吸水，0～2 cm高度范围内的含水率发生明显的变化，压实土样在0～2 cm高度范围内的含水率提高了约30%，固化土样在该高度范围内的含水率在5 min内提高了约26%～32%，两种土样在2 cm以上高度范围的含水率尚未发生变化，说明5 min内毛细水的上升高度在2 cm以内。图7-7（b）反映了试验时间为15 min时的含水率分布，

此时放置在复合盐溶液之上的固化盐渍土在0~2 cm高度范围内的含水率继续提高至34%，在蒸馏水之上的固化盐渍土0~2 cm高度范围内的含水率提高至33%，两种迁移溶液上的固化土在2~4 cm高度范围的含水率均提高到25%左右，比初始含水量增加了20%，这说明在15 min内，水分已经上升到固化盐渍土2~4 cm的高度范围，且两种迁移溶液的上升速度接近；两种迁移溶液上的压实盐渍土在2~4 cm高度范围的含水率仅提高到约21%，较初始含水量提高了约5%，说明仅有少量的水分到达压实盐渍土的相应高度，在试验开始至15 min时，固化土的吸水能力比压实土更强。比较两个时间段内含水率的增量可知，5~15 min内毛细水的上升速度慢于0~5 min内的上升速度；同时，对比两种迁移溶液的上升速度可知，溶液的浓度对迁移速度的影响不显著。图7-7（c）反映了水盐迁移30 min时4种土样的含水率分布，可以看出，固化盐渍土0~2 cm高度范围的含水率与15 min时没有明显变化，2~4 cm高度范围的含水率提高到28%，4~6 cm高度范围的含水率提高到22%~23%，6~10 cm高度范围的含水率未发生明显变化，说明水分已经上升至固化土的4~6 cm高度范围，但迁移的水量继续变小；30 min时蒸馏水作迁移溶液的压实盐渍土0~2 cm高度范围的含水率为32%，2~4 cm高度范围的含水率为27%，4~10 cm高度范围的含水率仍为初始值，说明蒸馏水在土体内继续上升，但仍未到达4 cm；复合盐溶液条件下的压实土在0~2 cm高度范围内的含水率约为31%，2~4 cm高度范围内的含水率为24%，4~10 cm高度范围内的含水率仍为初始值，毛细水仍在0~4 cm高度范围内运动。图7-7（d）显示的是水盐迁移1 h时的含水率分布，4种土样0~4 cm高度范围的含水率没有明显的变化，蒸馏水作迁移溶液的固化土4~6 cm高度范围的含水率为24%，6~8 cm高度范围的含水率提高到22%，8 cm以上高度范围含水率未发生明显改变，说明毛细水上升至6 cm以上，但未达到8 cm；1 h时复合盐溶液上的固化土含水率的分布与蒸馏水上的固化土类似，毛细水尚未影响8 cm以上高度范围的土体；两种迁移溶液上的压实盐渍土在1 h时的含水率分布也互相接近，0~2 cm高度范围的含水率缓慢提高为33%~34%，2~4 cm高度范围的含水率为26%~27%，4~6 cm高度范围的含水率有微弱的差异，蒸馏水上的压实土在该高度范围的含水率提高到22%，盐溶液上的压实土在该高度范围的含水率为21%，增量均很小，这说明毛细水在1 h时刚刚上升到压实土4 cm的高度。图7-7（a）至（d）说明水盐迁移试验在1 h内，试验开始阶段4组土样的毛细水上升速度均最快，单位时间的吸水量也最大，固化土的初始吸水能力强于压实土；在0~15 min阶段固化土中毛细水上升速度快于压实土，吸水能力强于压实土，但随着时间的推移，两种土中毛细水的上升速度急剧下降，单位时间的吸水量也大大减少，迁移溶液的浓度（蒸馏水和复合盐溶液）对毛细水上升速度的影响不显著。

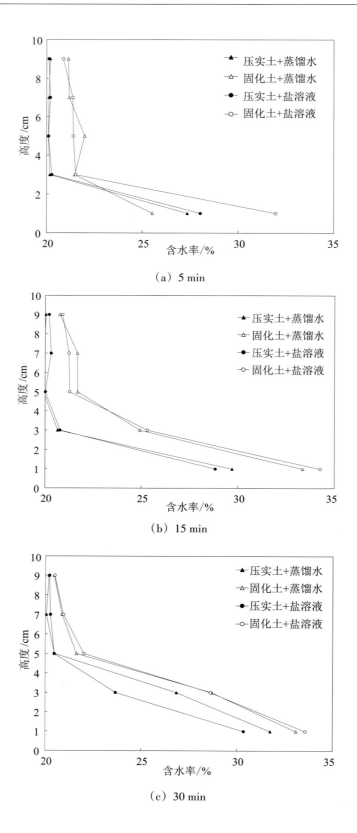

（a）5 min

（b）15 min

（c）30 min

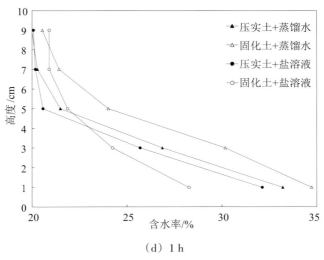

(d) 1 h

图 7-7　水盐迁移试验 1 h 内含水率随高度的分布

图 7-8 (a) 至 (d) 反映了水盐迁移试验时间分别为 2 h、6 h、9 h 和 12 h 4 个阶段土样含水率随土样高度的分布关系。

图 7-8 (a) 显示两种迁移溶液的压实土样在 8～10 cm 高度范围的含水率为 24%, 而固亿土样在 8～10 cm 高度范围的含水率仍然没有明显变化, 即毛细水在固化土样中 1～2 h 这 1 个小时段内仍未上升到 8 cm 的高度。在 1～2 h 这 1 个小时内在固化土样中水分迁移结果如下: 0～2 cm 高度范围的含水率为 34%～35%, 2～4 cm 高度范围的含水率为 31%～33%, 4～6 cm 高度范围的含水率为 27%～28%, 2～6 cm 高度范围的含水率较 1 h 时有了较明显的提高, 6～8 cm 高度范围的含水率约为 23%。在 1～2 h 这 1 个小时内在压实土样中水分迁移结果如下: 0～2 cm 高度范围的含水率为 34%～35%, 2～6 cm 高度范围含水率的变化规律与固化土类似, 2～4 cm 高度范围的含水率为 32% 左右, 4～6 cm 高度范围的含水率为 29% 左右。1～2 h 的阶段 4 种土样的水分在 0～8 cm 的高度范围内持续运动, 2～6 cm 高度范围的含水率在逐步提升, 曲线逐渐变得平直。

图 7-8 (b) 反映了试验时间为 6 h 时的含水率分布曲线变化情况, 此时距离图 7-8 (a) 所处的时间已经过去 4 h, 4 条曲线互相接近, 含水率和土样高度呈现出比较明显的线性关系, 土样 0～2 cm 高度范围的含水率仍然为 35% 左右, 随着高度上升, 含水率均匀地递减, 8～10 cm 高度范围的含水率约为 26%～28%, 这说明在 2～6 h 这 4 小时中, 毛细水运动至土样 8 cm 以上。同时, 压实土中毛细水的迁移速度快于固化土中毛细水的迁移速度, 压实土中毛细水的迁移量也多于固化土中毛细水的迁移量。

图 7-8 (c) 反映的是水盐迁移时间为 9 h 的含水率分布, 4 种土样 0～2 cm 高度范围的含水率没有明显的变化, 2～6 cm 高度范围的含水率随高度递减, 6～8 cm 高度范围的含水率均提高到 29% 左右, 8～10 cm 高度范围的含水率出现分异, 压实土在该高

度范围的含水率与6～8 cm高度范围的相同为29%，固化土在8～10 cm高度范围的含水率为25%～26%，在这个阶段，压实盐渍土的毛细水上升速度快于固化盐渍土的毛细水上升速度。

图7-8（d）反映了试验进行12 h的土样含水率分布，4种土样在0～8 cm的高度范围含水率分布与9 h时无明显变化且互相接近，含水率随着土样的高度均匀地递减，在8～10 cm高度范围，压实土的含水率为28%～31%，固化土的含水率为24%～26%，迁移溶液的浓度对含水率分布的影响并不显著。

图7-8（a）至（d）显示在2 h以后4种土样中毛细水均已达到8～10 cm高度范围，在这个阶段，观测的时间跨度逐渐变大，说明毛细水的迁移速度仍然不断变慢，压实土中的毛细水迁移速度大于固化土中的毛细水迁移速度，土样0～8 cm高度范围的含水率分布呈现由低到高线性递减的模式。

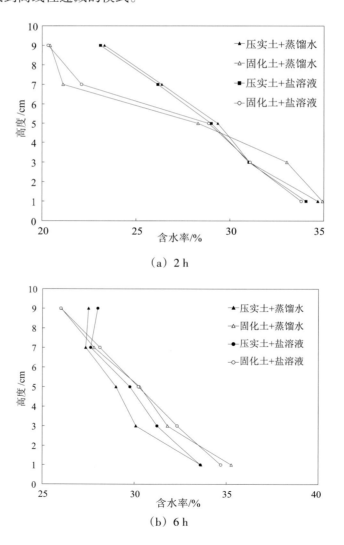

（a）2 h

（b）6 h

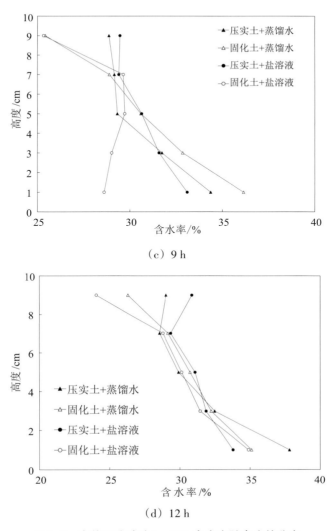

(c) 9 h

(d) 12 h

图7-8 水盐迁移试验2～12 h含水率随高度的分布

图7-9反映的是4组不同水盐迁移时间下的4种土样其8～10 cm高度范围含水率的变化图，根据8～10 cm位置上含水率的变化可以判断毛细水上升至该高度的时间。如图，以蒸馏水作为迁移溶液的压实盐渍土，其8～10 cm高度范围内的含水率首次发生突变是在1.5 h左右，含水率约提高到23%；以盐溶液作为迁移溶液的压实土，在水盐迁移试验为2 h时其8～10 cm高度范围的含水率首次发生突变，达到23%。在4 h以前，固化土在8～10 cm高度范围的含水率均未发生突变，说明在4 h内固化土中的毛细水上升平均速度小于压实土中的毛细水上升平均速度，在6 h时，2种迁移溶液条件下的固化盐渍土8～10 cm高度范围的含水率为25%，说明在4～6 h的时间段内，毛细水上升至固化土8 cm以上的高度。图7-7说明试验进行30 min以内时，固化土的毛细水上升速度较快，单位时间的吸水量也较压实土大，图7-9则反映30 min以后压实土的毛细

水迁移速度快于固化土的毛细水迁移速度。在4种土样的毛细水达到8～10 cm高度范围以后，该高度范围内的含水率随着时间推移逐渐提高，但由于图中时间梯度逐渐增大，实际上毛细水的迁移速度逐渐变缓，随着土体体积含水量的增加，土体相应位置的吸力水头值逐渐下降。同时，试验采用的盐渍土为粉质黏土，属于级配不良的均粒土，颗粒的分散性相对较大，表面能较高，土中的水被土粒束缚，会产生一定的毛细阻力。此外，对比同种土样在不同迁移溶液中的毛细水上升高度时，发现蒸馏水的上升速度快于复合盐溶液的上升速度，这说明盐渍土中原有的盐分对溶液的毛细上升有着一定的抑制作用，但这种抑制作用并不显著。

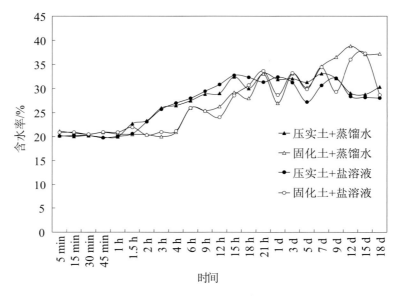

图7-9　不同时间下土样8～10 cm高度范围的含水率

图7-10（a）至（d）反映了水盐迁移时间在1 d以上的土样的含水率随土样高度的分布关系。在这个阶段，所有土样中毛细水已经抵达土样顶部，顶部的蒸发作用和底部迁移溶液的补给作用处于动态平衡的状态。图7-10（a）显示的是试验进行1 d时土样的含水率分布，固化土样0～2 cm高度范围内的含水率为36%左右，8～10 cm高度范围内的含水率为27%～28%，含水率随着高度增长相对均匀地递减；压实盐渍土0～2 cm高度范围内的含水率降低至33%左右，在蒸馏水条件下的含水率略高于盐溶液条件下的含水率，在0～6 cm高度范围内的含水率均匀地减小，4～6 cm高度范围的含水率为31%～33%，在6～10 cm高度范围内的含水率均匀地增高，8～10 cm高度范围内的含水率为33%，可以发现，压实盐渍土的含水率随高度的变化变化很小，整个土样的含水量分布均匀。图7-10（b）反映了水盐迁移时间为7 d的土样含水率分布，蒸馏水作迁移溶液的压实盐渍土土样，其0～2 cm高度范围的含水率大约提高为38%，2～4 cm高度范围内的含水率提高为34%，4～6 cm高度范围内的含水率为33%，6～

10 cm 高度范围的含水率约为 34%，含水率呈现出从下至上先减小后不变的模式，图 7-10（b）中压实土的平衡被打破；复合盐溶液作为迁移溶液的压实盐渍土土样，其含水率在 0～2 cm 高度的范围内为 36%，2～10 cm 高度范围内的含水率从 33% 递减为 31%；此时固化土的曲线线形则与图 7-10（a）中的压实土的类似，0～2 cm 高度范围的含水率为 31%～33%，2～10 cm 高度范围的含水率在 33%～35% 的小范围内波动，变化极小。在水盐迁移时间长达 12 d 时 ［图 7-10（c）］，压实土和固化土的含水率分布曲线呈现出新的特点，压实土 0～2 cm 高度范围的含水率达到 38%，含水率的分布随着二样高度增高而线性递减，8～10 cm 高度范围的含水率为 28%～29%；固化土 0～2 cm 高度范围的含水率为 33%～35%，4～6 cm 高度范围内的含水率提高至 37%～39%，6～10 cm 高度范围内的含水率基本维持在 37%～39%，蒸馏水作迁移溶液时的固化土样六同位置的含水率比盐溶液条件下的固化土样不同位置的含水率高约 2%。图 7-10（d）显示的是 18 d 时土样的含水率分布，蒸馏水条件下的压实土，其 0～2 cm 高度范围的含水率为 43%，含水率随着高度增高线性降低至 31%；蒸馏水作为迁移溶液时的固化土，其含水率在 0～6 cm 高度范围从 33% 增加至 39%，在 6～10 cm 高度范围含水率为 37%；复合盐溶液条件下的两种土样，其含水率由 38% 线性降低为 28%。图 7-10（a）至（d）反映的是土样中的水分穿透土样顶面时的含水率分布的不同形态，此时毛细水上升达到土样顶面的水分由于蒸发逃逸到空气中，因此毛细水的上升由于蒸发作用驱动而持续不断地自土样底端向顶端进行。同时，在这一阶段，由于水的上升穿透了土样顶端，顶端的水分又不断地蒸发，土体处在顶端蒸发底端补给的动态平衡中，所以仅根据含水率分布无法判断这一时间段毛细水的上升速度，但从图 7-10 可以比较出，同一时间段下的同种土样蒸馏水作迁移溶液较之复合盐溶液作为迁移溶液时其相应位置的含水率略高。

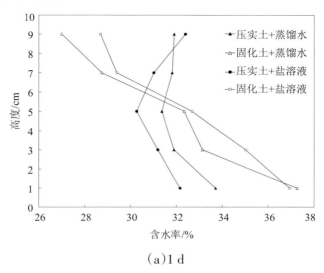

（a）1 d

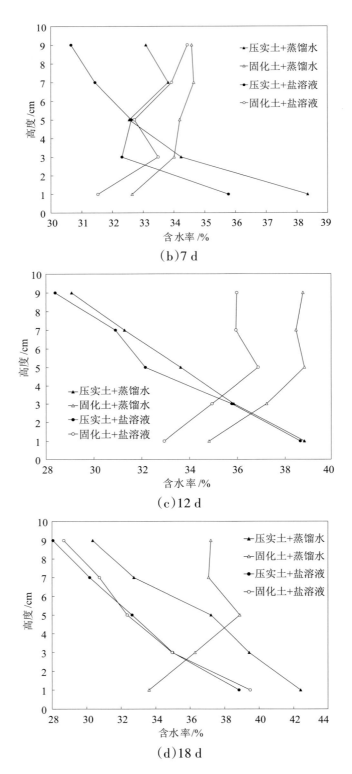

（b）7 d

（c）12 d

（d）18 d

图7–10　水盐迁移试验1～18 d含水率随高度的分布

　　图 7-11（a）至（d）反映了同种迁移溶液在相应土样中完成水盐迁移试验后的含水率随高度的分布关系。图的左侧显示水盐迁移时间较短时的曲线，土样进行水盐迁移的时间越长，土体内整体的含水率一般会增大，则相应的曲线会相应地向右侧（含水率的正方向）偏移。图 7-11（a）表示蒸馏水在压实盐渍土中迁移时的含水率分布曲线，可以看出，土样 0～2 cm 高度范围内的含水率最先发生突变（增长），随着试验时间变长，该处的含水率也逐渐增大，但由于试验时间梯度变大，可以推知含水率的增幅急剧减小；水分在 2 h 时已经运移至 8～10 cm 高度范围；同时，曲线从一开始的"弯折"形逐渐变得"平直"，说明毛细水运动至土样顶端时，含水率随土样高度的分布变得更加连续和均匀。图 7-11（b）反映的是蒸馏水在固化盐渍土中迁移时的土样含水率分布，土样 0～2 cm 高度范围的含水率在 9 h 以前持续增长至约 37% 且增速变缓，在 21 h 下降为 30%，而后继续增长且增速极其缓慢；21 h～12 d 的含水率分布曲线与 5 min～9 h 的含水率分布曲线的变化趋势不同，即在 21 h～12 d 时间段，土样的含水率分布由低到高呈现出递增趋势。图 7-11（c）展示的盐溶液在压实盐渍土中迁移时的规律与图 7-11（a）展示的类似，但图 7-11（c）所示 9 h～12 d 的含水率分布曲线与横轴的夹角更大，意味着土样不同高度的含水率差别较小，水的分布更加均匀。图 7-11（d）反映的是盐溶液在固化盐渍土中迁移时的含水率分布变化，其规律与图 7-11（b）的相类似，即土样 0～2 cm 高度范围的含水率先增大至 34%，后又下降至 28%，而后再次缓慢提高；代表 2 h 和 9 h 时含水率分布规律的曲线明确地表征了这 7 h 间水分自 6～8 cm 向 8～10 cm 迁移时，毛细水迁移速度之缓慢。

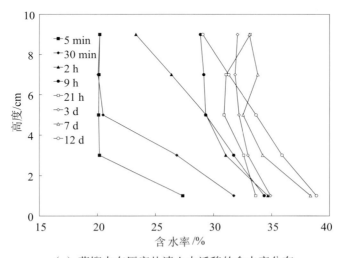

（a）蒸馏水在压实盐渍土中迁移的含水率分布

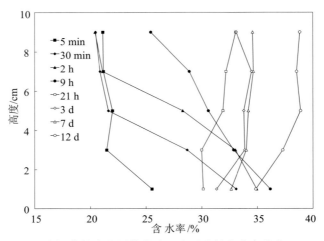

（b）蒸馏水在固化盐渍土中迁移的含水率分布

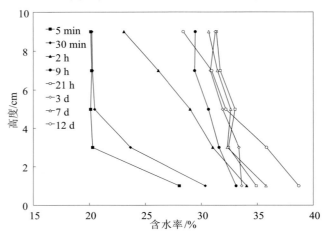

（c）盐溶液在压实盐渍土中迁移的含水率分布

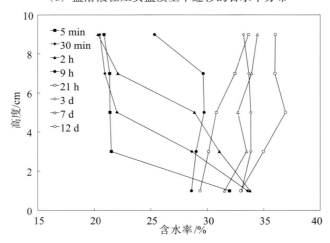

（d）盐溶液在固化盐渍土中迁移的含水率分布

图7-11　同种迁移溶液在同种土样中含水率分布对比图

7.4　离子浓度随时间变化

7.4.1　氯离子的浓度分布

图7-12（a）至（h）反映了水盐迁移试验在1 d内Cl⁻的分布变化。固化盐渍土初始的Cl⁻含量小于压实盐渍土，这是因为两种土样的总质量相同，但固化盐渍土中粉煤灰、石灰和水玻璃占去一定的比例，故固化土中Cl⁻的初始含量略低。图7-12（a）反映的是试验5 min时土样的Cl⁻含量分布，此时土样刚刚和迁移溶液接触，土样在0～2 cm高度范围内迅速地吸水，但毛细湿润锋尚未到达2 cm以上，蒸馏水作为迁移溶液的压实土和固化土的Cl⁻浓度未发生明显变化，蒸馏水在土体内上升时势必会引起盐分的重分布，但毛细水尚未运动至2 cm处，故0～2 cm高度范围的Cl⁻含量未改变；模拟玉门地下水复合盐溶液自身含有的Cl⁻，溶液在土体内上升时0～2 cm高度范围的Cl⁻含量明显增长，该范围内压实土的Cl⁻含量增加了约900 mg/L，固化土的Cl⁻含量增加了约250 mg/L，压实土中Cl⁻的增量明显大于固化土中Cl⁻的增量。水盐迁移进行15 min时的Cl⁻分布如图7-12（b）所示，蒸馏水作迁移溶液的压实土内，0～4 cm高度范围的Cl⁻含量下降，同条件下的固化土样Cl⁻含量也出现下降的现象，4 cm以上范围Cl⁻含量未发生变化，对照前述含水率的变化，此时毛细水少量地上升至2～4 cm处，蒸馏水中不含任何离子，离子浓度为0，蒸馏水在土体中向上运动时，一方面会溶解途经位置的Cl⁻并向上运动，另一方面土体溶液的浓度高，可能与蒸馏水形成浓度梯度，部分Cl⁻向蒸馏水中运动；盐溶液作为迁移溶液的压实土和固化土，0～2 cm高度范围的Cl⁻含量降低，2～4 cm高度范围的Cl⁻含量升高。图7-12（c）反映了试验时间30 min时的情况，蒸馏水和盐溶液条件下的压实盐渍土0～2 cm高度范围的Cl⁻含量分别下降为1500 mg/L和2100 mg/L，2～4 cm高度范围的Cl⁻含量分别显著地提高为4000 mg/L和3500 mg/L，4～6 cm高度范围的Cl⁻含量则均提高到约2900 mg/L，6～10 cm高度范围的Cl⁻含量尚未受到影响；蒸馏水和盐溶液条件下的固化土0～2 cm高度范围的Cl⁻含量分别降低为1000 mg/L和1200 mg/L，2～4 cm高度范围的Cl⁻含量分别提高到1800 mg/L和2050 mg/L，4～6 cm高度范围的Cl⁻含量均为1600 mg/L左右，对比该时段的含水率，发现压实土2～6 cm高度范围的含水率小于固化土该高度范围的含水率，但该高度范围压实土Cl⁻含量的增量明显高于固化土该高度范围Cl⁻含量的增量，说明Cl⁻在压实土中的迁移速率大于固化土中的迁移速率。图7-12（d）是试验1 h时的情

况，两种土样0～2 cm高度范围的Cl⁻含量持续减小，2～6 cm高度范围的Cl⁻的增量差距持续扩大。图7-12（e）反映了试验2 h时的情况，压实土8～10 cm高度范围的Cl⁻含量变化显著，提高到3000 mg/L以上，固化土6 cm以上的土体尚未受到影响，这是因为毛细水尚未到达固化土的相应位置。水盐迁移进行6 h时土样Cl⁻含量分布如图7-12（f）所示，4种土样0～2 cm高度范围的Cl⁻已经被稀释至600 mg/L以下，固化土中Cl⁻的含量高于压实土中Cl⁻的含量；压实土0～6 cm高度范围内的Cl⁻含量随高度递增，6～10 cm高度范围的Cl⁻含量约为4000 mg/L；固化土0～8 cm高度范围的Cl⁻含量也随着高度线性递增，8～10 cm高度范围的Cl⁻含量约提高到2000 mg/L，在2～6 h的4个小时内提高了33%。图7-12（g）至（h）反映了试验18 h和24 h时的情况，压实土和固化土0～2 cm高度范围的Cl⁻分别约为100 mg/L和400 mg/L，8～10 cm高度范围的Cl⁻含量分别为2500～3000 mg/L和4500～5000 mg/L，该阶段显示出Cl⁻已经在2种土体的表层发生积聚，但固化土的Cl⁻含量与高度的关系曲线相较于压实土的有明显的滞后性，说明固化剂对Cl⁻的迁移有明显的阻碍作用；土样不同位置Cl⁻含量首次发生突变的时间与含水率的分布规律吻合，说明Cl⁻的迁移与毛细水的运动具有较高的一致性。随着试验时间的加长，土样底端的Cl⁻浓度逐渐向迁移溶液的浓度靠近，同时可以从图7-12（a）至（h）中观察发现，在30 min以后迁移溶液的浓度对Cl⁻含量变化的影响并不显著，土的性质是影响Cl⁻分布的关键因素。

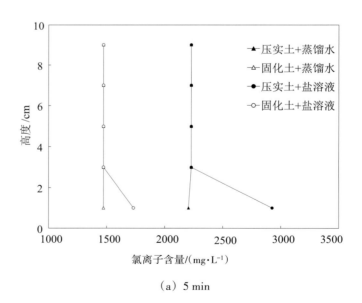

（a）5 min

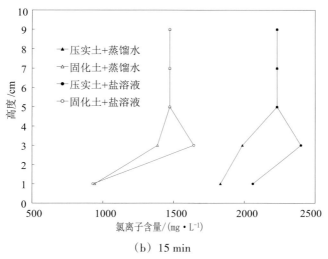

（b）15 min

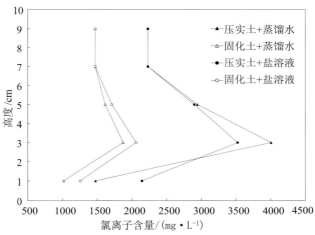

（c）30 min

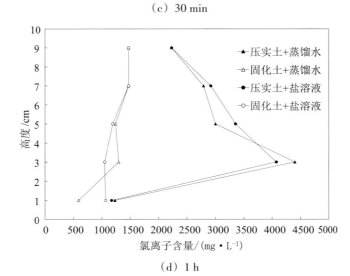

（d）1 h

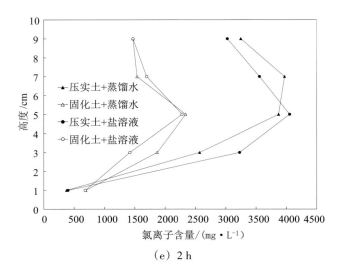

（e）2 h

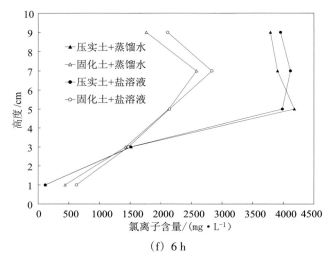

（f）6 h

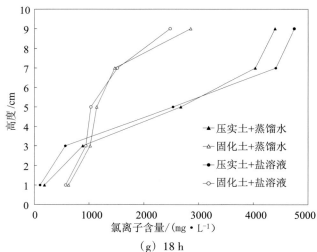

（g）18 h

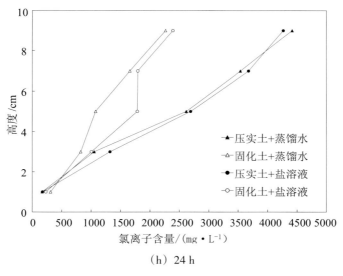

（h）24 h

图 7-12　水盐迁移试验 1 d 内 Cl⁻含量随高度的分布

　　图 7-13（a）至（d）反映的是在水盐迁移时间大于 1 d 时的 Cl⁻分布情况。图 7-13（a）和图 7-13（b）显示水盐迁移试验 3 d 和 7 d 时的 Cl⁻分布，4 个土样的分布曲线在 0～4 cm 高度范围相对集中，0～2 cm 高度范围 Cl⁻含量均为 200～400 mg/L，Cl⁻含量随着高度的增长均近似呈线性增长，但曲线的斜率不同，在 8～10 cm 的高度范围，压实土中的 Cl⁻含量大于固化土中的 Cl⁻含量。通过观察可以发现，Cl⁻在压实土 8～10 cm 高度范围内积累的速度明显减缓，由于氯盐的溶解度对温度不敏感，Cl⁻在压实土中积累的速度急剧变缓，意味着水在压实土内的迁移速度也急剧变缓。图 7-13（c）和图 7-13（d）反映的是 12 d 和 18 d 的情况，二者在 0～8 cm 高度范围内的分布情况大致接近，Cl⁻在 8～10 cm 高度范围内均持续缓慢地积聚，这表明在这个阶段，土样 0～8 cm 高度范围的 Cl⁻含量不再有明显的变动，Cl⁻的迁移速度都大幅度减缓，盐溶液作迁移溶液的土样，8～10 cm 高度范围的 Cl⁻含量相对更高。在这个阶段，Cl⁻迁移速度减缓的主要原因是毛细水的迁移速度减缓，由于蒸发而导致氯盐过饱和析出，析出的晶体会阻塞毛细水迁移通道，影响 Cl⁻的迁移速度。此外，由于土样顶端的水分不断蒸发，土体顶端的溶液浓度升高，土体内的溶液自顶端至底端形成浓度梯度，限制了 Cl⁻随着毛细水自下而上的运动。

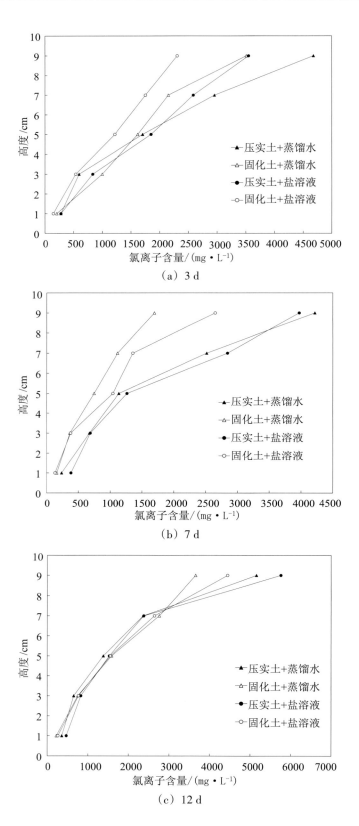

（a）3 d

（b）7 d

（c）12 d

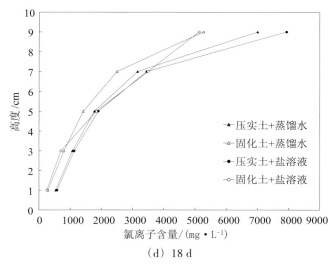

（d）18 d

图7-13 水盐迁移试验 >1 d 时 Cl⁻ 含量随高度的分布

7.4.2 硫酸根离子的浓度分布

硫酸盐渍土的一个突出工程地质问题就是盐胀现象，土体中 Na_2SO_4 的存在是土体发生盐胀的物质基础。硫酸盐渍土主要含的硫酸盐为硫酸钠，又称无水芒硝，其对温度变化反应敏感，结晶时体积变化较明显，因此，研究 SO_4^{2-} 在水盐迁移过程中的分布规律显得尤为重要。

图7-14（a）至（f）是盐渍土水盐迁移时间在 1 d 之内的几个不同时段的 SO_4^{2-} 随土样高度分布的关系曲线。固化土 SO_4^{2-} 的初始含量低于压实盐渍土 SO_4^{2-} 含量，石灰水化生成的 $Ca(OH)_2$ 还会与 SO_4^{2-} 结合形成微溶的 $CaSO_4$。此外，SO_4^{2-} 的吸附作用都会使固化土中 SO_4^{2-} 含量降低。图7-14（a）反映了试验开始 5 min 时的 SO_4^{2-} 的分布情况，与蒸馏水接触的土样，短时间内开始强烈吸水，0～2 cm 高度范围内的含水率快速提高，由于毛细水上升高度尚未达到 2 cm，所以该范围内 SO_4^{2-} 浓度未发生明显变化，在复合盐溶液上的土样，其底端吸收了盐溶液，SO_4^{2-} 含量提高，且压实土的 SO_4^{2-} 的增量大于固化土的 SO_4^{2-} 的增量。图7-14（b）显示 30 min 时土样 SO_4^{2-} 含量分布，蒸馏水和盐溶液条件下的压实土在 0～2 cm 高度范围的 SO_4^{2-} 含量均提高为 9000 mg/L，在 2～4 cm 高度范围的 SO_4^{2-} 含量分别为 10200 mg/L 和 11500 mg/L，差值超过 1000 mg/L，在 4～6 cm 高度范围的含量分别为 10300 mg/L 和 11000 mg/L，差值缩小为 700 mg/L，6～10 cm 高度范围的 SO_4^{2-} 含量未发生变化；迁移溶液为蒸馏水和盐溶液的固化土 0～2 cm 高度范围的 SO_4^{2-} 含量分别为 6500 mg/L 和 7100 mg/L，2～4 cm 高度范围的 SO_4^{2-} 含量约分别为 7200 mg/L

和 8400 mg/L，4～6 cm 高度范围的 SO_4^{2-} 含量分别为 7000 mg/L 和 8400 mg/L，6～10 cm 高度范围的 SO_4^{2-} 含量未发生改变。图 7-14（b）显示出 SO_4^{2-} 已经随着毛细水的运动迁移至压实土和固化土的 4～6 cm 高度范围，在相应的高度上产生了不同的变化，压实土中 SO_4^{2-} 的增量明显大于固化土中 SO_4^{2-} 的增量，说明固化土对 SO_4^{2-} 的迁移有一定的阻碍作用。此外，由于复合盐溶液中本身含有 SO_4^{2-}，使得盐溶液作为迁移溶液的土样中 SO_4^{2-} 的浓度高于蒸馏水作为迁移溶液的相应土样中 SO_4^{2-} 的浓度。图 7-14（c）至（d）反映了水盐迁移 2 h 和 4 h 阶段 SO_4^{2-} 的分布随着毛细水运动不断改变的情况，在 2 h 时压实土 8～10 cm 高度范围的 SO_4^{2-} 含量有显著的提高，在 4 h 时固化土 8～10 cm 高度范围的 SO_4^{2-} 含量尚未发生改变，这说明固化剂对 SO_4^{2-} 的迁移有阻碍作用。图 7-14（e）反映的是 6 h 时的 SO_4^{2-} 分布情况，此时，固化土 8～10 cm 高度范围的 SO_4^{2-} 含量有了明显的变化，固化土的离子分布呈现出从下至上小范围波动的形态，说明 SO_4^{2-} 分布相对均匀；而压实土 8～10 cm 处的 SO_4^{2-} 含量大于 10000 mg/L，随着毛细水的蒸发 SO_4^{2-} 不断在该范围内积聚。图 7-14(f)反映的是水盐迁移 21 h 时 SO_4^{2-} 的分布情况，压实土 0～2 cm 高度范围的 SO_4^{2-} 含量为 5000 mg/L，随着土样的高度增加，相应位置的 SO_4^{2-} 含量线性增加，不同的迁移溶液对压实土中的 SO_4^{2-} 分布影响不显著，在 2～10 cm 高度范围内，压实土的 SO_4^{2-} 含量均大于固化土的 SO_4^{2-} 含量。

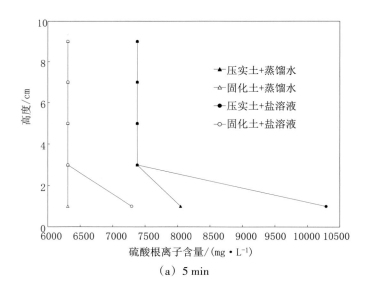

（a）5 min

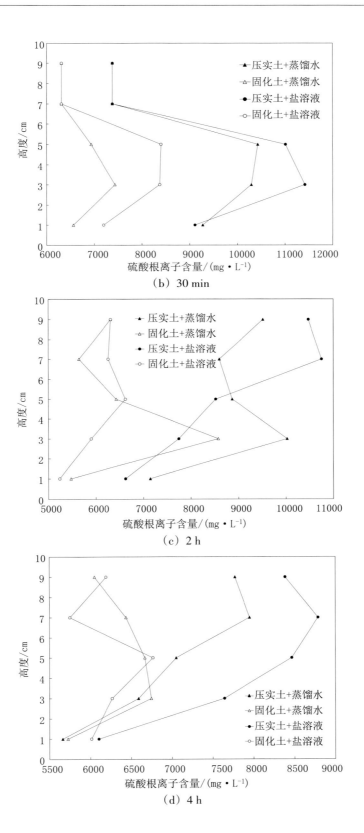

（b）30 min

（c）2 h

（d）4 h

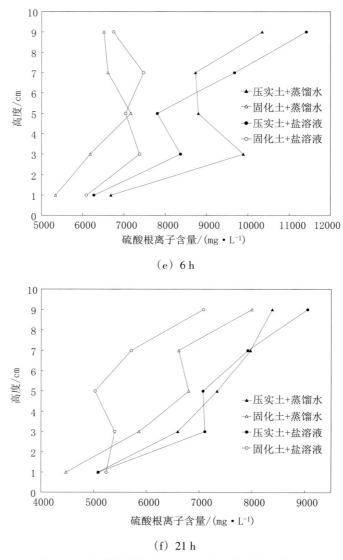

（e）6 h

（f）21 h

图7-14　水盐迁移试验1 d内SO$_4^{2-}$含量随高度的分布

图7-15和图7-16反映水盐迁移12 d和水盐迁移18 d的SO$_4^{2-}$分布情况。可以观察到，当水盐迁移进行到大约第12天时，SO$_4^{2-}$已经穿透土样表层并持续在顶端积累，迁移溶液为蒸馏水和盐溶液的固化样0~2 cm高度范围的SO$_4^{2-}$含量均为2000~3000 mg/L，在0~8 cm高度范围内SO$_4^{2-}$含量均线性递增，在8~10 cm高度范围的SO$_4^{2-}$含量分别为8000 mg/L和10500 mg/L；压实土在8~10 cm高度范围的SO$_4^{2-}$含量均为8000~10000 mg/L。第18天时4个土样8~10 cm高度范围的SO$_4^{2-}$含量均已是土样其他位置的两倍以上，在0~8 cm高度范围的SO$_4^{2-}$含量均不断递增。

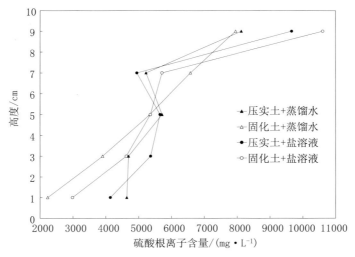

图7-15 水盐迁移12 d SO$_4^{2-}$含量随高度的分布

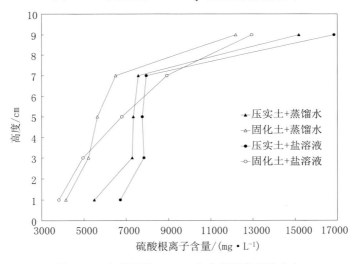

图7-16 水盐迁移18 d SO$_4^{2-}$含量随高度的分布

SO$_4^{2-}$在土样中的迁移规律与Cl$^-$类似,离子迁移速度在试验开始阶段最快,随着时间推移,速度大幅变缓并越来越慢,内在原因和Cl$^-$相同;SO$_4^{2-}$在压实土中的迁移速度快于固化土中的迁移速度,尤其是在0~15 min内,该时间段内固化土的毛细水迁移速度快且和吸水性更强,但SO$_4^{2-}$在压实土中的增加量明显多于固化土中的增加量,说明固化剂对SO$_4^{2-}$的迁移有阻碍作用;当溶液蒸发导致过饱和而使盐类积聚时,SO$_4^{2-}$的迁移又受到抑制。当试验时间超过12 d时,固化土中的离子含量分布情况与压实土中的离子含量分布情况相接近;整体上SO$_4^{2-}$的分布和溶液的迁移速度受迁移溶液类型的影响不大,但是试验开始阶段,复合盐溶液作为迁移溶液的土样其土体内SO$_4^{2-}$含量会更高,同时SO$_4^{2-}$在其顶端积聚的效应更加明显。土体孔隙中的水由于蒸发形成的水力梯度持续携带盐分向上运动,到达顶端后由于蒸发盐类过饱和析出,一定程度上阻塞了水分运动的通道。

7.4.3　主要阳离子的浓度分布

盐渍土中常见的易溶盐类，主要包括氯化盐（NaCl、CaCl$_2$、MgCl$_2$）、硫酸盐（MgSO$_4$、NaSO$_4$）和碳酸盐类（Na$_2$CO$_3$、NaHCO$_3$）。根据前述盐渍土的易溶盐分析测试，含量最高的阴离子为SO$_4^{2-}$和Cl$^-$，含量最高的阳离子为Na$^+$和Ca^{2+}，土样中Mg^{2+}、K$^+$含量很少，本节以Na$^+$为主要研究对象。

图7-17（a）至（h）反映的是水盐迁移时间为1 d内的不同时段下Na$^+$在土样中的分布情况，固化土中Na$^+$的初始含量高于压实土中Na$^+$的初始含量，这是由于选择钠水玻璃为固化剂，钠水玻璃中含有的NaOH以及Na$_2$SiO$_3$水解提供了额外的Na$^+$进入土体中。图7-17（a）反映了试验5 min时Na$^+$含量的分布情况，压实土和固化土0～2 cm的部分强烈吸水，蒸馏水作为迁移溶液的压实土和固化土，该范围内的Na$^+$含量几乎没有变化，复合盐溶液中含有Na$^+$，随着水分迁移进入土样中，压实土和固化土0～2 cm高度范围的Na$^+$含量均提高，而且压实土中该高度范围的Na$^+$增量更大。图7-17（b）反映的是30 min时Na$^+$的含量分布情况，0～2 cm高度范围内的Na$^+$含量均下降至2000 mg/L左右，盐溶液条件下的Na$^+$含量略高于蒸馏水条件下的Na$^+$含量；蒸馏水和盐溶液作迁移溶液的压实土在2～4 cm高度范围的Na$^+$含量分别为3400 mg/L和3200 mg/L，对应条件下的固化土Na$^+$含量分别为2700 mg/L和2800 mg/L，压实土中Na$^+$含量明显高于固化土中的Na$^+$含量，说明Na$^+$在压实土中的迁移速度大于在固化土中的迁移速度；4～6 cm高度范围内的压实土中的Na$^+$含量高于固化土中Na$^+$含量，土样6～10 cm高度范围尚未受到影响。水盐迁移3 h时Na$^+$分布情况如图7-17（c）所示，压实土0～2 cm高度范围的Na$^+$含量大幅下降至400～500 mg/L，2～4 cm高度范围的Na$^+$含量下降至2000 mg/L以下，4～10 cm高度范围的Na$^+$含量增加，说明土体下部的Na$^+$随着迁移溶液的毛细上升向土体上部运移；固化土8～10 cm高度范围的土体此时还未受到毛细水的影响，0～8 cm高度范围内的Na$^+$分布在1800～2300 mg/L范围内，对应高度固化土的Na$^+$含量变化明显小于压实土的Na$^+$含量变化，说明Na$^+$在固化土中的迁移速度明显小于压实土中的迁移速度。图7-17（d）反映了试验进行15 h Na$^+$含量的分布情况，压实盐渍土和固化盐渍土0～8 cm高度范围的Na$^+$含量随着高度增加近似线性增长，0～2 cm高度范围的Na$^+$含量被稀释至200 mg/L左右，曲线的斜率较小，表明Na$^+$含量随高度增加较快，明显呈现出在土样上部积聚的趋势，在8～10 cm高度范围内，复合盐溶液条件的压实土中的Na$^+$含量达到4600 mg/L，而固化土中的Na$^+$含量为2800 mg /L；固化土0～6 cm高度范围内的Na$^+$含量较3 h时均有减小，6 cm以上的部分则均有增大，说明土样下部的Na$^+$含量向上部移动和积聚，但上部的Na$^+$含量明显少于压实土中的。图7-17（e）反映的是试验

进行21 h时的Na⁺含量的分布情况，压实土的Na⁺分布仍然呈线性形态，固化土6 cm以上的Na⁺含量明显向压实土趋近，0～4 cm高度范围的Na⁺含量高于压实土的Na⁺含量，说明15～21 h中Na⁺在固化土中的迁移速度同样比压实土中的迁移速度慢，固化土试样底端还未向上迁移的Na⁺多于压实土。图7-17（f）显示的是试验进行5 d时的Na⁺随土样高度的分布情况，此时固化土和压实土0～8 cm相应高度的Na⁺含量接近，土样在8～10 cm高度范围均体现出较高Na⁺含量的现象。当试验进行至12 d时，如图7-17（g）所示压实土和固化土的Na⁺分布曲线出现分异，在0～8 cm高度范围内，相同高度上固化土中的Na⁺含量明显大于压实土中的Na⁺含量，说明在此前的一段时间，固化土中的Na⁺迁移速度较快；压实土和固化土在8～10 cm高度范围内Na⁺含量均提高至4000 mg/L，Na⁺大量地积聚在土样顶部。图7-17（h）反映了18 d的情况，曲线的形态与12 d时的类似，固化土的Na⁺含量高于压实土对应高度的Na⁺含量，压实土和固化土8～10 cm高度范围内的Na⁺含量均达到5500 mg/L以上。

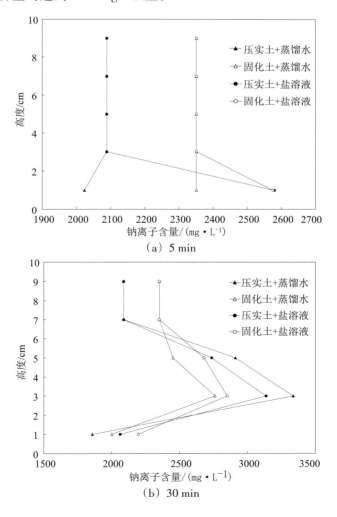

（a）5 min

（b）30 min

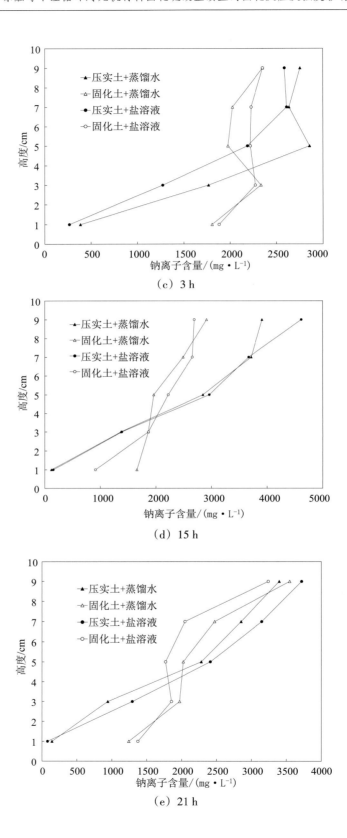

（c）3 h

（d）15 h

（e）21 h

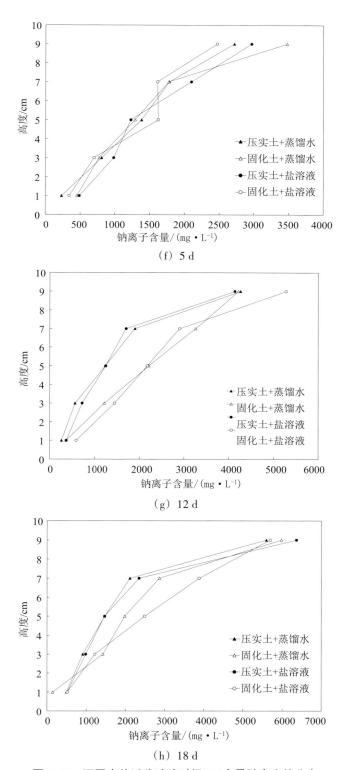

(f) 5 d

(g) 12 d

(h) 18 d

图 7-17　不同水盐迁移试验时间 Na⁺ 含量随高度的分布

Na^+的迁移仍然是以毛细水的向上运动作为驱动力，因此，土样不同层位Na^+含量第一次发生显著变化证明毛细水到达该层，同时由于土样顶部持续的蒸发，毛细水源源不断地将盐分从土样的下端（或从盐溶液中）携带至土样的顶端从而过饱和析出，当迁移时间足够长时（>12 h），Na^+的分布呈现出从下到上递增的规律，土样底部的盐分不断被运送到顶部，顶部积聚的Na^+是初始含量的3倍，而底部的Na^+浓度则被"稀释"至初始含量的1/5左右。试验开始后Na^+在压实盐渍土中的迁移速度大于固化盐渍土中的迁移速度，而当试验时间为12 d或者更长时，同层次固化土中的Na^+含量高于压实土中的Na^+含量，这是由于固化土中初始的Na^+含量较高，并且在这个时间段Na^+持续从土体下部迁移至上部。整体上，Na^+的迁移规律和前述的水分和阴离子迁移规律相同，试验开始时最快，随着时间推移，速度持续地变慢。

7.4.4　电导率分布

电导率和含盐量均可以表征土体盐渍化的程度，电导率通过描述物质中电荷流动的难易程度表征土壤溶液中的易溶盐含量，反映的是土体中离子或分子的数量，含盐量则表征土体中盐的质量，离子含量也表征土体中离子的质量。盐渍土电导率的测定结果和易溶盐含量有高度的相关性，从定义也可以发现明显的区别。

图7-18（a）至（f）反映的是不同水盐迁移时间下土样不同位置的电导率分布情况，由于固化土的盐渍土用料少于压实土，且一系列复杂的物理化学变化形成地聚物胶凝材料消耗了部分盐分，固化土的背景电导率值小于压实土的背景电导率值，固化剂有利于降低盐渍土的盐渍化程度。与前述试验结果的讨论方法类似，土样某处的电导率值相比背景电导率发生显著变化者说明该处的易溶盐含量发生了显著变化，即毛细水上升途经此处。图7-18（a）至（d）反映水盐迁移时间不超过1 d时电导率的分布变化情况，可以看出在4~10 cm高度范围内代表压实盐渍土的电导率曲线比代表固化盐渍土的电导率曲线更偏向电导率的正方向，说明该高度范围压实土含盐量高于固化土，0~4 cm高度范围内情况则相反，说明压实土中盐分自下而上的迁移速度更快，再一次印证了固化剂对盐渍土水盐迁移的阻碍作用。图7-18（e）显示压实土和固化土的电导率从土样下部至上部线性递增情况，在相同高度上压实土的电导率值高于固化土的电导率值。图7-18（f）反映的是水盐迁移试验时间为18 d的电导率分布情况，蒸馏水条件的土样0~2 cm高度范围的电导率低于复合盐溶液组土样的电导率，4个土样的电导率在土样高度0~8 cm范围内由低到高基本呈现出线性增长规律，8~10 cm高度范围的电导率值均突然变大，说明此时已经有大量的盐分积聚在该高度

范围。从整体上看，电导率的分布与几种阴阳离子的分布规律相类似，离子含量高则导电能力强；复合盐溶液的浓度远低于盐渍土中的盐含量，因此两种迁移溶液对电导率分布的影响并不显著。

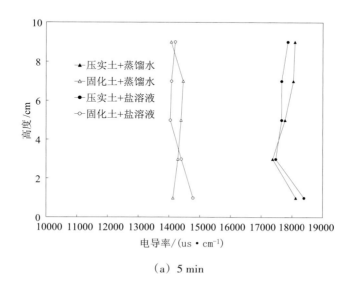

（a）5 min

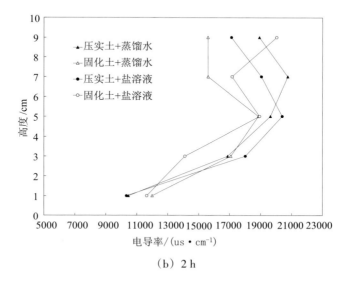

（b）2 h

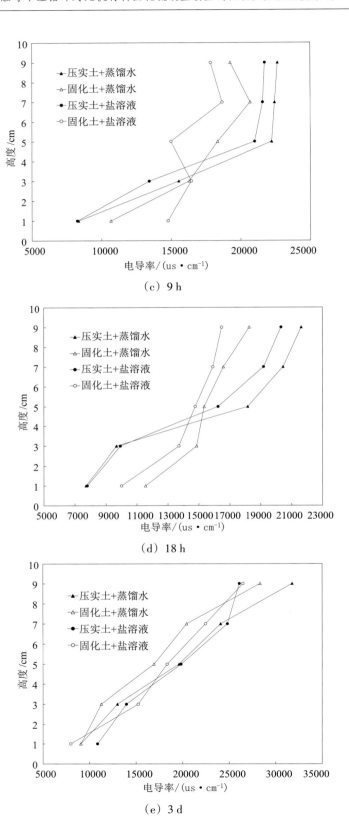

（c）9 h

（d）18 h

（e）3 d

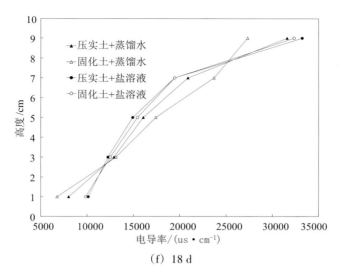

（f） 18 d

图7-18 不同水盐迁移时间电导率的分布

7.5 水盐迁移过程的宏观变化

盐渍土的盐胀机理不同于一般膨胀土的膨胀机理。膨胀土发生膨胀现象是由于其黏粒成分（主要有亲水性的黏土矿物成分）吸水后体积膨胀，但盐渍土的膨胀，一般是土体失水或者因温度降低导致的盐类结晶膨胀。

易溶盐的溶解度，一般随着温度升高而增大，这个趋势尤其以硫酸钠最为显著，氯化钠的溶解度随温度变化不明显。硫酸钠的溶解度在32.4 ℃时达到最高，低于该温度，一部分硫酸钠将从溶液中过饱和析出，同时吸收10个水分子而变成芒硝晶体，其分子式可以表达为$Na_2SO_4 \cdot 10H_2O$ [31, 32]，热力学方程式如式（7-7）：

$$Na_2SO_4 + 10H_2O \rightleftharpoons Na_2SO_4 \cdot 10H_2O + \Delta G_f \qquad (7\text{-}7)$$

$\Delta G_f < 0$，该反应为放热反应，有自左向右进行的趋势。

硫酸钠吸水结晶形成芒硝时，体积增大值可采用下式估算：

$$DV = \frac{\dfrac{W_1}{G_1} - \dfrac{W_2}{G_2}}{\dfrac{W_2}{G_2}} = \left(\frac{W_1}{G_1} - \frac{W_2}{G_2} \right) \frac{G_2}{W_2} \qquad (7\text{-}8)$$

式中，DV为硫酸钠结晶后体积增大的倍数；W为硫酸钠固体的质量；G为硫酸钠固体的密度。将相对分子质量代入，可得：

$$DV = (\frac{322}{1.48} - \frac{142}{2.68}) \times \frac{2.68}{142} \approx 3.1$$

由计算结果可知，吸水结晶后的硫酸钠体积约为无水硫酸钠体积的3.1倍。相对分子质量从142增加到322，所需水的比率为$(322 - 142)/142 \approx 1.27$。

硫酸盐渍土的盐胀，是土体内硫酸钠的迁移积累和晶体结晶析出导致的结晶膨胀和土体膨胀。在河西地区，蒸发作用强烈，盐分随着地下水不断迁移至土体表层，并因为水分蒸发或者温度变化过饱析出，图7-19和图7-20为水盐迁移试验结束后在干燥环境下放置一段时间后的压实盐渍土和固化盐渍土试样，试样的顶面有大量的盐分析出，压实盐渍土的表面出现大量的小包状隆起，局部土体发生坍塌和溶陷，造成土体变形的主要原因是硫酸钠晶体在土粒接触点和孔隙中析出积聚，其体积变化导致土体的变形破坏。随着水分运移的变化，积盐部位的盐分有可能重新被溶解，如此反复，造成了土体表面的塌陷。图7-21展示了4组土样在不同时间梯度下进行水盐迁移的照片，随着盐分的迁移积聚压实土的表面逐渐出现小包状的隆起并逐渐变密，土体的边缘出现盐分结晶；固化土表面出现盐类过饱和析出的白色固体，但未出现明显隆起。

图7-19　试验结束后的压实盐渍土

图7-20　试验结束后的固化盐渍土

固化土+
盐溶液

压实土+
盐溶液

固化土+
蒸馏水

压实土+
蒸馏水

4 d　　　　　　　　　　8 d　　　　　　　　　　18 d

图7-21　不同土样在水盐迁移中的宏观变化

7.6 讨论

毛细水随着时间推移不断向上运动并抵达土样的顶面，说明土样的毛细水上升高度均大于土样的高度，由于蒸发作用，土样顶端土体的水分损失，该高度上局部土体的体积含水率降低，吸力水头值增加，毛细水向上运动的驱动力持续存在，毛细水携带着盐分从土样的下端向上端持续运移，最终盐分在土体上端积聚。

压实土和固化土在试验的开始阶段毛细水上升速率最大，而后毛细水的上升速率均急剧下降，单位时间的吸水量也均大大减小。分析认为：一方面，毛细水的运动是毛细力和重力共同作用的结果，毛细水上升后，水柱自身的重量增加，导致其运动速率降低；另一方面，毛细水与毛细管壁之间的摩擦力在初期较小[5]，后期增大，随着盐分的运移和盐分在土体上部的积累，毛细管的通畅性降低，影响了毛细迁移速率，这在顶端蒸发强烈、干湿交替的部位较为明显。试验结果表明在0~15 min阶段固化土中毛细水上升速率大于压实土中毛细水上升速率，固化土的吸水能力强于压实土的吸水能力，但从整体上看，全过程中压实土中的水盐迁移速率明显大于固化土中的水盐迁移速率。

一方面，理论上迁移溶液的浓度对毛细水的迁移高度和迁移速率会有影响，含盐的溶液其表面张力要大于蒸馏水，毛细上升高度与溶液的表面张力成正比，理论上表面张力较大者有更高的毛细上升高度；但另一方面，溶液中的盐分使得自身密度和容重增大，毛细水的上升需要克服自身的重力。此外，复合盐溶液及毛细水上升携带Na^+，由于其离子交换作用明显，水化能力强，约束了较多的水分子环绕四周，形成的水化膜会变厚，在土体颗粒表面的强结合水厚度增大而对毛细水上升产生阻碍[33]。本次试验中，蒸馏水和复合盐溶液的迁移规律未发现明显的差异性。

压实盐渍土和固化盐渍土在水盐迁移试验中最为明显的差异是水分、盐分在二者中向上运动的速率不同。在试验过程中，固化土中Cl^-、SO_4^{2-}和Na^+的迁移速率明显小于压实土中三种离子的迁移速率，固化剂阻碍水盐迁移的作用比较显著，这可能是石灰、粉煤灰和水玻璃与土体复杂的物理化学变化形成的凝胶充填了土体孔隙[34]，土体孔隙直径减小，使得毛细水上升速率降低，相应盐分的迁移速率也降低。在12 d以后，固化土中的Cl^-、SO_4^{2-}和Na^+分布逐渐与其在压实土中的分布接近，呈现出0~8 cm高度范围近似线性增长，在8~10 cm的高度范围内不断积聚，这说明在水盐迁移试验时间足够长时，试验土样内的离子分布达到动态平衡，离子缓慢地从土样的下部移动至上部积累，土样中部的离子含量不再发生明显的变化。

　　土样的顶部由于蒸发而导致盐分过饱和析出,析出的晶体会阻塞毛细水迁移通道,影响迁移速率。此外,由于土样顶端的水分不断蒸发,土体顶端的溶液浓度升高,土体内的溶液自顶端至底端形成浓度梯度,这也限制了离子随着毛细水自下而上的运动,导致盐分的迁移速率变小。

　　试验中 Na^+、Cl^- 迁移规律表现出与毛细水迁移(含水率分布)的相关性和协同性很高,这是由于 NaCl 等氯盐在常温下的溶解度很高;SO_4^{2-} 在较长的试验时间后逐渐体现出在土样顶部积累的特征,这是由于 $Na_2SO_4^2$ 的溶解度较低,且土体中 SO_4^{2-} 的背景值较高,持续的毛细水运动使得离子浓度的变化得以显现。

　　自然条件下,氯盐在土体中迁移的速率比硫酸盐要大,但是氯盐的过饱和度远低于硫酸盐[35, 36],且由于硫酸钠结晶后发生的体积膨胀,以及硫酸钠的溶解度对温度的高度敏感性,盐渍土地区的病害治理需要重点考虑硫酸盐的影响。图7-19和图7-20分别显示了压实盐渍土和固化盐渍土由于盐分聚集发生变形破坏的情况,当试验时间较长时,两种土体内的离子含量接近,但由于固化盐渍土良好的结构强度,其变形和破坏程度小于压实盐渍土。

7.7　小结

　　选取甘肃玉门的硫酸盐渍土为研究对象,制作压实盐渍土和地聚物胶凝材料固化盐渍土,分别以蒸馏水和模拟玉门地下水的复合盐溶液作为迁移溶液,在室内常温常压条件下进行压实和固化盐渍土土柱(h=10 cm)顶部开放条件下的水盐迁移试验。对比分析土样在不同时间梯度和位置下的含水率、含盐量和电导率变化规律,揭示固化剂对不同离子迁移的影响。本章得到如下的结论:

　　①压实土在蒸馏水迁移液条件下的毛细水迁移速率最大;固化土的毛细水迁移速率最小,而且迁移液对其影响很小,说明固化盐渍土有减缓毛细水上升的作用。毛细水迁移稳定后,压实土柱上部含水率小于下部,沿高度近似线性分布;固化土柱上部含水率大于下部,沿高度先线性增大后保持不变,说明固化盐渍土具有明显的稳定持水作用。

　　②固化土中 Cl^-、SO_4^{2-} 和 Na^+ 的迁移速率明显小于压实土中 Cl^-、SO_4^{2-} 和 Na^+ 的迁移速率,说明固化盐渍土有较好的阻碍盐分迁移的作用。

　　③由于盐分迁移和表面蒸发作用,水盐迁移稳定后,整体上土柱底部离子浓度降低,顶部离子浓度升高,离子在顶部发生积聚;固化土柱顶部离子含量明显小于压实土。

④电导率的分布与离子含量的分布高度相关，最终呈现出土样下部电导率较低，上部电导率较高的规律。

参考文献

[1]RICHARDS L A. Capillary conduction of liquids through porous mediums[J]. Physics,1931,1(5):318-333.

[2]BRESLER E. Simultaneous transport of solutes and water under transient unsaturated flow conditions[J]. Water resources research,1973,9(4):975-986.

[3]徐学祖,王家澄,张立新,等.土体冻胀和盐胀机理[M].北京:科学出版社,1995.

[4]陈肖柏,刘建坤,刘鸿绪,等.土的冻结作用与地基[M].北京:科学出版社,2006.

[5]翁通.盐渍土毛细水作用及击实特性研究[D].西安:长安大学,2006.

[6](苏)B.M.别兹露克,Ю.Л.马特列也夫,A.И.格羅特,等.盐渍土和流砂地上的道路工程[M].北京:人民交通出版社,1995.

[7](苏)B.M.鲍罗夫斯基.盐渍土改良的数量研究法[M].北京:科学出版社,1980.

[8](苏)V.A.柯达夫,(匈)I.沙波尔斯.土壤盐化和碱化过程模拟[M].北京:科学出版社,1986.

[9]KANG S Y, GAO W Y, XU X Z. Fild observation of solute migration freezing and thawing soils [C] //The 7th international symposium on frozen soil. Proceedings of the 7th International Symposium on Ground Freezing. Florida of USA: CRC press, 1994: 397-398.

[10]ANDERSON D M, TICE A. Predicting unfrozen water contents in frozen soils from surface area measurements[J]. Highway research record,1972(393):12-18.

[11]BANIN A, ANDERSON D M. Effects of salt concentration changes during freezing on the unfrozen water content of porous materials[J]. Water research,1974,10(1):124-128.

[12]陈肖柏,邱国庆,王雅卿,等.重盐土在温度变化时的物理、化学性质和力学性质[J].中国科学(A辑),1988(2):245-254.

[13]陈肖柏,邱国庆,王雅卿,等.温降时之盐分重分布及盐胀试验研究[J].冰川冻土,1989,11(3):232-238.

[14]徐学祖,Ю.П.列别钦课,E.M.丘维林,等.冻土与盐溶液系统中热质迁移及变形过程试验研究[J].冰川冻土,1992,14(4):289-295.

[15]徐学祖,邓友生,王家澄,等.封闭系统饱和含氯化钠盐正冻土中的水盐迁移[C]//中国地理学会冰川冻土学会.第五届全国冰川冻土学大会论文集.兰州:甘肃文化出版社,1996:600-606.

[16]徐学祖,邓友生.冰川冻土中水分迁移的试验研究[M].北京:科学出版社,1991.

[17]徐学祖,王家澄,张立新,等.冻土物理学[M].北京:科学出版社,2001.

[18]高江平,杨尚荣.含氯化钠硫酸盐渍土在单向降温时水分和盐分迁移规律的研究[J].西安公路交通大学学报,1997(3):22-25+53.

[19]马壮,王俊臣.硫酸(亚硫酸)盐渍土不同含水量和硫酸钠含量盐-冻胀力规律试验研究[J]. 吉林水利,2009(1):22-24.

[20]郇慧,马巍.盐渍土冻结温度的试验研究[J]. 冰川冻土,2011,33(5):1106-1113.

[21]牛玺荣.硫酸盐渍土地区路基水、热、盐、力四场耦合机理及数值模拟研究[D].西安:长安大学,2006.

[22]杨含.硫酸盐渍土地区路基水、热、盐、力耦合效应的室内和现场试槽试验及数值模拟研究[D].西安:长安大学,2007.

[23]张彧,房建宏,刘建坤,等.察尔汗地区盐渍土水热状态变化特征与水盐迁移规律研究[J].岩土工程学报,2012,34(7):1344-1348.

[24]万旭升,赖远明.硫酸钠溶液和硫酸钠盐渍土的冻结温度及盐晶析出试验研究[J].岩土工程学报,2013,35(11):2090-2096.

[25]张虎元,姜啸,王锦芳,等.壁画地仗中盐分的毛细输送机制研究[J].岩土力学,2016,37(1):1-11.

[26]吴道勇,赖远明,马勤国,等.季节冻土区水盐迁移及土体变形特性模型试验研究[J].岩土力学,2016,37(2):465-476.

[27]吴明洲,王锦国,陈舟.沿海滩涂淤泥质黏土水盐迁移试验分析[J].水资源保护,2016,32(3):137-142.

[28]中华人民共和国水利部.土工试验方法标准:GB/T 50123—2019[S]. 北京:中国计划出版社,1999.

[29]游波,王保田,赵辰洋.激光粒度仪在土工颗粒分析中的应用研究[J].人民长江,2012(24):50-54.

[30]赵玮,何建华,马金珠.疏勒河流域玉门—瓜州盆地地下水化学演化特征[J].干旱区研究,2015(1):56-64.

[31]张军艳.硫酸盐渍土水盐热力四场耦合效应的试验及理论研究[D].西安:长安大学,2006.

[32]郭新红.硫酸盐渍土低温压缩特性研究[D].西安:长安大学,2006.

[33]吕殿青,王文焰.一维土壤水盐运移特征研究[J].水土保持学报,2000,14(4):91-95.

[34]吕擎峰,常承睿,马博,等.固化硫酸盐渍土水盐迁移的试验研究[J].岩石力学

与工程学报,2018,37(增2):4290-4296.

[35]STEIGER M, ASMUSSEN S. Crystallization of sodium sulfate phases in porous materials:The phase diagram $Na_2SO_4-H_2O$ and the generation of stress[J]. Geochimica et cosmochimica acta, 2008,72(17):4291-4306.

[36] SCHERER G W. Stress from crystallization of salt [J]. Cement and concrete research,2004,34(9):1613-1624.

第8章　固化硫酸盐渍土微观特征与固化机理

　　土力学连续介质理论认为颗粒特征、颗粒排列和粒间作用力等因素影响着土体的各类性质。单元体间的接触点数量与接触面积是影响土体工程性质的关键因素，而颗粒间的作用力关系到团聚体的解体和聚合。土体工程性质是孔隙孔径特征、结构致密程度和单元体间的接触连接类型等相互作用的综合结果，孔隙特征的变化是工程性质发生变化的重要表现，因此土体的孔隙特征是土体微观结构定量分析的一个重要参数，微观结构的变化能够直接影响土体的力学性质的变化和土体的变形等情况，关系到土体的工程性质[1, 2]。从土体的微观特征入手，探索固化土的微观特征变化规律，是探讨固化土宏观性质发生变化原因的一种方法。

　　微观土体结构包括单元体的大小、形状及表面特征，颗粒间的排列和组合形式、单元体的连接属性等。E.M.谢尔盖耶夫将土的结构划分为3个等级：宏观（>2 mm）、中观（2~0.005 mm）和微观（<0.005 mm）[3]。许多学者认为土中存在各式各样的孔隙，孔隙的大小和体积能够影响土体性质，其中主要孔隙有大孔隙、架空孔隙和粒间孔隙。架空孔隙是土颗粒堆叠构成的团聚体间的孔隙，其孔径较大。其中架空孔隙的接触点数量和孔隙的形态对土体工程性质影响很大，如在一定压力下，相较于面接触为主的架空孔隙，点接触为主的架空孔隙更易产生压缩和变形。在孔隙形态方面，圆形或扁圆形的架空孔隙形状要比其他形状的架空孔隙具有更好的稳定性。粒间孔隙是指土体内土颗粒堆叠排布所形成的颗粒间孔隙，其孔径一般相对较小，因而粒间孔隙的结构较为稳定。粒内孔隙主要指集粒和凝块内的小孔隙，其结构比较稳定。

　　由于微观特征在很大程度上影响岩土体的力学性质，因此许多学者从微观角度探索土体性质。文献［4-14］等分别对黄土、膨胀土、盐渍土和红土等的微观结构从定性到定量开展了大量研究。Griffiths 和 Joshi[15] 对不同类型的黏土进行了研究，得出黏土在不同固结阶段的孔径分布特征。齐吉琳等[1] 对原状黄土的微观结构进行了定量分析。Lapierre 等[16] 通过压汞试验，在不同的固结压力下，获得了天然土和固化土孔隙分布与渗透系数的关系式；孔令荣等[2] 通过对压汞试验获得的孔隙比和单轴卸载回弹后获得的孔隙比进行对比分析，认为压汞法能够较好地反映黏性土的孔隙分布特征。1973年Tovey首次将扫描电镜技术引入到岩土体微观特征的研究，并系统地提出了土体微观结构图像的分析方法[17]。Shear 等[18] 和熊承仁等[19] 根据显微结构特征，划分了黏土内的孔隙和非饱和黏性土的孔隙结构参数。王清等[20] 根据压汞法（mercury intrusion porosimetry，MIP）实测得到了黏土样的孔隙分布状况，并结合分形几何中的无标度区间概念，明确了黏性土的孔隙划分界限，将不同孔径的孔隙划分为微孔径孔隙、小孔径孔隙和大孔径孔隙3类。

不同固化材料的固化机理之间具有很大差异，不同固化材料会对盐渍土产生不同程度的固化效果，通过分析固化盐渍土土体微观的颗粒形态、接触形式、胶结物状况、孔隙结构等，比较不同固化材料固化盐渍土的微观特征间的异同和同一固化材料掺量不同而固化盐渍土引起的盐渍土内部微观特征的变化情况，从微观角度探讨不同方案固化盐渍土产生固化强度的原因。探讨导致固化硫酸盐渍土强度产生变化的微观特征机理，对从微观角度分析解释盐渍土固化强度的形成具有重要意义。

8.1　试验方案

8.1.1　试验材料

此次试验所用盐渍土取自甘肃省玉门市饮马农场，此处为大陆性中温带干旱气候，日照时间长，降水稀少，蒸发量大，有利于盐类的累积及盐渍土的形成。取样时首先刮去表层植被和浮土，选择多个位置取土样。所取盐渍土为硫酸、亚硫酸盐渍土。将所取盐渍土捣碎后过 2 mm 筛，去除大颗粒和有机物等杂质，参照《土工试验方法标准》（GB/T 50123—2019），通过物理性质试验测得所取盐渍土的基本物理性质如表 8-1 所示。

表8-1　天然盐渍土物理性质参数

液限 /%	塑限 /%	塑性指数	最大干密度 /(g·cm⁻³)	最优含水率 /%	含盐量 /%
34.58	24.19	10.39	1.61	20.2	7.02

水玻璃、石灰和粉煤灰是常用的3种无机固化材料。本次试验所使用的石灰有效成分 CaO 的含量超过 90%，粉煤灰取自兰州西固热电有限公司，主要化学成分为 SiO_2、Al_2O_3 和 Fe_2O_3 等。水玻璃取自兰州富明化工有限公司，为硅酸钠水玻璃，其模数为 3.2，本次试验选用水玻璃浓度分别为 20 °Bé、30 °Bé 和 40 °Bé。

8.1.2　试样制备

将所取盐渍土捣碎后过 2 mm 筛，去除有机物或大颗粒等杂质，按照混合料的含水率为 20.2%、干密度为 1.61 g/cm³ 制样，各试样的配料见表 8-2，采用静压法制备直径 39.1 mm，高度 60 mm 的圆柱状试样，制好后置于保湿器中养护 28 d，满足固化反应所需的含水率要求。

表8-2　盐渍土的固化材料配合比方案

试样类别	固化材料配合比				
	干密度/(g·cm⁻³)	含水率/%	石灰/%	粉煤灰/%	水玻璃浓度/°Bé
压实样	1.61	20.2	0	0	0
水玻璃固化盐渍土	1.61	20.2	0	0	20
	1.61	20.2	0	0	30
	1.61	20.2	0	0	40
石灰粉煤灰固化盐渍土	1.61	20.2	5	10	0
	1.61	20.2	7	14	0
	1.61	20.2	9	18	0
石灰粉煤灰+水玻璃固化盐渍土	1.61	20.2	5	10	40
	1.61	20.2	7	14	40
	1.61	20.2	9	18	40

8.1.3　试验方法

本次试验通过核磁共振试验分析固化盐渍土的孔隙整体演变规律，通过扫描电镜分析各方案固化盐渍土的微观形貌及组构的变化规律，通过压汞试验在微米级定量分析固化盐渍土的孔隙特征变化规律。

8.2 固化机理

8.2.1 石灰粉煤灰固化机理

石灰和粉煤灰是常用的土体无机固化材料，能够有效提高土体的强度，且石灰粉煤灰价格便宜，取材方便，能够降低固化成本，减少对生态环境的影响，符合建设资源节约型、环境友好型社会的精神。粉煤灰表面疏松多孔，以球形玻璃体的形式存在，比表面积大，含有大量能反应产生凝胶的 SiO_2、Al_2O_3 等活性物质[21]。当石灰、粉煤灰与盐渍土按比例混合成型后，石灰粉煤灰与盐渍土发生了复杂的物理化学作用，使盐渍土的强度显著增加，土体性质发生显著变化。主要反应作用如下：

（1）离子交换作用

当石灰掺入盐渍土后，石灰的有效成分 CaO 首先与土中水相互反应生成 $Ca(OH)_2$，同时 $Ca(OH)_2$ 又可发生水解，电离出 Ca^{2+}。Ca^{2+} 具有较大的凝聚力，能够与土颗粒表面吸附的钠、氢、钾等离子发生离子交换作用，使土壤颗粒的双电层发生变化，电动电位降低，扩散层减薄，从而使土颗粒的粒间作用力增强，导致土颗粒间相互靠近，许多单个土颗粒聚成了小团粒团聚体，进而构成一个稳定结构。

（2）硅酸化反应作用

粉煤灰表层是由 Si-O-Al 网络构成的双层保护层，这导致粉煤灰的性质较为稳定，因此要充分发挥粉煤灰的作用就需要在碱性条件下激活粉煤灰内的活性成分。$Ca(OH)_2$ 发生水解时，还可电离出 OH^- 使土体环境呈碱性，这恰恰提供了粉煤灰激活所需的碱性环境。在碱性环境条件下，粉煤灰中的 Si-O、Al-O 键破裂，使粉煤灰中含有的 SiO_2、Al_2O_3 等活性物质溶解，并与 $Ca(OH)_2$ 反应生成水化铝酸钙（C-A-H）和水化硅酸钙（C-S-H）等具有胶凝作用的物质，粉煤灰在水分作用下逐渐硬化，其反应式为：

$$xCa(OH)_2 + SiO_2 + (n-1)H_2O \longrightarrow xCaO \cdot SiO_2 \cdot nH_2O \tag{8-1}$$

$$xCa(OH)_2 + Al_2O_3 + (n-1)H_2O \longrightarrow xCaO \cdot Al_2O_3 \cdot nH_2O \tag{8-2}$$

以上结晶过程首先发生在水化胶凝物的表面，然后逐渐深入到水化铝酸钙和水化硅酸钙的内部。

（3）结晶硬化作用

当石灰掺入土体后，大部分 $Ca(OH)_2$ 在土体中吸水结晶硬化，其化学反应式如下：

$$Ca(OH)_2 + nH_2O \longrightarrow Ca(OH)_2 \cdot nH_2O \tag{8-3}$$

Ca(OH)₂包裹在土颗粒表面，由于熟石灰的结晶硬化作用，Ca(OH)₂逐渐变为坚硬的晶体，将土颗粒相互连接凝聚成为整体。

（4）碳化作用

Ca(OH)₂吸收空气中的CO₂生成CaCO₃。其化学反应式为：

$$Ca(OH)_2 + CO_2 \longrightarrow CaCO_3 + H_2O \tag{8-4}$$

CaCO₃具有较高的强度，是坚硬的结晶体，能够填充土体孔隙、增加固化土的密实度[22-24]。

上述各类固化反应生成的各种胶凝物均具有很强的黏结力，能将土颗粒相互胶结起来，随着所生成的胶凝物转变为较为稳定坚固的晶体，晶体物质相互交织构成空间网状结构和镶嵌结构，进而构成土体中的网架结构[25]；固化材料中未参与反应的石灰粉煤灰颗粒会填充于盐渍土的孔隙中，提高土体的密实度，改善土体级配，因此在盐渍土中掺加石灰粉煤灰拌合料后土体强度显著提高。

8.2.2 水玻璃固化机理

水玻璃是一种性能优良、无害无污染的胶凝剂，近年来被广泛应用于岩土体灌浆加固等方面[26-33]。水玻璃的主要参数有模数、密度和客盐浓度。水玻璃溶液是由多种硅酸盐胶粒构成的胶体溶液，本次试验所用水玻璃为硅酸钠水玻璃，硅酸钠水玻璃水解形成碱性环境。在水玻璃胶体溶液中，二氧化硅聚集体（即胶核）四周吸附电离出的 n 个 SiO_3^{2-}，进而又在 SiO_3^{2-} 四周吸附 $2(n-x)$ 个 Na^+，胶核所吸附的 SiO_3^{2-} 和部分 Na^+ 构成吸附层，还有部分 Na^+ 扩散到吸附层外形成扩散层，构成水玻璃胶粒结构，并使胶粒带负电，扩散层越厚，水玻璃胶体的稳定性越好[27]。硅酸钠水玻璃的胶粒结构表示如图8-1。

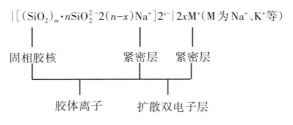

图8-1 硅酸钠水玻璃胶粒结构

随着客盐含量的增加，模数较高的水玻璃的黏度呈几何级数增大。在水玻璃固化盐渍土中主要存在三个固化过程。盐渍土为水玻璃提供了客盐，当水玻璃内客盐浓度大于0.1 mol/L时，水玻璃胶体便开始胶凝化，析出硅凝胶或硅酸凝胶并逐渐硬化。硅凝胶包裹土颗粒形成黏结膜，当水玻璃硬化后便能够产生黏结强度，使盐渍土的强度提升，进而达到固化效果。同时水玻璃与盐渍土内的土颗粒、易溶盐类等物质之间也存在复杂的吸附作用[15, 16]。同时，水玻璃中的 Na_2SiO_3 也可与盐渍土中含有的 Ca^{2+}、Mg^{2+} 发生反应分别形成水化硅酸钙（镁）和水化硅酸凝胶，其化学反应方程式为：

$$xCa^{2+}+2yNa_2SiO_3+zH_2O \longrightarrow xCaO \cdot ySi_2O_3 \cdot zH_2O \tag{8-5}$$

$$xMg^{2+}+2yNa_2SiO_3+zH2O \longrightarrow xMgO \cdot ySi_2O_3 \cdot zH_2O \tag{8-6}$$

以上固化过程中所生成的凝胶物质一部分填充于固化盐渍土的孔隙中，还有一部分通过吸附作用包裹在骨架颗粒表面，颗粒间接触方式由点接触发展为面接触，胶凝物硬化在土体内形成稳固的空间网状结构，因此在固化硫酸盐渍土内孔隙减少，土颗粒的接触面积增大，提高了土体强度，达到固化效果。

8.2.3　石灰粉煤灰+水玻璃固化机理

①在石灰粉煤灰+水玻璃固化土中，因固化材料兼有石灰、粉煤灰和水玻璃，因此石灰粉煤灰+水玻璃的固化机理有水玻璃的胶凝固化作用、石灰粉煤灰的离子交换作用、硅酸化作用、结晶硬化作用、水玻璃和生石灰的水解作用、水玻璃和石灰对粉煤灰的碱激发作用、SO_4^{2-} 的吸附作用等，同时水玻璃与石灰粉煤灰又可相互反应生成更多的胶凝物。由于水玻璃提供的水溶液环境，及水玻璃与石灰对粉煤灰的碱激发作用，因此其硅酸化反应相比石灰粉煤灰固化土能更充分地进行，生成更多的水化胶凝物，这是石灰粉煤灰+水玻璃固化土强度形成的基础，因此在石灰粉煤灰+水玻璃固化盐渍土的过程中，对粉煤灰的充分激发发挥着关键性作用。在石灰粉煤灰+水玻璃固化盐渍土中，石灰与水发生水解作用生成 $Ca(OH)_2$，同时水玻璃中的 Na_2SiO_3 同样也可水解生成 $NaOH$，这大大提高了溶液的 OH^- 浓度，导致土体 pH 值升高，为粉煤灰的激发提供碱性环境，因此石灰与水玻璃在固化过程中充当碱性激发剂的作用。根据前人的理论[34]，粉煤灰中的玻璃体 SiO_2、Al_2O_3 在受到碱激发作用时，Si-O-Si、Al-O-Al、Si-O-Al等多种键与 OH^- 发生反应，导致 Si-O 键断裂，其反应过程如下：

$$-Si-O-Si- + OH^- \longrightarrow -Si-O- + -Si-OH \tag{8-7}$$

$$-Si-O- + OH^- \longrightarrow O-Si-OH \tag{8-8}$$

当 $Ca(OH)_2$ 水解提供 Ca^{2+} 时，发生如下反应：

$$-Si-O- + Ca^{2+} \longrightarrow -Si-O-Ca- \tag{8-9}$$

$$-Si-O-Ca- + OH^- \longrightarrow -Si-O-Ca-OH \tag{8-10}$$

并且

$$-Si-O-Ca-OH + HO-Si-O \longrightarrow -Si-O-Si- + Ca(OH)_2 \tag{8-11}$$

上述反应过程表明，在 OH⁻ 碱性激发作用下，粉煤灰的 Si–O–Si 键发生断裂，生成了过渡性 -Si–OH 和 -Si–O-，但此反应是可逆反应，-Si–OH 还可再发生聚合生成 Si–O–Si。然而在碱性环境中，就能够避免聚合反应再次发生，这是因为：

$$-Si-O- + Na^+ \longrightarrow -Si-O-Na- \tag{8-12}$$

$$-Si-O-Na- + OH^- \longrightarrow -Si-O-Na-OH \tag{8-13}$$

$$-Si-O-Na^{(-)}-OH- + Ca^{2+} \longrightarrow -Si-O-Ca-OH + Na^+ \tag{8-14}$$

在碱性条件下，粉煤灰表层的 Si–O、Al–O 键得以断裂，形成不饱和活性键，使粉煤灰中 SiO_2 和 Al_2O_3 溶出，并与 $Ca(OH)_2$ 发生化学反应生成大量的具有高强度的水化硅酸钙（C-S-H）和水化铝酸钙（C-A-H）等胶凝物质。同时水玻璃中 Na_2SiO_3 也与 $Ca(OH)_2$ 发生化学反应生成水化硅酸钙凝胶（C-S-H）。以上反应过程的化学方程式如下：

$$SiO_2 + Ca(OH)_2 + H_2O \longrightarrow xCaO \cdot ySi_2O_3 \cdot zH_2O \tag{8-15}$$

$$Al_2O_3 + Ca(OH)_2 + H_2O \longrightarrow xCaO \cdot yAl_2O_3 \cdot zH_2O \tag{8-16}$$

$$Na_2SiO_3 + Ca(OH)_2 + 2H_2O === CaSiO_3 \cdot 2H_2O + 2NaOH \tag{8-17}$$

以上反应所生成的水化硅酸钙（C-S-H）和水化铝酸钙（C-A-H）具有较高的强度。它们包裹于土颗粒表面，并填充在固化盐渍土的孔隙中，将土颗粒有效地连接起来，从而在盐渍土内部形成一个致密的空间网络结构，使石灰粉煤灰+水玻璃固化土强度显著提高。

②在水玻璃和生石灰的碱激发作用下，粉煤灰中溶出更多的活性 Al_2O_3。在 Ca^{2+} 和 OH⁻存在的条件下，SO_4^{2-} 与 Al_2O_3 相互作用形成钙矾石，化学方程式如式（8-18）所示。

$$Al_2O_3 + Ca^{2+} + OH^- + SO_4^{2-} \longrightarrow 3CaO \cdot Al_2O_3 \cdot 3CaSO_4 \cdot 32H_2O \tag{8-18}$$

同时由于粉煤灰中有 Fe^{3+}，盐渍土中含有 K^+、SO_4^{2-}，它们相互反应生成 $K_3Fe(SO_4)_3$，如式（8-19）所示。

$$3K^+ + Fe^{3+} + 3SO_4^{2-} === K_3Fe(SO_4)_3 \tag{8-19}$$

Ca^{2+} 含量不断降低的原因有：①通过化学方程式（8-18）形成了钙矾石，损耗了一些 Ca^{2+}；②与 SiO_2 及 Al_2O_3 相互作用形成水化 C-S-H 和 C-A-H；③同水玻璃相互作用形成硅酸钙凝胶。Mg^{2+} 含量下降的主要原因是与水玻璃相互作用形成了硅酸镁凝胶。

加入水玻璃后 SO_4^{2-} 含量继续降低，一方面因为水玻璃中含有 Fe^{3+} 杂质，使得式（8-19）的反应继续进行，消耗了部分 SO_4^{2-}；另一方面则是不溶于水的硅酸凝胶包裹了部分颗粒，限制了离子的活性，导致土中易溶盐含量降低。生石灰和水玻璃对粉煤灰的碱激发作用、水玻璃的水解作用及水玻璃与盐渍土中易溶盐的吸附作用生成的凝胶充填了大量孔隙，颗粒被包裹，颗粒之间的接触面积增大，孔隙大量减少，从而使得骨架颗粒的接触形式由最初的点接触变为最终的面胶结，固化盐渍土的结构变得较为致密，通过凝胶而黏结成为一个致密的空间网状整体结构，土体强度得以提高。同时，SO_4^{2-}的吸附作用使得固化盐渍土中SO_4^{2-}含量大幅度降低，从而可有效减弱硫酸盐渍土盐胀给建设工程带来的危害。

综上所述，水玻璃和生石灰的碱激发粉煤灰作用、水玻璃的水解作用及水玻璃与盐渍土中易溶盐的吸附作用生成大量凝胶。各类凝胶通过填充和包裹使得颗粒之间的接触面积增大，孔隙减小，接触形式由最初的点接触变为最终的面胶结。同时，SO_4^{2-}的吸附作用使得固化盐渍土中SO_4^{2-}含量大幅度降低，从而有效减弱了硫酸盐渍土盐胀。

8.3　固化盐渍土无侧限抗压强度

8.3.1　石灰粉煤灰固化盐渍土无侧限抗压强度

从表8-3中可以发现，经石灰粉煤灰固化的盐渍土，其无侧限抗压强度显著提高，可以看出石灰粉煤灰固化盐渍土的无侧限抗压强度大于盐渍土压实样两倍以上，且随石灰粉煤灰掺量的增多，石灰粉煤灰固化盐渍土的无侧限抗压强度略有降低，说明经石灰粉煤灰固化后，盐渍土的无侧限抗压强度显著提高，但固化效果有限，且随石灰粉煤灰掺量的增多，石灰粉煤灰固化盐渍土无侧限抗压强度反而有所降低。

表8-3　石灰粉煤灰固化盐渍土无侧限抗压强度及含水率

试样类别	压实样	5%石灰+10%粉煤灰固化盐渍土	7%石灰+14%粉煤灰固化盐渍土	9%石灰+18%粉煤灰固化盐渍土
无侧限抗压强度/kPa	187	484	443	415
含水率/%	13.18	9.21	8.39	7.91

在不同方案固化盐渍土中，盐渍土的孔隙水参与各方案固化材料发生的复杂反应，生成不同种类、不同数量的胶凝物，消耗土中水，因而使固化盐渍土的含水率发生变化。试样制备时，按最优含水率20.2%制样，经28 d养护后，天然盐渍土压实样的含水率降为13.18%，盐渍土经石灰粉煤灰固化过程中所发生的各项反应均需水的参与，如离子交换作用需要溶液状态，结晶硬化作用及硅酸化反应均需要水的参与。从表8-3中可以看出，石灰粉煤灰固化盐渍土中水消耗多于天然盐渍土压实样，且随石灰粉煤

灰掺量的增多，与水参加反应的石灰粉煤灰越多，因此含水率也随之变小。随石灰粉煤灰固化盐渍土的含水率降低其无侧限抗压强度也随之降低。

8.3.2　水玻璃固化盐渍土无侧限抗压强度

从表8-4中可以看出天然盐渍土压实样无侧限抗压强度达到187 kPa，在水玻璃固化盐渍土中，20 °Bé水玻璃固化盐渍土无侧限抗压强度最小（156 kPa），其略低于压实土样的无侧限抗压强度，随水玻璃浓度的增加，水玻璃逐渐胶凝化，析出更多具有胶结能力的硅凝胶，并凝结硬化，因此水玻璃固化盐渍土的无侧限抗压强度也随之增加。当水玻璃浓度达到40 °Bé时，水玻璃固化盐渍土的无侧限抗压强度增高显著，达到703 kPa，说明水玻璃浓度是决定水玻璃固化盐渍土固化效果的关键因素，且水玻璃浓度越大盐渍土的无侧限抗压强度越大。

表8-4　水玻璃固化盐渍土无侧限抗压强度及含水率

试样类别	压实样	20 °Bé水玻璃固化盐渍土	30 °Bé水玻璃固化盐渍土	40 °Bé水玻璃固化盐渍土
无侧限抗压强度/kPa	187	156	306	703
含水率/%	13.18	14.29	13.49	12.89

水玻璃固化盐渍土中，水玻璃失水凝胶化，形成硅凝胶或硅酸凝胶，因此含水率的多少一定程度上反映了硅凝胶的析出情况。随着水玻璃固化盐渍土含水率的降低，水玻璃析出的硅凝胶也越来越多。从表8-4可以发现，水玻璃固化盐渍土的含水率与天然盐渍土压实样的相近，其中低浓度（20 °Bé和30 °Bé）水玻璃固化盐渍土的含水率略高于压实样的含水率，这是因为硅酸钠水玻璃凝胶含有的Na^+具有亲水性，所以水玻璃具有吸水保湿的特性。水玻璃固化盐渍土的含水率随水玻璃浓度增大而逐渐减少，即水玻璃析出的硅凝胶也随之增多。由于低浓度（20 °Bé和30 °Bé）水玻璃，含水量较多，失水析出硅凝胶并固化需要很长时间，因此20 °Bé和30 °Bé水玻璃固化盐渍土的无侧限抗压强度增长缓慢。高浓度（40 °Bé）水玻璃含水量较少，失水后析出更多的硅凝胶，胶凝硬化，因此40 °Bé水玻璃固化盐渍土的无侧限抗压强度显著提升。

8.3.3　石灰粉煤灰+40 °Bé水玻璃固化盐渍土无侧限抗压强度

从表8-5中可以看出，石灰粉煤灰+40 °Bé水玻璃固化盐渍土的无侧限抗压强度显著提高，且远大于天然盐渍土压实样、石灰粉煤灰固化盐渍土和水玻璃固化盐渍土的无侧限抗压强度，这是因为石灰粉煤灰+水玻璃的组合能够产生数量更多且强度更高的水化胶凝物质。随石灰粉煤灰掺量增多，石灰粉煤灰+40 °Bé水玻璃固化盐渍土的无侧限抗压强度先增大后减小，当石灰粉煤灰掺量超过7%时，无侧限抗压强度开始降低。其中7%石灰+14%粉煤灰+40 °Bé水玻璃的固化盐渍土无侧限抗压强度最大，达到3926 kPa，故该固化方式的固化效果最优。这说明并不是石灰粉煤灰掺量越多越好，当石灰粉煤灰掺量超过7%时，石灰粉煤灰+40 °Bé水玻璃固化盐渍土的无侧限抗压强度显著降低。

表8-5　石灰粉煤灰+40 °Bé 水玻璃固化盐渍土无侧限抗压强度及含水率

试样类别	压实样	5%石灰+10%粉煤灰+40 °Bé水玻璃固化盐渍土	7%石灰+14%粉煤灰+40 °Bé水玻璃固化盐渍土	9%石灰+18%粉煤灰+40 °Bé水玻璃固化盐渍土
无侧限抗压强度/kPa	187	2009	3926	3019
含水率/%	13.18	9.70	9.51	9.39

在石灰粉煤灰+40 °Bé水玻璃固化盐渍土中，石灰粉煤灰与水玻璃发生复杂反应，消耗了土中大量的水，因此在石灰粉煤灰+40 °Bé水玻璃固化盐渍土中的含水率远低于天然盐渍土压实样中的含水率。同时由于土中水的消耗，也有利于未参与反应的水玻璃析出更多的硅凝胶。随固化材料掺量的增多固化盐渍土的含水率仅略有减少，说明随着固化材料的增多，产生的胶凝物质虽有增多，但增多数量有限。

8.3.4　讨论

整体上，水玻璃固化盐渍土、石灰粉煤灰固化盐渍土和石灰粉煤灰+40 °Bé水玻璃固化盐渍土的无侧限抗压强度依次增大，且石灰粉煤灰+40 °Bé水玻璃固化盐渍土的无侧限抗压强度增长幅度远大于其余两个方案的固化土的无侧限抗压强度增长幅度。其中7%石灰+14%粉煤灰+40 °Bé水玻璃固化盐渍土的无侧限抗压强度最大，该种固化方式的固化效果最优。石灰粉煤灰固化盐渍土随石灰粉煤灰掺量的增多土体无侧限抗压强度随之下降。水玻璃浓度是影响水玻璃固化盐渍土的关键因素，随水玻璃浓度的增大水玻璃固化盐渍土的无侧限抗压强度也随之增大，其中 20 °Bé 水玻璃固化盐渍土的无侧限抗压强度小于天然盐渍土压实样的无侧限抗压强度。石灰粉煤灰+40 °Bé 水玻璃固化盐渍土随固化材料掺量的增多其无侧限抗压强度呈现先增大后减小的现象。

　　盐渍土固化过程中的各种反应对土中水分的消耗导致盐渍土的含水率发生变化，一定程度上决定了胶凝物的生成数量。除低浓度（20 °Bé 和 30 °Bé）水玻璃固化盐渍土的含水率大于天然盐渍土压实样的含水率外，其余各方案固化土的含水率都低于天然盐渍土压实样的含水率。随固化材料掺量的增多，固化土的含水率递减，生成的胶凝物增多，但由于孔隙特征的变化，各方案固化盐渍土出现不同的无侧限抗压强度变化。通过对三种固化方案含水率的比较，发现石灰粉煤灰固化盐渍土消耗的土中水量最多，石灰粉煤灰+40 °Bé 水玻璃固化盐渍土消耗的土中水量次之，水玻璃固化盐渍土消耗的土中水量最少。

8.4　核磁共振微观特征分析——孔隙整体变化间接分析

　　20 世纪 40 年代，美国学者 Pucrell 和 Bloch 首次发现核磁共振现象，随后核磁共振技术在各个领域得到了广泛的应用。1956 年，布朗和菲特发现孔隙中的流体核磁共振弛豫时间要小于自由状态下的流体核磁共振弛豫时间，这一发现奠定了核磁共振技术在岩土体孔隙特征研究的基础。1979 年，Brownstein 和 Tarr 提出了岩石多孔介质的核磁共振理论，标志着核磁共振技术研究岩土体微观特征理论的初步成熟。从 20 世纪 80 年代开始，中国科学院武汉分院的物理研究所等国内单位也逐渐开始了对核磁共振技术的探索和研究。

　　将试样放入低场磁场中，使磁化后的原子核与外部施加的磁场相互作用，并对试样发送一定频率的射频脉冲，试样中所含液体的氢原子将吸纳脉冲能量并产生共振现象，当射频脉冲停止后，氢原子的原子核再将吸纳的能量释放出来，对氢原子释放能量的过程进行监测，所监测得到的信号就是核磁共振信号[35]。根据核磁共振仪器（如图 8-2）磁场强度的差异，核磁共振系统通常可分为低场系统（磁场强度<0.5 T）、中场系统（磁场强度 0.5～1.0 T）和高场系统（磁场强度>1.0 T）。

图8-2 核磁共振仪器图片

核磁共振技术通过检测饱和岩土体孔隙中液态水氢原子的核磁共振信号，推算试样内部水的分布情况和状态，从而间接研究试样的微观孔隙特征。饱和的试样中，孔隙水所处的孔隙特征不同，弛豫时间 T_2 的表现形态也不同，岩土体孔隙中的液体有自由弛豫、扩散弛豫和表面弛豫3种弛豫机制，因此总弛豫时间 T_2 可表示为：

$$\frac{1}{T_2} = \frac{1}{T_{2自由}} + \frac{1}{T_{2扩散}} + \frac{1}{T_{2表面}}$$ （8-20）

式中，

$T_{2自由}$ 为足够大容器中孔隙液体的弛豫时间；

$T_{2表面}$ 为表面弛豫所引起的孔隙液体的弛豫时间；

$T_{2扩散}$ 为梯度磁场下扩散引起的孔隙液体的弛豫时间。

由于自由弛豫时间和扩散弛豫时间远小于表面弛豫时间，因此岩土体的 T_2 弛豫时间可由表面弛豫时间决定。其中表面弛豫时间可表示为：

$$\frac{1}{T_{2表面}} \approx \rho_2 \frac{S}{V}$$ （8-21）

式中，

ρ_2 是横向弛豫率，与岩土体的物理化学性质有关；

S、V 分别代表液态水所处的孔隙表面积与体积。

通过对公式（8-21）进一步简化，试样的弛豫时间 T_2 与土体孔隙半径 R 的关系式可表示如下：

$$\frac{1}{T_2} \approx \rho_2 \frac{\alpha}{R}$$ （8-22）

式中，

R 为孔隙半径；

α 为形状因子[36]，假设土体中孔隙形状为球形，则 $\alpha=3$。

公式（8-22）反映了 T_2 弛豫时间与试样中孔径大小的关系：T_2 值与试样孔隙半径 R 成正比，即 T_2 值反映了孔隙半径情况，T_2 值越大则孔隙半径越大，T_2 越小则孔隙半径也越小；弛豫时间曲线与坐标轴所围面积即 T_2 峰面积，反映了试样中孔隙体积的大小[37]。

试验所用核磁共振测试仪器为苏州纽迈公司研制的型号为 MacroMR12-150H-I 的大尺寸核磁共振分析仪，共振频率为 11.789 MHz，磁体强度为 0.28 T，为低场系统，线圈直径为 60 mm，磁体温度为（32±0.01）℃。首先将试样放入测试仪器中，对试样的初始含水率进行采集，因核磁共振仪器主要检测孔隙中液态水的氢离子，因此测试前需对试样进行饱和处理，即将试样一端放在透水石上进行吸水饱和，待试样顶端完全被水润湿后（如图 8-3）取出样品放在分析天平上称取其饱水后质量。然后放入核磁共振仪中采集其信号，采集完成后再次将样品放在透水石上吸水，每隔 30 min 取出称一次质量并采集一次信号，直到样品质量和信号量不再发生变化为止。最后将检测到的 T_2 曲线代入弛豫模型 $M(t)=\sum_{i-1}^{n}A_i\mathrm{e}^{\left(-t/T_{2i}\right)}$ 中拟合并反演得到试样的 T_2 弛豫时间及其对应的弛豫信号分量。盐渍土的固化过程中，孔隙水参与固化材料的化学反应，部分自由水会转化为结合水和矿物水。因此，固化盐渍土试样的含水率发生变化，固化前后自由水变化量 Δm_f 等于结合水增量 Δm_b 与矿物水增量 Δm_h 之和[38]，而核磁共振仪只能检测到自由水中氢离子的共振，不能检测结合水和矿物水中氢离子的共振，因此固化前后盐渍土土样含水率的变化一定程度上能够反映胶凝物质的生成情况。

图8-3　试样饱和过程

8.4.1 石灰粉煤灰固化盐渍土孔隙整体变化分析

图8-4为不同掺量石灰粉煤灰固化盐渍土弛豫曲线。从图中可以看出，天然盐渍土压实样峰值最高，T_2弛豫时间主要分布在0.23～15.34 ms之间，而石灰粉煤灰固化盐渍土的T_2弛豫时间主要分布在0.23～9.44 ms之间，其弛豫图形峰值和分布范围相对于压实土样的弛豫图形峰值和分布范围明显缩小。与天然盐渍土压实样T_2弛豫时间曲线比较，石灰粉煤灰固化盐渍土的T_2曲线右半部分明显向左偏移，且左半部分曲线与天然盐渍土压实样弛豫曲线基本重合，从表8-6也可看出T_2峰区面积减小，这说明石灰粉煤灰固化盐渍土中大孔径孔隙减少，小孔径孔隙未变，孔隙总体积缩小，这主要是大孔径孔隙被石灰和粉煤灰水化产物及未反应的石灰粉煤灰颗粒填充导致的，因此石灰粉煤灰能有效地降低盐渍土的孔隙率。

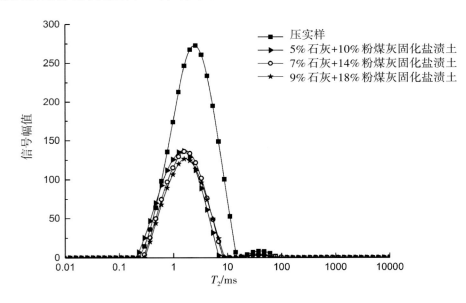

图8-4 不同掺量石灰粉煤灰固化盐渍土弛豫曲线

表8-6 石灰粉煤灰固化盐渍土孔隙特征

试样类型	T_2峰面积	孔隙率/%	孔径分布/μm
压实样	7663.85	40.38	0.1～4.0
5%石灰+10%粉煤灰固化盐渍土	3570.61	20.68	0.1～2.5
7%石灰+14%粉煤灰固化盐渍土	3460.58	19.54	0.1～2.5
9%石灰+18%粉煤灰固化盐渍土	3288.66	17.80	0.1～2.5

如图8-4所示，不同掺量的石灰粉煤灰固化盐渍土弛豫曲线图形基本重合，即随石灰粉煤灰掺量的增多，石灰粉煤灰固化盐渍土的T_2峰区面积变化极小，这也说明固化盐渍土中石灰粉煤灰掺量的变化对其孔隙特征影响较小。

8.4.2 水玻璃固化盐渍土孔隙整体变化分析

图8-5为不同浓度水玻璃固化盐渍土弛豫曲线。从图8-5中可以看出，经水玻璃固化后，水玻璃固化盐渍土的弛豫曲线峰值降低，弛豫时间分布在0.028～1035.320 ms之间，T_2时间分布范围扩大，说明水玻璃固化盐渍土的孔径分布范围较天然盐渍土压实样的孔径分布范围更广。低浓度（20 °Bé和30 °Bé）水玻璃固化盐渍土的峰区面积大于天然盐渍土压实样的峰区面积，说明由于低浓度水玻璃的含水量较多，水玻璃凝胶化固化速度较慢，且析出的硅凝胶较少，因此导致20 °Bé和30 °Bé水玻璃固化盐渍土中孔隙增多，孔隙体积增大。从图8-5中还可以发现，水玻璃固化盐渍土峰区面积增大部分主要集中在T_2弛豫曲线右半部分，说明水玻璃固化盐渍土中增大的孔隙体积主要来自大孔隙的增加，即水玻璃会导致固化盐渍土内大孔隙增加。加入水玻璃后，盐渍土内孔隙分布范围扩大，这是由于水玻璃发生复杂的物理化学作用产生的凝胶包裹颗粒表面并凝聚相邻的土颗粒形成团聚体，一方面填充了颗粒间孔隙生成小孔隙，另一方面造成团聚体间的大孔隙，在水玻璃固化盐渍土内产生大量的大孔隙和小孔隙。

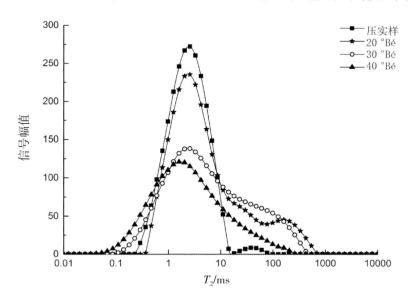

图8-5 不同浓度水玻璃固化盐渍土弛豫曲线

通过比较20 °Bé、30 °Bé和40 °Bé水玻璃固化盐渍土弛豫图形可以发现，随着水玻璃浓度的增加，T_2时间曲线峰值逐渐降低，弛豫时间曲线左移，从表8-7中也可以看出峰区面积减小，说明随水玻璃浓度的增大，水玻璃固化盐渍土孔隙体积缩小，大孔径孔隙减少，小孔径孔隙有所增多。

表8-7　水玻璃固化盐渍土孔隙特征

试样类型	T_2峰面积	孔隙率/%	孔径分布/μm
原装压实土	7663.85	40.38	0.100～4.0
20 °Bé 水玻璃固化盐渍土	8590.61	51.70	0.025～40.0
30 °Bé 水玻璃固化盐渍土	8248.47	44.59	0.025～40.0
40 °Bé 水玻璃固化盐渍土	5634.67	34.22	0.025～40.0

8.4.3　石灰粉煤灰+40 °Bé水玻璃固化盐渍土孔隙整体变化分析

图8-6为不同掺量石灰粉煤灰+40 °Bé 水玻璃固化盐渍土弛豫曲线。与天然盐渍土压实样 T_2 弛豫时间曲线比较，石灰粉煤灰+40 °Bé 水玻璃固化盐渍土弛豫曲线峰值降低，T_2峰面积减少，弛豫时间范围与天然盐渍土压实样的基本一致。从图中可以看出，石灰粉煤灰+40 °Bé 水玻璃固化盐渍土主峰区左偏，右半部分弛豫曲线向左收缩，在11～100 ms 区间曲线略微隆起，左侧曲线与天然盐渍土压实样弛豫曲线基本重合但略左偏。从表8-8也可看出，T_2峰区面积减小，这说明石灰粉煤灰+40 °Bé 水玻璃固化盐渍土中大孔径孔隙减少，小孔径孔隙未变，孔隙总体积缩小。同时，也说明经石灰粉煤灰+40 °Bé 水玻璃固化后，盐渍土孔径分布范围保持不变，孔隙体积缩小主要是1～11 ms 区间的孔隙减少造成的。

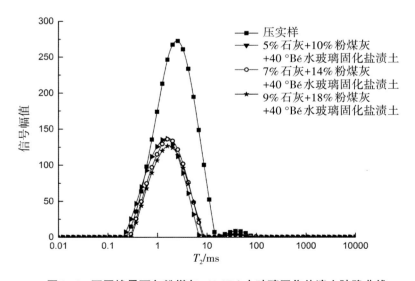

图8-6　不同掺量石灰粉煤灰+40 °Bé 水玻璃固化盐渍土弛豫曲线

表8-8 石灰粉煤灰+40 °Bé 水玻璃固化盐渍土孔隙特征

试样类型	T_2峰面积	孔隙率/%	孔径分布/μm
压实样	7663.85	40.38	0.1～4.0
5%石灰+10%粉煤灰+ 40 °Bé 水玻璃固化盐渍土	4979.84	25.15	0.1～63.0
7%石灰+14%粉煤灰+ 40 °Bé 水玻璃固化盐渍土	4883.44	25.00	0.1～63.0
9%石灰+18%粉煤灰+ 40 °Bé 水玻璃固化盐渍土	4763.93	24.16	0.1～63.0

从图中可以看出，不同掺量的石灰粉煤灰+40 °Bé 水玻璃固化盐渍土 T_2 弛豫时间曲线基本重合，这说明随固化材料掺量的增多，石灰粉煤灰+40 °Bé 水玻璃固化盐渍土的整体孔隙特征变化不明显。

8.4.4 不同方案固化盐渍土孔隙整体变化分析

图8-7为40 °Bé 水玻璃、7%石灰+14%粉煤灰和7%石灰+14%粉煤灰+40 °Bé 水玻璃三种固化方案固化盐渍土的弛豫时间曲线对比图。从图中可以看出，石灰粉煤灰固化盐渍土的 T_2 弛豫时间分布最窄，T_2 峰面积最小；水玻璃固化盐渍土 T_2 弛豫时间分布最广，T_2 峰面积最大；石灰粉煤灰+40 °Bé 水玻璃固化盐渍土峰值最高，T_2 弛豫时间分布和 T_2 峰面积居于其余两个方案之间。由此可知，在三种固化方案中，石灰粉煤灰固化盐渍土最为密实，孔隙体积和孔隙率最小，孔径分布范围最窄；水玻璃固化盐渍土较为疏松，孔隙体积和孔隙率最大且孔径分布范围最广；石灰粉煤灰+40 °Bé 水玻璃固化盐渍土居中。

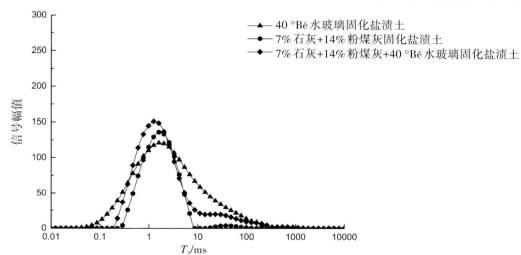

图8-7 不同方案固化盐渍土弛豫曲线

8.4.5 讨论

在石灰粉煤灰固化盐渍土中，T_2 峰区面积减小，峰值降低，弛豫时间分布范围缩小。石灰粉煤灰固化盐渍土的 T_2 曲线右半部分相较天然盐渍土压实样的 T_2 曲线明显向左偏移，且左半部分曲线与天然盐渍土压实样弛豫曲线基本重合。这说明石灰粉煤灰固化盐渍土中大孔径孔隙减少，小孔径孔隙基本未变，孔隙总体积缩小，这主要是大孔径孔隙被石灰和粉煤灰水化产物及未反应的石灰粉煤灰颗粒填充导致的，因此石灰粉煤灰能极大地减少盐渍土的孔隙率。不同掺量的石灰粉煤灰固化盐渍土的弛豫曲线图形基本重合，即石灰粉煤灰固化盐渍土孔隙特征不随石灰粉煤灰掺量的变化而变化。

经水玻璃固化后，水玻璃固化盐渍土的弛豫曲线峰值降低，弛豫时间分布范围扩大，水玻璃扩大了盐渍土的孔径分布范围。不同浓度的水玻璃固化盐渍土呈现不同的孔隙特征变化。低浓度（20 °Bé 和 30 °Bé）水玻璃的含水量较多，水玻璃凝胶化速度较慢，析出的硅凝胶较少，导致 20 °Bé 和 30 °Bé 水玻璃固化盐渍土中的孔隙增多，孔隙体积增大，且增大的孔隙体积主要来自大孔隙的增加。随着水玻璃浓度的增加，T_2 时间曲线峰值逐渐降低，弛豫时间曲线左移，峰区面积减小，说明随水玻璃浓度的增大，固化盐渍土孔隙体积缩小，大孔隙减少，小孔隙增多。

石灰粉煤灰+40 °Bé 水玻璃固化盐渍土中，经固化材料固化后，盐渍土弛豫曲线峰值降低，T_2 峰区面积减少，弛豫时间范围基本保持不变。弛豫曲线右半部分向左收缩，而左侧曲线与天然盐渍土压实样弛豫曲线基本重合但略向左偏。即在石灰粉煤灰+40 °Bé 水玻璃固化盐渍土中，孔隙范围基本保持不变，盐渍土内孔隙总体积减小，减小的孔隙体积主要是大孔径孔隙的减小造成的。不同掺量的石灰粉煤灰+40 °Bé 水玻璃固化盐渍土的 T_2 弛豫时间曲线基本重合，即石灰粉煤灰+40 °Bé 水玻璃固化盐渍土孔隙特征随掺量的增多而基本保持不变。

盐渍土经三种不同固化混合料固化后，不同固化方案的弛豫时间曲线存在显著的差异。其中石灰粉煤灰固化盐渍土最为密实，孔隙体积和孔隙率最小，孔径分布范围最小；而水玻璃固化盐渍土较为疏松，孔隙体积和孔隙率最大且孔径分布范围最广；石灰粉煤灰+40 °Bé 水玻璃固化盐渍土居中。

8.5 扫描电镜微观特征分析——形貌及组构分析

扫描式电子显微镜被广泛应用于土体内部微观结构的观察中，是一款可以直观研究土体微观结构特征的仪器（如图8-8）。扫描电镜通过对土体试样表面进行扫描，在试样表面激发出次级电子，并由探测器收集激发出的次级电子，且在此处被闪烁器转变为光信号，光信号再由放大器和光电倍增管转变为电信号，便能在屏幕上拍照并观察放大后的试样表面图像。

图8-8　扫描电镜仪器图片

利用扫描电子显微镜能够直观地观察试样中土的微观特性，而土的微观特性是研究盐渍土宏观力学性质变化的重要参考项。在过去的20多年里，许多研究者通过扫描电镜技术对土体的颗粒形态、孔隙形状、孔隙定向性和结构形态及分布特征等进行了大量的研究，进一步探索了土体的成因和相关物理力学性质的变化原因，极大地推动了土体微结构方面的研究发展。但目前为止尚缺乏有效的定量分析方法，对于扫描电镜图像的分析多数停留在定性研究阶段[39]。

本次试验使用仪器为泰思肯公司生产的MIRA3场发射扫描电镜。试验开始后，先将试样烘干，再将其掰碎，选取保持原有形态的块状试样为观测试样，将块状试样用导电胶固定于样品座中。为使图像显示更清晰，试样脱水、固定后，在试样表面喷涂一层金，选择两至三处进行观察拍照。得到微观图像之后可以直观地观察试样的颗粒形状和孔隙的形态、颗粒的大小和分布特征、颗粒之间的胶结状况及孔隙结构等特征，得到定性的观察研究成果。

8.5.1　天然盐渍土压实样形貌及组构分析

扫描电镜主要从土体单元体（单粒或团聚体）和孔隙结构形态等方面进行土体微观结构的观察，具体对单元体的性质、形状和大小，单元体的组合情况，单元体之间的接触方式及单元体在空间上的分布特征，孔隙特征、形状、大小和结构连接特性，接触连接类型及结构强度等方面进行分析。

图 8-9 为天然盐渍土压实样的扫描电镜图像。由图可以看出，天然盐渍土土体结构松散，主要为单粒结构土颗粒，颗粒形状明显，多为菱状、尖菱状，颗粒大小不等，颗粒间无序层叠堆积，孔隙多为粒间孔隙，孔隙呈现多种形态，有圆形、尖菱形等，颗粒表面及孔隙内未发现明显的胶凝物质，土颗粒之间多呈点接触且接触面积较小。

图 8-9　天然盐渍土压实样扫描电镜图像(×10000)

8.5.2　石灰粉煤灰固化盐渍土形貌及组构分析

图 8-10 为不同掺量的石灰粉煤灰固化盐渍土扫描电镜图像。由图可以看出，石灰粉煤灰固化盐渍土图像中有团聚体生成，团聚体表面吸附有未参与反应的土颗粒，土体内有少量的团聚体、保持原样的土颗粒和未参与反应的石灰粉煤灰颗粒存在。比较不同掺量的石灰粉煤灰固化盐渍土扫描电镜图像，5%石灰+10%粉煤灰固化盐渍土的孔隙特征与天然盐渍土压实样的孔隙特征相似，孔隙结构均以粒间孔隙为主。在7%石

灰+14%粉煤灰固化盐渍土中有少量的团聚体出现，团聚体表面吸附有土颗粒，颗粒、团聚体无序组合，颗粒、团聚体间多为点-面接触。当石灰粉煤灰掺量达到9%石灰+18%粉煤灰时，从图8-10（c）中可以看出，固化盐渍土内有少量的凝胶物质出现，团聚体增多且在团聚体表面吸附有土颗粒，孔隙中沉积的石灰粉煤灰颗粒增多，孔隙多为架空孔隙。

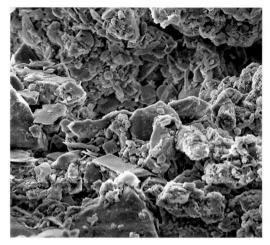

（a）5%石灰+10%粉煤灰固化盐渍土

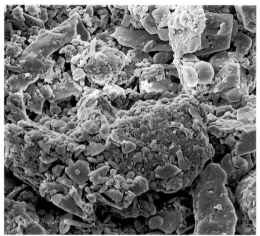

（b）7%石灰+14%粉煤灰固化盐渍土

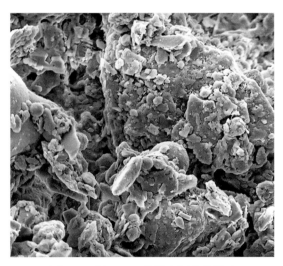

（c）9%石灰+18%粉煤灰固化盐渍土

图8-10　石灰粉煤灰固化盐渍土扫描电镜图像（×10000）

随着石灰粉煤灰掺量的增多，团聚体也随之增多，孔隙从粒间孔隙逐渐发展为架空孔隙。由于未在颗粒表面发现明显的水化胶凝物质，说明硅酸化反应较少，而结晶硬化作用反应较慢，这也解释了石灰粉煤灰固化盐渍土早期强度较低的原因。通过离子交换作用和结晶硬化作用，土颗粒间相互连接，凝聚成大小不等的团聚体，增加了固化盐渍土的强度。另外，由于石灰与粉煤灰的反应速度较慢，因此在盐渍土内孔隙中沉积有未反应的石灰粉煤灰颗粒，这也改善了土体级配状况，增加了盐渍土的固化强度，使石灰粉煤灰固化盐渍土相比天然盐渍土压实样更为致密。但随着石灰粉煤灰掺量的增多，过多的石灰粉煤灰颗粒沉积在盐渍土孔隙中，削弱了团聚体或颗粒间的抗剪力，这也解释了随石灰粉煤灰掺量的增多，石灰粉煤灰固化盐渍土的抗压强度降低的原因。

8.5.3　水玻璃固化盐渍土形貌及组构分析

图 8-11 为不同浓度水玻璃固化盐渍土的扫描电镜图像。在低浓度（20 °Bé 和 30 °Bé）水玻璃固化盐渍土图像中可以看出，土颗粒表面仅吸附有较少的胶凝物，颗粒仍保持原有形状，无序堆叠排放，孔隙以粒间孔隙为主，与天然盐渍土压实样孔隙相似；在高浓度（40 °Bé）水玻璃固化盐渍土图像中可以看出，土颗粒表面包裹了较厚的胶凝物，将相邻的土颗粒通过凝胶凝聚起来，因此在盐渍土内形成大量大小不等的团聚体，孔隙以团聚体间的架空孔隙为主，团聚体与颗粒之间主要以点-面形式接触，团聚体表面还吸附有小团聚体和土颗粒，这也表明了水玻璃固化盐渍土中团聚体的形成方式和增长方式，由于生成的大量胶凝物填充于孔隙中，将团聚体和颗粒形成一个稳固的整体，因此高浓度水玻璃固化盐渍土相较低浓度水玻璃固化盐渍土具有更高的抗压强度。随水玻璃浓度的增大，颗粒表面包裹的胶凝物的厚度也随之增大，颗粒接触方式由点接触发展为面接触，孔隙由粒间孔隙逐渐发展为架空孔隙，形成致密的结构，从而使盐渍土的固化效果得以提升。

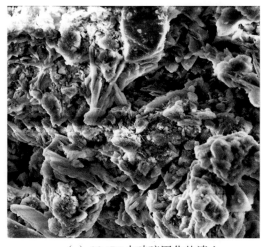 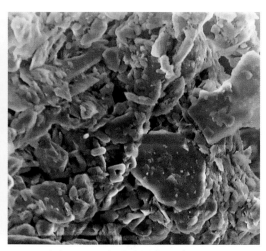

（a）20 °Bé 水玻璃固化盐渍土　　　　（b）30 °Bé 水玻璃固化盐渍土

（c）40 °Bé水玻璃固化盐渍土

图8-11　水玻璃固化盐渍土扫描电镜图像（×10000）

8.5.4　石灰粉煤灰+40 °Bé水玻璃形貌及组构分析

图8-12为不同石灰粉煤灰+40 °Bé水玻璃固化盐渍土扫描电子显微镜图像。图像显示，在石灰粉煤灰+40 °Bé水玻璃固化盐渍土中，由于石灰粉煤灰能够与水玻璃发生复杂的化学反应并生成大量水化硅酸钙（C-S-H）和水化铝酸钙（C-A-H）等胶凝物质，而大量胶凝物质通过吸附作用包裹于土颗粒的表面，加大了土颗粒之间的接触面积，有效地连接起骨架颗粒；随固化材料掺量的增多，对比天然盐渍土颗粒形状，可以看出石灰粉煤灰+40 °Bé水玻璃固化盐渍土的土颗粒表面所包裹的胶凝物质变厚，颗粒形状变模糊并逐渐消失，形成表面光滑的团聚体；同时胶凝物质填充于团聚体间的架空孔隙，土中孔隙大幅度减少，在固化盐渍土内凝结为一个致密的空间网状结构，使盐渍土结构从原来松散的单粒结构演变为致密的整体性结构，盐渍土的抗压强度得以提高。

比较不同掺量的石灰粉煤灰+40 °Bé水玻璃固化盐渍土扫描电镜图像可以发现，随固化材料掺量的增多，土颗粒表面覆盖的胶凝物厚度逐渐增大，孔隙结构先由粒间孔隙的疏松结构发展为致密整体性结构，再发展为多架空孔隙结构。其中5%石灰粉煤灰+40 °Bé水玻璃固化盐渍土生成的胶凝物较少，颗粒清晰可见，孔隙以粒间孔隙为主；7%石灰粉煤灰+40 °Bé水玻璃固化盐渍土中可以看到土颗粒表面覆盖了厚厚的胶凝物，颗粒形状消失，孔隙较少，结构最为致密；9%石灰粉煤灰+40 °Bé水玻璃固化盐渍土中可以看出，固化盐渍土内存在大量胶凝物填充在架空孔隙中，使小团聚体凝聚成致密的一个整体，但固化盐渍土内部出现的大孔径的架空孔隙和胶凝物质失水凝缩产生的裂缝，减弱了胶凝物的胶结强度，导致固化盐渍土的抗压强度降低，这也解释了随固化材料掺量的增多，石灰粉煤灰掺量+40 °Bé水玻璃固化盐渍土抗压强度先增大后减小的原因。

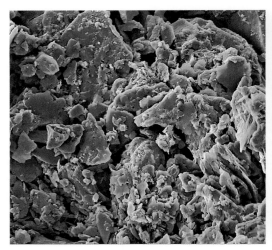 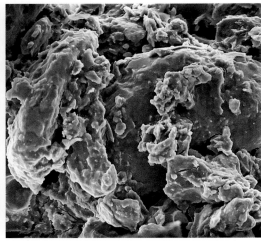

（a）5%石灰+10%粉煤灰+40 °Bé水玻璃固化盐渍土　（b）7%石灰+14%粉煤灰+40 °Bé水玻璃固化盐渍土

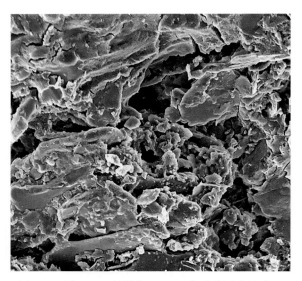

（c）9%石灰+18%粉煤灰+40 °Bé水玻璃固化盐渍土

图8-12　石灰粉煤灰+40 °Bé 水玻璃固化盐渍土扫描电镜图像（×10000）

8.5.5　不同方案固化盐渍土形貌及组构分析

图 8-10（b）、图 8-11（c）和图 8-12（b）分别代表 7% 石灰粉煤灰固化盐渍土、40 °Bé 水玻璃固化盐渍土和 7% 石灰粉煤灰+40 °Bé 水玻璃固化盐渍土三种固化方案的扫描电镜图像。比较以上三种图像可以发现：不同固化方案生成的胶凝物数量不同。7% 石灰粉煤灰固化盐渍土中硅酸化反应较少，在石灰粉煤灰固化盐渍土中主要进行结晶硬化和离子交换作用，在石灰粉煤灰固化盐渍土中未发现明显的胶凝物质；由于 40 °Bé 水玻璃固化盐渍土中，水玻璃失水析出硅凝胶；在石灰粉煤灰+40 °Bé 水玻璃固化盐渍土中，通过碱激发作用也产生大量水化胶凝物，因此 40 °Bé 水玻璃固化盐渍土和石灰粉煤灰+40 °Bé 水玻璃固化盐渍土中存在明显的胶凝物。

由于不同固化方案生成的胶凝物种类和数量的不同，固化盐渍土的结构特征也有不同表现。可以看出：7% 石灰粉煤灰固化盐渍土中仅有少量的团聚体存在，土体内还有大量的土颗粒仍保留原有的形状，其孔隙形态与天然盐渍土压实样的相似；40 °Bé 水玻璃固化盐渍土中存在大量微小团聚体，团聚体堆叠排放，孔隙以架空孔隙为主；在 7% 石灰粉煤灰+40 °Bé 水玻璃固化盐渍土中小团聚体凝聚成大团聚体，土体的结构致密、孔隙较少。

8.5.6　讨论

不同的固化方式会产生不同的固化形态，天然盐渍土压实样以单粒为主，结构松散，孔隙以粒间孔隙为主，颗粒接触方式为点接触。石灰粉煤灰固化盐渍土中，由于结晶硬化作用和离子交换作用，在固化盐渍土内有少量团聚体生成，且在团聚体表面吸附有大小不等的土颗粒，颗粒、团聚体无序组合，颗粒、团聚体间多为点-面接触。随石灰粉煤灰掺量的增多，盐渍土内的团聚体增多，孔隙从颗粒间的粒间孔隙向团聚体间的架空孔隙发展，且有尚未参与反应的石灰粉煤灰颗粒沉积在土体孔隙中，增加了石灰粉煤灰固化盐渍土的密实性。

在水玻璃固化盐渍土中，不同浓度水玻璃固化盐渍土表现出不同的微观形态。在低浓度（20 °Bé 和 30 °Bé）水玻璃固化盐渍土中，土颗粒表面仅吸附有较少的胶凝物，颗粒仍保持原有形状，无序堆叠排放，与天然盐渍土压实样孔隙结构相似；在高浓度（40 °Bé）水玻璃固化盐渍土中，土颗粒表面包裹了较厚的胶凝物，起到了连接土颗粒的作用，构成了大量的团聚体。随水玻璃浓度的增大，颗粒表面包裹的胶凝物厚度随之增大，颗粒接触方式由点接触发展为面接触，孔隙由粒间孔隙逐渐发展为架空孔隙，形成较为致密的结构。

在石灰粉煤灰+40 °Bé水玻璃固化盐渍土中，有大量胶凝物生成，胶凝物包裹于土颗粒表面，有效地连接起土颗粒；随胶凝物的增多，胶凝物将盐渍土凝结为一个致密的空间网状结构，使盐渍土由原来松散的单粒结构变为致密的整体性结构，土体结构变得更加致密。随石灰粉煤灰掺量的增多，生成的胶凝物厚度增大，孔隙结构先由疏松结构发展为致密结构，再发展为多架空孔隙的紧密结构。当石灰粉煤灰掺量超过7%时，石灰粉煤灰+40 °Bé水玻璃固化盐渍土内部又重新出现的大量的架空孔隙和胶凝物失水凝缩产生的裂缝，减弱了胶凝物的胶结强度，导致固化盐渍土的抗压强度降低。

不同固化方案的固化方式不同，生成胶凝物的种类和数量不同，固化盐渍土的微观结构特征也不同。石灰粉煤灰固化盐渍土中未发现明显的胶凝物，而石灰粉煤灰+水玻璃固化盐渍土中存在大量胶凝物；石灰粉煤灰固化盐渍土中存在少量的团聚体，保持原样的土颗粒和未参与反应的石灰粉煤灰颗粒共存，在水玻璃固化盐渍土中存在大量的微小团聚体，而石灰粉煤灰+水玻璃固化盐渍土中胶凝物将多个微小团聚体凝聚成致密的团聚体，致使土体结构更为致密。

8.6　压汞实验微观特征分析——微纳米级孔隙定量分析

压汞法是利用汞的不浸润性，在不同压力作用下，将汞压入多孔材料孔隙当中，从而对岩土体的孔隙特征和分布规律进行定量分析的研究方法。试验所测得的孔径是由仪器所加载的压力决定的，根据Washburn公式，孔隙大小与仪器的增压幅度相对应，汞的浸入孔隙半径与所施加的压力成反比，即压力越大则浸入的孔隙越小。

压汞法通常将试样中孔隙假设为圆柱状，根据Washburn公式，通过将汞压入圆柱形孔隙时施加的压力大小可计算孔径大小[40]，Washburn公式如下：

$$P_m = -2\sigma \cos (\theta/r) \tag{8-23}$$

式中，

P_m为将汞压入孔隙所施加的压力；

σ为汞的液体表面张力，取485.0 N/m；

θ为汞与土体的接触角，本次试验取130°；

r为圆柱形孔隙半径。

试验所用压汞仪器为美国 micromeritics 公司生产的 Auto-Pore V 9600 全自动压汞法孔隙分析仪（图 8-13），可测量范围在 0.003～1100 μm 之间的孔隙。通过对不同固化材料固化盐渍土进行压汞试验，得到描述孔隙特征的孔隙率、孔隙体积等参数，以此了解固化材料对土体孔隙结构和孔隙分布的影响。Webb 证实了压汞法可以用来测试多孔材料的孔隙分布，该方法也被广泛用于各类土体的孔隙特征测试[41]。当利用压汞法检测岩土体孔隙特征时，仅需检测进汞体积量与所对应的施加压力，依据汞压入压力，计算出岩土体的孔隙半径，并根据孔隙半径与压入的汞体积关系转换得到土中孔隙表面积、孔隙体积、孔径分布和平均孔径等孔隙特征参数。

图 8-13　压汞仪器图片

8.6.1　石灰粉煤灰固化盐渍土孔隙定量分析

图 8-14 为压汞法测试所得石灰粉煤灰固化盐渍土孔隙特征曲线。从图 8-14（a）中可以看出，石灰粉煤灰固化盐渍土的累积进汞量低于天然盐渍土压实样的累积进汞量，9% 石灰+18% 粉煤灰固化盐渍土的累积进汞量最低，而 5% 石灰+10% 粉煤灰固化盐渍土及 7% 石灰+14% 粉煤灰固化盐渍土的累积进汞量基本相同。说明盐渍土中添加石灰粉煤灰拌合料后，固化盐渍土的孔隙体积减小、孔隙率降低，尤其 9% 石灰+18% 粉煤灰固化盐渍土的孔隙体积减小最多。

从图 8-14（b）中可以发现，天然盐渍土压实样存在两个明显的峰区，分别在 50～4599 nm 和 4599～30174 nm 的区间，据此可将试样的孔隙划分为两类：大孔隙（5～100 μm）和小孔隙（0.003～5 μm）[42]。在天然盐渍土压实样中，小孔径孔隙占孔隙的绝大部分。由于土的结构状态能够影响土体孔隙率的大小，因此可以通过孔隙率表示土体结构特征[43]。相较于天然盐渍土压实样的孔隙分布曲线，石灰粉煤灰固化盐渍土的孔径分布范围收窄。在大孔径区域峰区（>5000 nm），不同掺量的石灰粉煤灰固化盐渍土的孔隙分布曲线表现出不同的下降形式，5% 石灰粉煤灰固化盐渍土的孔隙分布曲线下降最明显，峰区基本消失，而 7% 石灰粉煤灰固化盐渍土的孔隙分布曲线仅略有下降，9% 石灰粉煤灰固化盐渍土的孔隙分布曲线居中。在小孔径（<5000 nm）区域，石灰粉煤灰固化盐渍土在 1000～4599 nm 区间出现明显的第三个峰区；随石灰粉煤灰掺量增多，土体的微小孔隙随之减小。其中在 10～100 nm 区间，7% 与 9% 石灰粉煤灰固化盐渍土的孔隙基本消失。这说明当盐渍土中掺入石灰粉煤

灰拌合料后，土体孔径分布范围缩小，孔隙率与孔隙体积减小，这主要是由于在大孔径区域，峰区峰值降低，大孔隙体积减小，孔隙分布范围缩小；而在小孔径区域，出现了明显的第三峰区，增大了孔隙体积，同时微小孔隙有所减少，总体上孔隙分布范围缩小且孔隙体积减小。

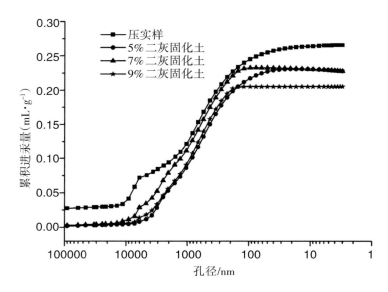

（a）石灰粉煤灰固化盐渍土累积进汞图

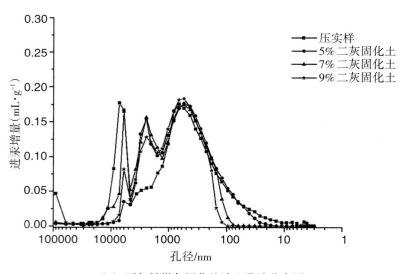

（b）石灰粉煤灰固化盐渍土孔隙分布图

图8-14 石灰粉煤灰固化盐渍土孔隙特征曲线

8.6.2　水玻璃固化盐渍土孔隙定量分析

图 8-15 为压汞法测试所得水玻璃固化盐渍土孔隙特征曲线。从图 8-15（a）中可以发现，累积进汞量从大到小分别是 20 °Bé 水玻璃固化盐渍土、30 °Bé 水玻璃固化盐渍土、天然盐渍土压实样和 40 °Bé 水玻璃固化盐渍土，这说明低浓度（20 °Bé 和 30 °Bé）水玻璃固化盐渍土的孔隙体积大于压实样的孔隙体积，随水玻璃浓度的增加，固化盐渍土的孔隙体积和孔隙率逐渐减小，当水玻璃浓度达到 40 °Bé 时，固化盐渍土的孔隙体积和孔隙率已经小于天然盐渍土压实样的孔隙体积和孔隙率。

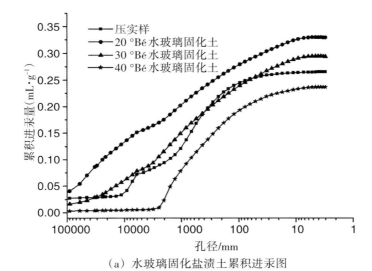

（a）水玻璃固化盐渍土累积进汞图

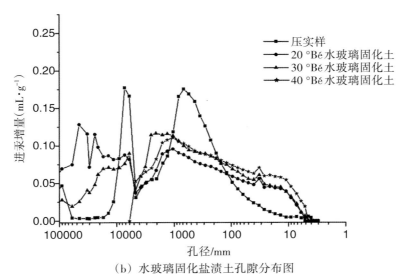

（b）水玻璃固化盐渍土孔隙分布图

图 8-15　水玻璃固化盐渍土孔隙特征曲线

从图8-15（b）中可以发现，盐渍土经水玻璃固化后，盐渍土的峰值降低，曲线变平缓，孔径范围扩大，这主要是大孔隙增多导致的。低浓度的水玻璃（20 °Bé和30 °Bé）固化下，在大孔径区域，相较于天然盐渍土压实样的孔隙分布曲线，水玻璃固化盐渍土的孔隙分布曲线峰值降低，分布范围扩大，大孔径孔隙明显增多，即低浓度水玻璃固化盐渍土中有大孔径孔隙生成，孔隙体积的增大主要来自大孔隙；高浓度（40 °Bé）水玻璃固化盐渍土的大孔径峰区消失，即高浓度水玻璃固化盐渍土孔隙体积减小主要是由于大孔径孔隙减少；在小孔径区域，6～100 nm的范围内，水玻璃固化盐渍土的孔隙有所增加，且随水玻璃浓度增加此区域的孔径体积随之减少。

8.6.3　石灰粉煤灰+40 °Bé水玻璃固化盐渍土孔隙定量分析

图8-16为压汞法测试所得石灰粉煤灰+40 °Bé水玻璃固化盐渍土孔隙特征曲线，从图8-16（a）中可以看出，不同掺量石灰粉煤灰+40 °Bé水玻璃固化盐渍土的累积进汞量曲线不同，5%石灰粉煤灰+40 °Bé水玻璃固化盐渍土累积进汞量最多，天然盐渍土压实样的累积进汞量其次，7%石灰粉煤灰+40 °Bé水玻璃固化盐渍土与9%石灰粉煤灰+40 °Bé水玻璃固化盐渍土的累积进汞量大体相同，即5%石灰粉煤灰+40 °Bé水玻璃固化盐渍土的孔隙率和孔隙体积大于天然盐渍土压实样的孔隙率和孔隙体积，随掺加的固化材料增多，石灰粉煤灰+40 °Bé水玻璃固化盐渍土的孔隙率与孔隙体积随之减小。

从图8-16（b）中可以看出，石灰粉煤灰+40 °Bé水玻璃固化盐渍土各孔隙分布曲线的形态各异，相比天然盐渍土压实样的孔隙分布曲线，固化盐渍土孔隙分布曲线分布范围扩大，出现第三个峰区。在大孔径范围内（>5000 nm），9%石灰粉煤灰+40 °Bé水玻璃固化盐渍土孔隙分布曲线的峰值急剧升高，明显高于天然盐渍土压实样的孔隙分布曲线峰值，而5%石灰粉煤灰+40 °Bé水玻璃固化盐渍土与7%石灰粉煤灰+40 °Bé水玻璃固化盐渍土的孔隙分布曲线峰值均降低，曲线变平缓，孔隙分布范围扩大；在小孔径范围内（<5000 nm），固化盐渍土的峰区发生变化，主峰区左移，其峰值降低，在3～100 nm区间出现一个新峰区。这说明经固化材料固化后，所生成的胶凝物填充孔隙，降低了盐渍土的孔隙体积和孔隙率，小孔径孔隙减少，在3～100 nm区间极微小孔隙增多；同时胶凝物凝聚土颗粒形成团聚体，导致大孔径的架空孔隙增多，因而大孔径孔隙增多，其中9%石灰粉煤灰+40 °Bé水玻璃固化盐渍土的大孔径孔隙增长尤其明显。这也解释了石灰粉煤灰掺量超过7%后，随着固化材料的掺量增多，虽然生成了更多的胶凝物，使盐渍土孔隙体积和孔隙率减少，土体密实度增加，但石灰粉煤灰+40 °Bé

水玻璃固化盐渍土的抗压强度降低的原因。

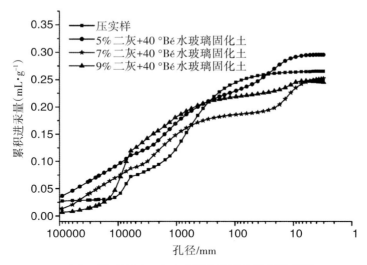

（a）石灰粉煤灰+水玻璃固化盐渍土累积进汞图

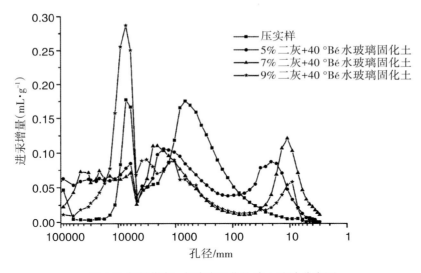

（b）石灰粉煤灰+水玻璃固化盐渍土孔隙分布图

图 8-16　石灰粉煤灰+水玻璃固化盐渍土孔隙特征曲线

8.6.4　不同方案固化盐渍土孔隙定量对比分析

图 8-17 分别是 7%石灰粉煤灰、40 °Bé 水玻璃和 7%石灰+14%粉煤灰+40 °Bé 水玻璃固化盐渍土的孔隙特征曲线。从图 8-17（a）中可以发现，三种固化方案的累积进汞量相似，其中石灰粉煤灰+40 °Bé 水玻璃固化盐渍土累积进汞量最多，水玻璃固化盐渍土的

累积进汞量其次，石灰粉煤灰固化盐渍土的累积进汞量最少，即不同固化方式，对盐渍土孔隙特征的改变程度不同，石灰粉煤灰有效地降低了盐渍土的孔隙体积和孔隙率。

从图8-17（b）中可以看出，在大孔径范围内，石灰粉煤灰+40 °Bé水玻璃固化盐渍土的孔隙体积最大，分布范围也最广，而40 °Bé水玻璃固化盐渍土的孔隙体积在此区域基本消失，石灰粉煤灰固化盐渍土孔隙体积较少，分布范围居中；在小孔隙范围内，各方案的主峰区域范围不同，40 °Bé水玻璃固化盐渍土的孔隙在小孔隙区域内均有大量分布，石灰粉煤灰固化盐渍土孔隙主要分布在100～6000 nm内，而石灰粉煤灰+40 °Bé水玻璃固化盐渍土孔隙主要分布在两个区域，分别是3～30 nm和300～4000 nm区间。

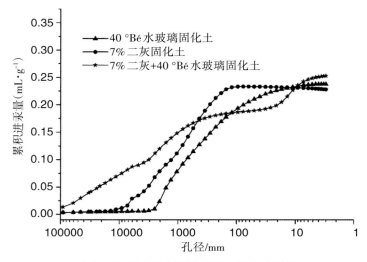

（a）不同固化方案固化盐渍土累积进汞量

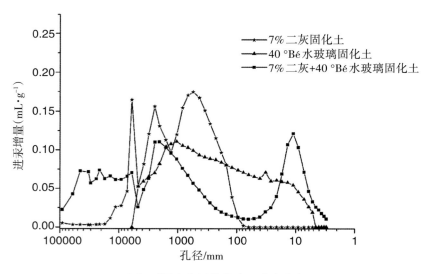

（b）不同方案固化盐渍土孔隙分布

图8-17　不同方案固化盐渍土孔隙特征曲线对比图

8.6.5　讨论

天然盐渍土压实样有明显的两个峰区，分别在 50～4599 nm 和 4599～30174 nm 区间，小孔径孔隙占孔隙的绝大部分。在石灰粉煤灰固化盐渍土中，经石灰粉煤灰拌合料固化后，盐渍土内孔径分布范围缩小，孔隙率与孔隙体积减小，这主要是由于在大孔径区域，峰区峰值降低，大孔隙体积减小，孔隙分布范围缩小；而在小孔径区域，1000～4599 nm 区间孔隙增多，增大了孔隙体积。随石灰粉煤灰掺量增多，微小孔隙随之减小，总体上孔隙分布范围缩小且孔隙体积减小。

在水玻璃固化盐渍土中，低浓度水玻璃固化盐渍土与高浓度水玻璃固化盐渍土表现出不同的孔隙特征变化趋势。经水玻璃固化后，固化盐渍土峰值降低，曲线变平缓，孔隙范围扩大，这主要是大孔隙的增多导致的。在低浓度的水玻璃（20 °Bé 和 30 °Bé）固化下，盐渍土在大孔径区域有大孔径孔隙生成，孔隙体积的增大主要来自大孔隙的增多；高浓度（40 °Bé）水玻璃固化盐渍土的大孔径孔隙消失，即高浓度水玻璃固化盐渍土孔隙体积减小主要是大孔径孔隙减少；在小孔径区域，即 6～100 nm 的范围内，水玻璃固化盐渍土的孔隙有所增加，且随水玻璃浓度增加，此区域的孔径体积随之减少。

在石灰粉煤灰+40 °Bé 水玻璃固化盐渍土中，不同掺量的固化材料所固化的盐渍土表现出不同的孔隙特征变化趋势。总体上，经石灰粉煤灰+40 °Bé 水玻璃固化后，固化盐渍土的孔隙体积和孔隙率降低，大孔径孔隙增多，孔隙分布曲线分布范围扩大，在 100～3 nm 区间微小孔隙增多。随固化材料的增多，石灰粉煤灰+40 °Bé 水玻璃固化盐渍土的孔隙率与孔隙体积随之减小。

通过对比 7%石灰+14%粉煤灰、40 °Bé 水玻璃和 7%石灰+14%粉煤灰+40 °Bé 水玻璃三种固化方式的固化盐渍土。石灰粉煤灰+40 °Bé 水玻璃固化盐渍土的孔隙体积和孔隙率较大，而石灰粉煤灰固化盐渍土的孔隙体积和孔隙率最小，水玻璃固化盐渍土的孔隙体积和孔隙率居中。石灰粉煤灰固化盐渍土和石灰粉煤灰+40 °Bé 水玻璃固化盐渍土的孔隙分布曲线都存在三个峰区。在大孔径范围内，石灰粉煤灰+40 °Bé 水玻璃固化盐渍土的孔隙体积最大，孔隙分布曲线的分布范围也最广，石灰粉煤灰固化盐渍土孔隙体积减小，孔隙分布曲线的分布范围缩小，而水玻璃固化盐渍土的大孔径基本消失。在小孔隙范围内，水玻璃固化盐渍土的孔隙主要分布在小孔隙区域，石灰粉煤灰固化盐渍土的孔隙主要分布在 100～6000 nm 内，而石灰粉煤灰+40 °Bé 水玻璃固化盐渍土的孔隙主要分布在 3～30 nm 和 300～4000 nm 两个区域。

8.7 小结

选用石灰粉煤灰、水玻璃、石灰粉煤灰+40 °Bé水玻璃三种方案固化硫酸盐渍土，通过无侧限抗压强度试验，研究不同固化方案的固化效果，通过核磁共振试验、扫描电镜、压汞法探讨不同固化材料对盐渍土微观特征的影响及微观孔隙变化对固化效果的作用，得出以下结论：

（1）不同固化材料产生不同的固化效果

通过对不同固化材料固化盐渍土无侧限抗压强度分析发现，各方案固化材料呈现出不同的固化效果。整体上，水玻璃固化盐渍土、石灰粉煤灰固化盐渍土和石灰粉煤灰+40 °Bé水玻璃固化盐渍土的无侧限抗压强度依次增大，且石灰粉煤灰+40 °Bé固化盐渍土无侧限抗压强度的增长幅度最大。在水玻璃固化盐渍土中，低浓度（20 °Bé和30 °Bé）水玻璃固化盐渍土的无侧限抗压强度较低，且20 °Bé水玻璃固化盐渍土的无侧限抗压强度小于天然盐渍土压实样的无侧限抗压强度；高浓度（40 °Bé）水玻璃固化盐渍土具有较高的无侧限抗压强度，且无侧限抗压强度增长显著。这说明水玻璃浓度是影响盐渍土固化效果的主要因素，随水玻璃浓度增加固化盐渍土无侧限抗压强度增加。石灰粉煤灰固化盐渍土中无侧限抗压强度增长明显，远大于天然盐渍土压实样的无侧限抗压强度，然而随石灰粉煤灰掺量增加其无侧限抗压强度减小，说明固化盐渍土时并不是石灰粉煤灰掺量越多越好。石灰粉煤灰+40 °Bé水玻璃固化盐渍土的固化效果最优，其无侧限抗压强度呈现先增高后降低的现象，其中7%石灰+14%粉煤灰+40 °Bé水玻璃固化盐渍土的无侧限抗压强度最高。

（2）不同固化材料使固化盐渍土产生不同的微观特征

不同固化材料所具有的性质不同，因此各种材料具有不同的固化机理，导致在固化盐渍土内部呈现出不同的微观特征变化。在天然盐渍土压实样中，土颗粒大小不等，以粒间孔隙为主，未发现有胶凝物质存在，且土颗粒以单粒结构为主，结构松散。在石灰粉煤灰固化盐渍土中，孔隙体积及孔隙率都减小，孔隙分布范围缩小，大孔隙减少，小孔隙略有减少，固化盐渍土体内有少量的团聚体生成。随石灰粉煤灰掺量的增多，石灰粉煤灰固化盐渍土体内团聚体也随之增多，由于石灰粉煤灰颗粒不能完全反应，因此固化盐渍土内有过多的石灰粉煤灰颗粒沉积于团聚体间的孔隙中。

在水玻璃固化盐渍土中，水玻璃失水胶凝化，析出的硅凝胶包裹在土颗粒表面并填充于孔隙中，凝聚土颗粒形成团聚体。在低浓度（20 °Bé和30 °Bé）水玻璃固化盐渍土中，孔隙体积和孔隙率增大，孔隙范围扩大，土颗粒表面包裹有少量硅凝胶，孔隙结构与天然盐渍土的相似。在高浓度（40°Bé）水玻璃固化盐渍土中，孔隙体积与孔隙率降低，但孔隙分布范围扩大，硅凝胶增多，并出现明显的团聚体结构。随水玻璃浓度增大，盐渍土孔隙体积随之减小。

石灰粉煤灰+40°Bé水玻璃固化盐渍土中，土颗粒表面覆盖大量胶凝物，形成致密的整体性结构，胶凝物填充于盐渍土孔隙之中，减少了固化盐渍土的孔隙体积和孔隙率。随着固化材料的增多，胶凝物厚度增大，颗粒间的接触面积增大，孔隙结构先由多粒间孔隙的疏松结构发展为致密整体性结构，再发展为多架空孔隙的紧密结构。在9%石灰+18%粉煤灰+40°Bé水玻璃固化盐渍土中又出现团聚体间架空孔隙和水化胶凝物质失水凝缩产生的裂隙。

在不同固化方案中，石灰粉煤灰固化盐渍土孔径分布范围最窄，且小于天然盐渍土压实样的孔隙分布范围；水玻璃固化盐渍土的孔隙分布范围最广，且大于天然盐渍土压实样的孔隙分布范围；石灰粉煤灰+40°Bé水玻璃固化盐渍土的孔隙分布范围居中，与天然盐渍土压实样的孔隙分布范围大致相同。在石灰粉煤灰固化盐渍土中未发现明显的胶凝物，而水玻璃和石灰粉煤灰+水玻璃固化盐渍土中有不同厚度的胶凝物。各种不同固化方案固化盐渍土中均有团聚体出现。石灰粉煤灰固化盐渍土中有少量的团聚体、大量土颗粒和石灰粉煤灰颗粒共存，孔隙以粒间孔隙为主；在高浓度水玻璃固化盐渍土中存在大量的微小团聚体，孔隙以架空孔隙为主；石灰粉煤灰+40°Bé水玻璃固化盐渍土中生成大量胶凝物胶结土颗粒并形成致密结构。

（3）胶结状况是影响盐渍土固化效果的主要因素

孔隙特征与颗粒间胶结强度是影响固化盐渍土固化效果的两个主要因素。固化材料发生复杂的物理化学反应生成胶凝物质，不仅改变了盐渍土的孔隙特征，而且引起了盐渍土无侧限抗压强度的变化。

石灰粉煤灰固化盐渍土中，由于养护条件的限制，不能充分激发粉煤灰，使硅酸化反应较少，生成的胶凝物质也较少。而石灰粉煤灰颗粒能够填充于孔隙之中，减少了土体的孔隙率和孔隙体积，提高了盐渍土体的密实性，改变了盐渍土的孔隙特征，因此孔隙特征的变化能够影响盐渍土的固化效果。随着石灰粉煤灰掺量的增多，并不能进一步优化孔隙特征，却由于固化盐渍土孔隙中沉积过多的石灰粉煤灰颗粒，导致土体的抗剪切能力降低，因此石灰粉煤灰固化盐渍土无侧限抗压强度下降。

在水玻璃固化盐渍土中，水玻璃失水胶凝化，析出硅凝胶并胶结土颗粒，随水玻璃浓度的增大，析出的硅凝胶变多，盐渍土的无侧限抗压强度也随之增强，因此可以看出胶凝物的多少能够影响盐渍土的固化效果。其中30°Bé水玻璃固化盐渍土的孔隙结构并不优于天然盐渍土压实样的孔隙结构，但其固化土的无侧限抗压强度高于压实土的无侧限抗压强度，可见颗粒间的凝胶强度对固化效果的影响大于孔隙特征对固化效果的影响。

石灰粉煤灰+40 °Bé水玻璃固化盐渍土中，一方面由于石灰与水玻璃的碱激发作用，致使土体内生成的大量高强度的水化硅酸钙（C-S-H）和水化铝酸钙（C-A-H）胶结土颗粒；另一方面胶凝物填充于孔隙中，减少了盐渍土的孔隙率和孔隙体积，增加了土体密实度，改善了盐渍土孔隙结构，因此石灰粉煤灰+40 °Bé水玻璃固化盐渍土具有很高的无侧限抗压强度。虽然石灰粉煤灰固化盐渍土的孔隙结构要优于石灰粉煤灰+40 °Bé水玻璃固化盐渍土的孔隙结构，但是前者的固化效果远不如后者，这是因为石灰粉煤灰+40 °Bé水玻璃固化盐渍土中生成更多的胶凝物质且其具有更高的胶结强度，也说明颗粒间的胶凝物对盐渍土固化效果的影响远大于孔隙特征的影响。但由于胶凝物失水凝缩易产生裂缝，裂缝削弱了胶结强度，同时使盐渍土微观特征发生变化，这也解释了当石灰粉煤灰掺量超过7%时，石灰粉煤灰+水玻璃固化盐渍土的无侧限抗压强度降低的原因。

参考文献

[1]齐吉琳,张建明,朱元林.冻融作用对土结构性影响的土力学意义[J].岩石力学与工程学报,2003,22(增2):2690-2694.

[2]孔令荣,黄宏伟,张冬梅.不同固结压力下饱和软粘土孔隙分布试验研究[J].地下空间与工程学报,2007,3(6):1036-1040.

[3]E.M.谢尔盖耶夫.普通土质学[M].北京:地质出版社,1957.

[4]侯彩英,周艳明,罗红,等.水玻璃的固化机理及其提高耐水性途径分析[J].陶瓷,2011(8):18-21.

[5]李生林,王正宏.我国细粒土在塑性图上的分布特征[J].岩土工程学报,1985,7(3):84-89.

[6]吴义祥.工程粘性土微观结构的定量评价[J].地球学报,1991(2):143-151.

[7]施斌.粘性土微观结构研究回顾与展望[J].工程地质学报,1996,4(1):39-44.

[8]胡瑞林,李向全,官国琳,等.粘性土微结构的定量化研究进展[C]//第五届全国工程地质大会.第五届全国工程地质大会论文集.北京:工程地质学报编辑部,1996:489-494.

[9]施斌,李立,姜洪涛,等.DIPIX图像处理系统在土体微结构定量研究中的应用[J].南京大学学报(自然科学版),1996,32(2):275-280.

[10]单红仙,刘媛媛,贾永刚,等.水动力作用对黄河水下三角洲粉质土微结构改造

研究[J].岩土工程学报,2004,26(5):654-658.

[11]陈嘉鸥,叶斌,郭素杰.珠江三角洲粘性土微结构与工程性质初探[J].岩石力学与工程学报,2000,19(5):674-678.

[12]吕海波,汪稔,赵艳林,等.软土结构性破损的孔径分布试验研究[J].岩土力学,2003,24(4):573-578.

[13]许勇,张季超,李伍平.饱和软土微结构分形特征的试验研究[J].岩土力学,2007,28(S1):49-52.

[14]康永.水玻璃的固化机理及其耐水性的提高途径[J].佛山陶瓷,2011,21(5):44-47.

[15]GRIFFITHS F J,JOSHI R C.Change in pore size distribution due to consolidation of clays.Technical note[J].Geotechnique,1989,39(1):159-167.

[16]LAPIERRE C,LEROUEIL S,LOCAT J.Mercury intrusion and permeability of Louiseville clay[J].Canadian geotechnical journal,1990,27(6):761-773.

[17]TOVEY N K.Quantitative analysis of electron micrographs of soil structure[C]//ISSSP. Proceedings of the international symposium on soil structure[C]. Gothenburg of Sweden:[s. n.],1973:50-57.

[18]SHEAR D L,OLSEN H W,NELSON K R. Effects of desiccation on the hydraulic conductivity versus void ratio relationship for a natural clay[J]. Transportation research record,1992 (1369):130-135.

[19]熊承仁,唐辉明,刘宝琛,等.利用SEM照片获取土的孔隙结构参数[J].地球科学(中国地质大学学报),2007(3):415-419.

[20]王清,王剑平.土孔隙的分形几何研究[J].岩土工程学报,2000,22(4):496-498.

[21]孙军溪.高速铁路路基改良土工程性质试验及施工技术研究[D].天津:天津大学,2007.

[22]张登良,许永明,沙爱民.石灰、粉煤灰稳定土的早强试验研究[J].粉煤灰综合利用,1995(1):17-24.

[23]侯民强.石灰粉煤灰稳定碎石基层强度机理及影响因素[J].交通世界,2012(9):126-127.

[24]姚占勇,商庆森,刘树堂.提高二灰稳定粉土早强的试验研究[J].公路,1997(3):27-31.

[25]张登良.加固土原理[M].北京:人民交通出版社,1990.

[26]王红霞,王星,何廷树,等.灌浆材料的发展历程及研究进展[J].混凝土,2008(10):30-33.

[27]朱纯熙,卢晨,季敦生.水玻璃砂基础研究的最新进展[J].中国机械工程,1999(2):220-223+244.

[28]葛家良.化学灌浆技术的发展与展望[J].岩石力学与工程学报,2006(S2):3384-3392.

[29]程鉴基,韩学孔,冯兆刚.化学灌浆在地基基础工程中的应用综述[J].勘察科学技术,1999(3):31-35+59.

[30]杨米加,陈明雄,贺永年.注浆理论的研究现状及发展方向[J].岩石力学与工程学报,2001,20(6):839-841.

[31]蒋硕忠.我国化学灌浆技术发展与展望[J].长江科学院院报,2003(5):25-27+34.

[32]杨志,邵思龙.化学灌浆技术的发展与展望[J].现代交际,2016(9):234.

[33]YONEKURA R,KAGA M. Current chemical grout engineering in Japan[C]//American Society of Civil Engineers. Grouting, soil improvement and geosynthetics. New York:[s.n.],1992:725-736.

[34]郭伟,李旭东,杨南如.胶凝材料在我国的研究发展[C]//中国建材行业协会,南京工业大学.第一届全国化学碱激发胶凝材料研讨会议文集.南京:东南大学出版社,2004:75-80.

[35]陈珊珊,李然,俞捷,等.永磁低场核磁共振分析仪原理和应用[J].生命科学仪器,2009,7(8):49-53.

[36]田慧会.多相土中水分迁移与相变过程的核磁共振探测方法研究[D].北京:中国科学院大学,2014.

[37]李杰林,周科平,张亚民,等.基于核磁共振技术的岩石孔隙结构冻融损伤试验研究[J].岩石力学与工程学报,2012,31(6):1208-1214.

[38]甘雅雄,朱伟,吕一彦,等.从水分转化研究早强型材料固化淤泥的早强机理[J].岩土工程学报,2016,38(4):755-760.

[39]李生林,施斌,杜延军.中国膨胀土工程地质研究[J].自然杂志,1997,19(2):82-86.

[40]WASHBURN E W. Note on a method of determining the distribution of pore sizes in a porous material[J].Proceedings of the national academy of sciences USA,1921,7(4):115-116.

[41]WEBB P A. An introduction to the physical characterization of materials by mercury intrusion porosimetry with emphasis on reduction and presentation of experimental data[R]. Norcross:Micromeritics Instrument Corp,2001.

[42]张英,郗慧.基于压汞法的冻融循环对土体孔隙特征影响的试验研究[J].冰川冻土,2015,37(1):169-174.

[43]戴文亭,陈瑶,陈星.BS-100型土壤固化剂在季冻区的路用性能试验研究[J].岩土力学,2008,29(8):2257-2261.

第9章 结论与展望

9.1 结论

（1）河西走廊典型盐渍土固化研究

我国河西走廊分布着大量硫酸盐渍土。河西走廊在我国甘肃省的西北部，是一个东南—西北向的狭长地带，因其地理位置在我国黄河的西部而得名"河西走廊"，其气候属温带干旱荒漠气候。河西走廊两侧山体的岩石在长期风化作用下，其易溶性盐分随地面径流随处漫流，一部分易溶盐溶解在水中被带入低洼之处，相当部分的易溶盐随水渗入土壤和地下水中，从而导致地下水的矿化度不断升高，当矿化度较高的地下水受到毛细管吸力时，会上升到地面表层，在干旱多风的季节，蒸发作用较强，盐分先后被析出而留在表层土壤内，地表出现较厚的盐壳，这样日积月累地常年积盐，就形成了河西走廊的盐渍土。河西走廊的盐渍土主要位于民勤、高台、酒泉和敦煌之间，分布面积大并集中连片。本研究用土取自酒泉玉门市饮马农场附近，该盐渍土为硫酸盐渍土。

我们通过无侧限抗压强度试验、X射线衍射试验、化学成分分析和扫描电镜试验研究了石灰粉煤灰水玻璃联合固化硫酸盐渍土的强度特征，分析探讨了其固化机制。结果显示，采用石灰粉煤灰水玻璃联合固化硫酸盐渍土时，石灰含量不宜超过7%。当石灰含量小于7%时，联合固化土的抗压和抗剪强度较石灰粉煤灰固化土的抗压和抗剪强度有大幅度提升；随水玻璃浓度的增加，固化土的强度几乎呈线性增长。

一方面，固化土抗压强度随粉煤灰含量的提高先上升后下降，说明添加的石灰和粉煤灰并不是越多越好，大于某个特定的数值后，过量的石灰堆积于孔隙中以及不能和粉煤灰充分结合等原因，导致粉煤灰的活性不能被充分激发出来，两类材料的火山灰反应不彻底，导致固化硫酸盐渍土土样强度降低。另一方面，由于生石灰及水玻璃的碱激发作用，粉煤灰中释放出更多的活性 Al_2O_3 及 SiO_2，当粉煤灰（石灰）含量增加时，会形成更多的水化硅酸钙和水化氯酸钙，复杂的物理化学反应使得固化试样中的

294

水分不断减少，当石灰含量超过9%时，固化土样表面裂隙增大，整体性变差，强度下降较快。综上所述，石灰含量7%、粉煤灰含量14%为最优固化剂掺入量，此时可以使固化硫酸盐渍土的抗压强度达到峰值。

随着石灰含量的增多，二灰固化硫酸盐渍土与水玻璃石灰粉煤灰固化硫酸盐渍土的内摩擦角呈现先增大再减小的变化趋势，当石灰含量提升至9%时，内摩擦角值到达峰值，分别是50.88°、54.6°；当石灰粉煤灰含量固定时，水玻璃石灰粉煤灰固化硫酸盐渍土的内摩擦角相比二灰固化硫酸盐渍土的内摩擦角均存在不同程度的增大，当石灰含量为5%时增大最多，增长幅度为24.8%；当石灰含量低于9%时，二灰固化硫酸盐渍土的内摩擦角随石灰含量的提高非线性增大，水玻璃石灰粉煤灰固化硫酸盐渍土的内摩擦角随石灰含量的提高线性增大，在石灰含量为9%时，内摩擦角相差最小。因此在低的石灰粉煤灰含量条件下，水玻璃的碱激发作用可以较大地促使固化土的内摩擦角增大；当石灰含量超过9%时，水玻璃石灰粉煤灰固化硫酸盐渍土的内摩擦角的下降梯度较石灰粉煤灰固化土的内摩擦角的下降梯度大。

石灰含量发生改变时，二灰固化土与水玻璃石灰粉煤灰固化土黏聚力的变化趋势相同，即当石灰含量升高时，黏聚力先降低后增大，当石灰含量为5%时两种固化土的黏聚力达到峰值，分别是193.6 kPa、243.1 kPa，与未固化的硫酸盐渍土的黏聚力相比，分别提高了336.0%和447.5%；当石灰含量为5%、7%时，水玻璃石灰粉煤灰固化硫酸盐渍土的黏聚力较石灰粉煤灰固化土的黏聚力分别增加了25.6%、67.5%；当石灰含量低于9%时，随石灰含量的增多，水玻璃石灰粉煤灰固化硫酸盐渍土的黏聚力的下降梯度大于二灰固化土的黏聚力的下降梯度，粉煤灰含量超过18%后，水玻璃石灰粉煤灰固化硫酸盐渍土的黏聚力较石灰粉煤灰固化土黏聚力小。究其原因，随着粉煤灰含量的增加，水玻璃石灰粉煤灰固化硫酸盐渍土的表面裂隙较同粉煤灰含量的石灰粉煤灰固化土的表面裂隙增多，裂缝扩大，固化土样的整体性逐步变差，黏聚力降低。

（2）含盐量对盐渍土固化效果的影响

不同固化剂固化硫酸盐渍土无侧限抗压强度随含盐量的变化基本一致，即随着含盐量的增大，无侧限抗压强度先增大后减小，无侧限抗压强度在含盐量为1.8%时具有最大值。当含盐量超过1.8%时，三种固化硫酸盐渍土的无侧限抗压强度呈现出不同程度的降低，水玻璃固化硫酸盐渍土的无侧限抗压强度下降较为显著，而水玻璃石灰粉煤灰固化硫酸盐渍土的无侧限抗压强度下降幅度较小。

含盐量一定时，不同固化剂固化硫酸盐渍土无侧限抗压强度从低到高依次为：水玻璃、石灰粉煤灰和水玻璃石灰粉煤灰。水玻璃石灰粉煤灰固化硫酸盐渍土的无侧限抗压强度均明显高于水玻璃和石灰粉煤灰固化硫酸盐渍土的无侧限抗压强度。水玻璃固化硫酸盐渍土无侧限抗压强度最低，但是较未固化的硫酸盐渍土的无侧限抗压强度也有较大的提高。

硫酸盐渍土固化存在一个界限含盐量，此次试验的界限含盐量为1.8％。当含盐量小于界限含盐量时，盐分有助于胶结强度的建立，超过界限含盐量时，盐分弱化了胶结强度。

石灰粉煤灰和水玻璃石灰粉煤灰固化硫酸盐渍土液限随含盐量的增大而增大，塑限随含盐量的增大表现为先增大后减小。当含盐量为1.8％时，塑限达到最大值；但是单纯水玻璃固化硫酸盐渍土的液限和塑限都随含盐量的增大而减小。当含盐量一定时，三种固化条件下硫酸盐渍土液限、塑限大小依次为水玻璃石灰粉煤灰固化硫酸盐渍土、石灰粉煤灰固化硫酸盐渍土和水玻璃固化硫酸盐渍土。

土的液限、塑限分别为土体在塑性状态下的最高含水量和最低含水量，一般与土的矿物成分、表面交换能力和吸附水膜的厚度有关。液塑限反映了固化土胶体颗粒的含量，其值越大胶体颗粒含量越高。单纯水玻璃固化盐渍土的过程中，生成抗水性水合硅酸钙（镁）、水合硅酸凝胶，土颗粒被凝胶包裹，提高了其黏结强度；随着土中Na_2SO_4含量增多，水玻璃的ζ电位和稳定性下降，水玻璃脱水固化形成粗颗粒，总的比表面积减小，吸附水膜变薄，导致液塑限降低。

在石灰粉煤灰固化硫酸盐渍土的过程中，Na_2SO_4可与$Ca(OH)_2$反应生成NaOH，粉煤灰在碱性环境中被激发，Si-O、Al-O键断裂，与$Ca(OH)_2$（火山灰）反应生成C-S-H凝胶。含盐量为0.3％～1.8％时，随着Na_2SO_4含量的增多，生成的C-S-H凝胶增多，故能吸附更多的极性水分子，从而对土体液、塑限有显著影响。在水玻璃石灰粉煤灰固化硫酸盐渍土的过程中，除上述反应外，水玻璃也与$Ca(OH)_2$反应生成NaOH，环境的pH值进一步升高，粉煤灰被激发的程度加深，生成的具有强吸附能力的C-S-H凝胶增多，比表面积增大，因此水玻璃石灰粉煤灰固化土的液塑限高于石灰粉煤灰固化土的液塑限，与无侧限抗压强度试验得出的结论一致。

（3）固化盐渍土干湿冻融循环耐久性研究

当冻融循环次数增多时，几种温度改性后的水玻璃联合固化的盐渍土土样的无侧限抗压强度都是逐渐下降的，而且经历相同循环次数的联合固化土样的无侧限抗压强度也随着改性温度的升高而降低。在冻融循环次数较少时，由于冻融循环致使土粒之间的连接方式从水膜胶结变换为冰胶结，从而使土样的孔隙缩小并且降低了土样的孔隙率，这就起到一种类似冻实压密作用，也在一定范围内提升了土样的无侧限抗压强度；当冻融循环次数超过5次之后，土颗粒之间的黏结桥在土样体积膨胀—收缩循环过程中不断受到拉伸，包裹在土粒之上的凝胶薄膜出现损坏，导致土样的无侧限抗压强度也受到影响而开始慢慢下降；经过15次冻融循环之后无机材料掺20℃、40℃、60℃水玻璃固化后的土样无侧限抗压强度损失率分别是21.3％、15.2％、25.7％，改性温度为 40 ℃时无侧限抗压强度衰减最小。

相对于压实盐渍土，固化盐渍土不存在冻胀现象；采用 40 ℃改性的水玻璃时，固化盐渍土的抗干湿冻融耐久性能最好；干湿冻融循环 10 次后固化盐渍土无侧限抗压强度损失率为 6.7%，15 次以后损失率为 15.2%。与此相比较，未固化盐渍土在 13 次循环后无侧限抗压强度损失率达到 88%。

从 20～40 ℃加热改性 20 °Bé 水玻璃+石灰+粉煤灰固化后盐渍土土样以及 15 次冻融循环后土样的电镜图像中得知，固化后的盐渍土土样的微观特征表现为：土颗粒由于被凝胶附着，颗粒边棱变模糊，也有凝胶充填土颗粒的孔隙之中；还可以观测到由于碱性激发剂的碱浓度不够而未溶解的粉煤灰球体结构。水玻璃的改性温度为 20 ℃时，直径小于 10 μm 的土粒表现出一种团聚效应，盐渍土粒径较大的颗粒表面有少量小颗粒黏附并形成一种整体结构的团聚体，研究证明这种团聚体具有较高的强度；改性温度较高时，土体形成一种玻璃相结构，不再具有团聚结构以及空间三维网状结构带来的高强度。

扫描电镜拍照后得到的图像不能直接用于定量分析，因此本研究利用软件对电镜图像进行了二值化处理，以分析土样的表观孔隙率。未经冻融的土样在水玻璃改性温度上升时，表观大孔隙率由 46.22% 减小至 28.94%，表观小孔隙率由 9.53% 增大至 13.89%。改性温度升高时固化土样表观小孔隙率增大一定程度上意味着土样中的小孔隙变多，而本次试验所用水重量与凝胶材料重量的比值大于 0.4，这就会出现土样在强度试验过程前期加压时，小孔隙转变为细微的裂缝，荷载变大时微裂隙继续发育并延伸变大削弱了土体的强度。

经过 15 次冻融循环之后的固化盐渍土土样，附着土颗粒外侧的凝胶变少，土样的孔隙明显增多而且孔隙之间相互连通破坏了土体的整体性，原有的凝胶与土颗粒复合体遭到破坏，原来被凝胶包裹的土颗粒暴露出来。

（4）固化硫酸盐渍土水盐迁移试验研究

通过对土样不同高度的含水率、电导率和易溶盐含量进行测定与比对，来研究压实和固化盐渍土水分和盐分的运动规律。高度单位为厘米，透水石和土样的交界面设为高度零点。为了便于观察和比较，土样每层的测试指标均在该层的中间位置用高度来表示。

1）水盐迁移后土样含水率分布

在 30 min 时，4 组土样的毛细水迁移到第三层，固化土毛细水的迁移速率大于压实土毛细水的迁移速率，2 种土样在蒸馏水中的毛细上升速率略大于在盐溶液中的毛细上升速率。在第 2 h 时，压实土第五层含水率已经有了变化，说明毛细水已经上升到第五层，而固化土的毛细水才上升到第四层，随着高度的增加，固化土中毛细水的上升速率减小得比压实土中的多。第5 h时，2种土中的毛细水都已经迁移到最顶端，顶部的蒸发作用与土样的毛细迁移作用达到动态平衡状态，固化土中每一层的含水率比普通压实土的含水率大。第15 h时，压实土中含水率随着高度的增加线性减小，固化土中含水率随着高度的增加先线性增加，而后保持不变，说明固化土有稳定的持水能力。

试验开始阶段4组土样的毛细水上升速度均最快，单位时间的吸水量也最大，固化土的初始吸水能力强于压实土的初始吸水能力；在前30 min，固化土中毛细水上升速度快于压实土中毛细水的上升速度，固化土中毛细水的吸水能力强于压实土中细毛水的吸水能力，但随着时间的推移，2种土中毛细水的上升速率急剧下降，单位时间的吸水量也大大减小，迁移溶液的浓度（蒸馏水和复合盐溶液）对毛细水上升速度的影响不显著。

在4种土样的毛细水达到8～10 cm以后，该高度范围内的含水率随着时间推移逐渐提高，但由于图中时间梯度逐渐增大，实际上毛细水的迁移速度逐渐变缓，随着土体体积含水量的增加，相应位置的吸力水头值逐渐下降。同时，试验采用的盐渍土为粉质黏土，属于级配不良的均粒土，土颗粒的分散性相对较大，表面能较高，土中的水被土粒束缚会产生一定的毛细阻力。此外，对比同种土样在不同迁移溶液中的毛细水上升高度时，发现蒸馏水的上升速度快于复合盐溶液，这说明盐渍土中原有的盐分对溶液的毛细上升有着一定的抑制作用，但这种抑制作用并不显著。

2）水盐迁移后土样氯离子浓度分布

压实土中 Cl^- 初始含量大于固化土中 Cl^- 初始含量，在30 min时，Cl^- 的迁移速度由大到小依次为：在蒸馏水条件下的压实土>在复合盐溶液条件下的压实土>复合盐溶液条件下的固化土>在蒸馏水条件下的固化土，Cl^- 迁移到第三层。在2 h时，压实土中的 Cl^- 迁移到第五层，而固化土中的 Cl^- 迁移到第四层，压实土中大部分 Cl^- 堆积在第三层。在5 h时，两种土中 Cl^- 都已经迁移到最顶端。在18 h时，两种土中 Cl^- 已经基本达到稳定，稳定后，最顶端 Cl^- 浓度从大到小依次为：在复合盐溶液条件下的压实土>在蒸馏水条件下的压实土>在蒸馏水条件下的固化土>在复合盐溶液条件下的固化土。

二者在0～8 cm高度范围内的分布情况大致接近，Cl^- 在8～10 cm高度范围内持续缓慢地积聚，表明在这个阶段土样0～8 cm高度范围的 Cl^- 含量不再有明显的变化，Cl^- 的迁移速度都大幅度减缓，盐溶液作迁移溶液的土样8～10 cm高度范围的 Cl^- 含量相对更高。在这个阶段，Cl^- 迁移速度减缓的主要原因是毛细水的迁移速度减缓，由于蒸发氯盐过饱和析出，析出的晶体会阻塞毛细水迁移通道，影响迁移速度。此外，由于土样顶端的水分不断蒸发，土体顶端的溶液浓度升高，土体内的溶液自顶端至底端形成浓度梯度，限制了 Cl^- 随着毛细水自下而上的运动。

3）水盐迁移后土样硫酸根离子浓度分布

压实土中SO_4^{2-}的初始含量大于固化土中SO_4^{2-}的初始含量，在30 min时，SO_4^{2-}的迁移速度由大到小依次为：在复合盐溶液条件下的压实土>在蒸馏水条件下的压实土>在复合盐溶液条件下的固化土>在蒸馏水条件下的固化土，SO_4^{2-}迁移到第三层。在2 h时，压实土中SO_4^{2-}已迁移到第五层，而固化土中的SO_4^{2-}迁移到第四层。在5 d时，两种土中SO_4^{2-}都已经迁移到最顶端。在18 d时，两种土中SO_4^{2-}已经基本达到稳定，稳定后，最顶端SO_4^{2-}浓度从大到小依次为：在复合盐溶液条件下的压实土>在蒸馏水条件下的压实土>在复合盐溶液条件下的固化土>在蒸馏水条件下的固化土。SO_4^{2-}在土样中的迁移规律与Cl^-类似，离子迁移速度在试验开始阶段最快，随着时间推移，其速度大幅度变缓并越来越慢；SO_4^{2-}在压实土中的迁移速度快于在固化土中的迁移速度，尤其是在0～30 min内，该时间段内固化土的毛细水迁移速度快且吸水性更强，但SO_4^{2-}在压实土中的增加明显多于固化土中的，说明固化剂对SO_4^{2-}的迁移有阻碍作用；当溶液由于蒸发而过饱和使盐类积聚时，SO_4^{2-}的迁移又受到抑制，当试验时间超过12 d时，固化土中的离子含量分布与压实土中的相接近；整体上SO_4^{2-}的分布受溶液的迁移速度和迁移溶液的类型影响不大，但是试验开始阶段，复合盐溶液作为迁移溶液的土样其土体内SO_4^{2-}含量会更高，同时SO_4^{2-}在其顶端积聚的效应更加明显。溶液土体孔隙中的水由于蒸发形成的水力梯度持续携带盐分向上运动，到达顶端后由于蒸发盐类过饱和析出，这在一定程度上阻塞了水分运动的通道。

4）水盐迁移后土样含水率与氯离子浓度分布

在短时间内，固化土中的含水率上升速度比压实土中的要快，压实土中的Cl^-上升速度比固化土中的要快。压实土在复合盐溶液条件下的毛细水迁移速度和Cl^-迁移速度都比在蒸馏水条件下的快，在迁移过程中，Cl^-比毛细水更敏感。浓度与高度的关系：在15 d时，各层中Cl^-浓度基本达到稳定，随着高度的增加，固化土中Cl^-浓度与压实土中的相似，但是其稳定后的含水率不同。

5）水盐迁移后土样氯离子与硫酸根离子浓度分布

在同一个时间段，试样经水盐迁移后其Cl^-浓度、SO_4^{2-}浓度与试样高度的关系如下。根据试验进行到30 min时的情况，在短时间内，压实土中Cl^-和SO_4^{2-}上升速度比固化土中要快，两种土中SO_4^{2-}迁移速度差别较小，但是Cl^-迁移速度差别较大。压实土中的Cl^-迁移速度快于SO_4^{2-}迁移速度，在固化土中两种离子迁移速度差不多。试验进行到18 d时，试验各层中Cl^-浓度和SO_4^{2-}浓度基本达到稳定，Cl^-浓度随着高度的增加而增加，SO_4^{2-}浓度基本保持不变，到第四层后才增加，SO_4^{2-}达到稳定后的底端浓度比Cl^-的大，Cl^-迁移得更加彻底。

（5）硫酸盐渍土固化机理及其微观结构

1）固化机理

水玻璃对地聚物胶凝材料的碱激发作用：粉煤灰的主要化学成分为 SiO_2、Al_2O_3 和 CaO 等，多为玻璃体结构，因其所含的 Si-O 和 Al-O 键强度很高，其潜在的活性很难被激活。通常，粉煤灰可作为一种较好的碱激发地聚物胶凝材料。

当水玻璃、石灰和粉煤灰联合固化盐渍土时，水玻璃首先与石灰水化生成物 $Ca(OH)_2$ 进行如下反应：

$$Na_2SiO_3 + Ca(OH)_2 + 2H_2O =\!=\!= CaSiO_3 \cdot 2H_2O + 2NaOH$$

该反应提高了溶液的 pH 值，OH^- 环境的侵蚀激活促使粉煤灰玻璃体中的 Al-O、Si-O 键断裂从而使玻璃体充分解体，溶液中活性硅离子、铝离子与碱硅酸盐发生缩聚反应，水化生成具有凝胶性能的水合硅酸钙和水合铝酸钙。

水玻璃与盐渍土中易溶盐、骨架颗粒中的石英、长石以及黏土矿物等存在复杂的吸附作用：盐渍土中的碱土金属易溶盐与水玻璃发生化学作用，生成水合硅酸钙（镁）凝胶。水玻璃中的硅酸盐离子和硅酸胶粒在黏土矿物表面如蒙脱石的晶层平面与端面存在复杂的吸附作用，形成了团粒，具有很大表面能的团粒进一步失水缩聚，形成晶质黏土矿物和非晶质硅酸盐凝胶共存的网状结构产物，限制了黏土矿物的活性。盐渍土中的石英、长石骨架颗粒表面未吸附胶结物的位置，其表面晶格缺陷处存在 Si-OH。水玻璃和凝胶同样也存在 Si-OH。凝胶是一种致密体，除填充在固化土的孔隙中外，大量凝胶通过氢键键合作用和吸附作用包裹在骨架颗粒（长石、石英）表面。

SO_4^{2-} 的吸附作用。盐渍土中的 SO_4^{2-} 在 OH^- 的作用下，与粉煤灰中溶解于液相的活性 Al_2O_3 反应生成具有较高强度的钙矾石，其反应式为：

$$Al_2O_3 + Ca^{2+} + OH^- + SO_4^{2-} \longrightarrow 3CaO \cdot Al_2O_3 \cdot 3CaSO_4 \cdot 32H_2O$$

盐渍土中含有 SO_4^{2-} 和 K^+，粉煤灰中含有 Fe^{3+}，在盐渍土中加入石灰和粉煤灰后粒子之间发生化学反应生成 $K_3Fe(SO_4)_3$，导致土中的 SO_4^{2-} 含量降低。其反应式为：

$$3K^+ + Fe^{3+} + 3SO_4^{2-} =\!=\!= K_3Fe(SO_4)_3$$

加入水玻璃后 SO_4^{2-} 含量继续降低，一方面因为水玻璃中含有 Fe^{3+} 杂质，使得上式的反应继续进行，消耗了部分 SO_4^{2-}；另一方面则是不溶于水的硅酸凝胶包裹了部分颗粒，限制了离子的活性，导致土中易溶盐含量降低。

钙矾石和 $K_3Fe(SO_4)_3$ 的生成导致土中 SO_4^{2-} 浓度降低，从而有效抑制了盐渍土的盐胀特性。

综上所述，水玻璃的碱激发粉煤灰作用和水玻璃与盐渍土中化学成分的吸附作用所生成各类凝胶的充填和包裹，使得骨架颗粒的接触面积增大，颗粒之间的孔隙逐步减小，骨架颗粒由点接触变为面胶结，固化盐渍土通过凝胶而黏结成为一个紧密的空间网状整体结构，土体强度得以提高。同时，复杂的物理化学作用大幅度降低了固化盐渍土中SO_4^{2-}含量，有效地抑制了硫酸盐渍土的盐胀特性。

2）微观结构

Ⅰ.核磁共振微观特征

从不同掺量石灰粉煤灰固化盐渍土弛豫曲线可以看出，天然盐渍土压实样峰值最高，T_2弛豫时间主要分布在0.23～15.34 ms之间，对应孔径分布范围在0.1～4.0 μm之间。石灰粉煤灰固化盐渍土的弛豫曲线峰值和分布范围相对于压实土样的弛豫曲线峰值和分布范围明显降低和缩小，石灰粉煤灰固化盐渍土的T_2弛豫主要分布在0.23～9.44 ms之间，对应孔径分布范围在0.1～2.5 μm之间。与天然盐渍土压实样T_2弛豫曲线相比较，石灰粉煤灰固化盐渍土的T_2曲线右半部分向左偏移明显，且左半部分曲线与天然盐渍土压实样弛豫曲线基本重合，T_2峰区面积减小，这说明石灰粉煤灰固化盐渍土中大孔径孔隙减少、小孔隙未变、孔隙总体积缩小，这主要是大的孔隙被石灰和粉煤灰水化产物及未反应的石灰粉煤灰颗粒填充导致的，因此石灰粉煤灰能有效地降低盐渍土的孔隙率。不同掺量的石灰粉煤灰固化盐渍土弛豫曲线基本重合，即随着石灰粉煤灰掺量的增加，石灰粉煤灰固化盐渍土的T_2峰面积变化极小，这也说明固化盐渍土中石灰粉煤灰占比的多少对其孔隙特征影响较小。

石灰粉煤灰固化盐渍土的抗压强度高于压实土的抗压强度，随石灰粉煤灰掺量的增多，固化盐渍土孔隙体积及孔隙率随之减小，且其抗压强度减小，这是由于石灰与粉煤灰发生火山灰反应生成一定数量的胶凝物，因此提高了固化盐渍土的抗压强度，但随石灰粉煤灰掺量的增多，过多的石灰沉积在土孔隙中不能与粉煤灰充分结合，使得石灰与粉煤灰之间的火山灰反应不完全，因而引起土体抗压强度的下降。

从不同浓度水玻璃固化盐渍土弛豫曲线可以看出，加入水玻璃后，固化盐渍土土样的弛豫曲线峰值降低，T_2时间分布范围扩大，弛豫时间分布在0.028～1035.320 ms之间，对应孔径范围为0.025～40.000 μm。20 °Bé和30 °Bé水玻璃固化盐渍土的峰面积大于压实土的峰面积，说明加入水玻璃后，孔隙增多，孔隙体积增大。水玻璃固化盐渍土中，峰面积增大部分主要集中在T_2弛豫曲线右半部分，说明水玻璃固化盐渍土中增大的孔隙体积主要来自大孔隙的增加。加入水玻璃后，水玻璃发生复杂物理化学作用产生的凝胶包裹颗粒表面并相互胶结形成团聚体，一方面充填了颗粒间孔隙并生成小孔隙，另一方面使团聚体间产生大孔隙，从而使固化盐渍土产生大量的大孔隙和小孔隙。比较20 °Bé、30 °Bé和40 °Bé水玻璃固化盐渍土弛豫曲线可以发现，随着水玻璃浓度的增加，T_2弛豫曲线峰值降低，弛豫曲线左移，峰面积减小，即随着水玻璃浓度的增大，孔隙体积降低，大孔隙减少，小孔隙增多。

从不同掺量石灰粉煤灰+40 °Bé水玻璃固化盐渍土弛豫曲线可以看出，与压实土试样T_2弛豫曲线比较，石灰粉煤灰+40 °Bé水玻璃固化盐渍土的T_2峰面积减少，峰值明显降低，孔径分布在0.1～63.0 μm范围内，固化盐渍土的T_2弛豫曲线向左偏移，且曲线右侧变平缓，左半部分曲线与压实土弛豫曲线基本重合，但略向左偏，说明石灰+粉煤灰+水玻璃固化盐渍土中，石灰粉煤灰和水玻璃发生复杂化学反应生成的胶凝物质填充于孔隙中，使孔隙总体积减小，同时有大孔径孔隙生成。石灰粉煤灰+40 °Bé水玻璃固化盐渍土中，不同掺量的石灰粉煤灰+40 °Bé水玻璃固化盐渍土T_2弛豫曲线基本重合，随石灰粉煤灰掺量的增多，石灰粉煤灰+40 °Bé水玻璃固化盐渍土的峰面积有极小幅度的减少，说明石灰粉煤灰掺量的变化对其孔隙体积影响不大。

Ⅱ.压汞实验微观特征

天然盐渍土压实样有明显的两个峰区，分别在50～4599 nm和4599～30174 nm区间，小孔径孔隙占孔隙的绝大部分。在石灰粉煤灰固化盐渍土中，经石灰粉煤灰拌合料固化后，盐渍土内孔径分布范围缩小，孔隙率与孔隙体积减小，这主要是由于在大孔径区域，峰区峰值降低，大孔隙体积减小，孔隙分布范围缩小；而在小孔径区域，1000～4599 nm区间孔隙增多，增大了孔隙体积。随石灰粉煤灰掺量增多，微小孔隙减小，总体上孔隙分布范围缩小且孔隙体积减小。

在水玻璃固化盐渍土中，低浓度水玻璃固化土与高浓度水玻璃固化土表现出不同的孔隙特征变化。经水玻璃固化后，固化盐渍土峰值降低，曲线变平缓，孔隙范围扩大，这主要是大孔隙增多导致的。在低浓度的水玻璃（20 °Bé和30 °Bé）固化下，盐渍土在大孔径区域有大孔径孔隙生成，孔隙体积的增大主要来自大孔隙的增多；高浓度（40 °Bé）水玻璃固化盐渍土的大孔径孔隙消失，即高浓度水玻璃固化盐渍土孔隙体积减小主要是大孔径孔隙减少导致的；在小孔径区域，6～100 nm的范围内，水玻璃固化盐渍土的孔隙有所增加，且随水玻璃浓度增加此区域的孔径体积减小。

在石灰粉煤灰+40 °Bé水玻璃固化盐渍土中，不同掺量固化材料固化土表现出不同的孔隙特征变化趋势。总体上，经石灰粉煤灰+40 °Bé水玻璃固化后，固化土的孔隙体积减小，孔隙率降低，大孔径孔隙增多，孔隙分布曲线的分布范围扩大，在3～100 nm区间微小孔隙增多。随着固化材料的增多，石灰粉煤灰+40 °Bé水玻璃固化盐渍土的孔隙率与孔隙体积随之减小。

通过对比7%石灰+14%粉煤灰、40 °Bé水玻璃和7%石灰+14%粉煤灰+40 °Bé水玻璃三种方式固化的盐渍土。石灰粉煤灰+40 °Bé水玻璃固化盐渍土的孔隙体积和孔隙率较大，而石灰粉煤灰固化盐渍土的孔隙体积和孔隙率最小，水玻璃固化盐渍土的孔隙体积和孔隙率居中。石灰粉煤灰固化盐渍土和石灰粉煤灰+40 °Bé水玻璃固化盐渍土都存在三个峰区。在大孔径范围内，石灰粉煤灰+40 °Bé水玻璃固化盐渍土的孔隙体积最大，分布范围也最广，石灰粉煤灰固化盐渍土的孔隙体积减小，分布范围缩小，而水玻璃固化盐渍土的大孔径基本消失。在小孔隙范围内，水玻璃固化盐渍土的孔隙主要分布在小孔隙区域，石灰粉煤灰固化盐渍土的孔隙土主要分布在 $100 \sim 6000$ nm 内，而石灰粉煤灰+40 °Bé 水玻璃固化盐渍土的孔隙主要分布在 $3 \sim 30$ nm 和 $300 \sim 4000$ nm 两个区域。

Ⅲ.扫描电镜微观结构特征

不同的固化方式会使固化土产生不同的固化形态，天然盐渍土压实样以单粒为主，结构松散，以粒间孔隙为主，接触方式为点接触。石灰粉煤灰固化盐渍土中，由于结晶硬化作用和离子交换作用，在固化盐渍土内有少量团聚体生成，且在团聚体表面吸附有大小不等的土颗粒，颗粒、团聚体间多为点–面接触。随石灰粉煤灰掺量的增多，盐渍土内的团聚体增多，孔隙从颗粒间的粒间孔隙向团聚体间的架空孔隙发展。而且有尚未参与反应的石灰粉煤灰颗粒沉积在孔隙中，增加了石灰粉煤灰固化盐渍土的密实性。

在水玻璃固化盐渍土中，不同浓度的水玻璃固化盐渍土表现出不同的微观形态。在低浓度（20 °Bé 和 30 °Bé）水玻璃固化盐渍土中，土颗粒表面仅吸附有较少的胶凝物，颗粒仍保持原有形状，无序堆叠排放，与天然盐渍土压实样孔隙结构相似；在高浓度（40 °Bé）水玻璃固化盐渍土中，土颗粒表面包裹了较厚的胶凝物，起到连接土颗粒的作用，胶凝物构成了大量的团聚体。随水玻璃浓度的增大，颗粒表面包裹的胶凝物厚度随之增大，颗粒接触方式由点接触发展为面接触，孔隙结构由粒间孔隙逐渐发展为架空孔隙，形成较为致密的结构。

在石灰粉煤灰+40 °Bé 水玻璃固化盐渍土中，有大量胶凝物质生成，包裹于土颗粒表面，有效地连接起土颗粒；随着胶凝物的增多，胶凝物将盐渍土凝结为一个致密的空间网状结构，使盐渍土由原来的松散的单粒结构变为致密的整体性结构，土体结构变得更加致密。随石灰粉煤灰掺量的增多，生成胶凝物厚度增大，孔隙结构先由多粒间孔隙的疏松结构发展为致密结构，再发展为架空孔隙的紧密结构。当石灰粉煤灰掺量超过7%时，石灰粉煤灰+40 °Bé 水玻璃固化盐渍土内部又重新出现大量的架空孔隙和胶凝物质失水凝缩产生的裂缝，减弱了胶凝物的胶结强度，导致固化盐渍土的抗压强度降低。

不同固化方案的固化方式不同，故生成胶凝物的种类和数量不同，固化盐渍土的微观结构特征也不同。石灰粉煤灰固化盐渍土中未发现明显的胶凝物，而水玻璃固化盐渍土与石灰粉煤灰+水玻璃固化盐渍土中存在大量胶凝物；石灰粉煤灰固化盐渍土中存在少量的团聚体，保持原样的土颗粒和未参与反应的石灰粉煤灰颗粒共存，在水玻璃固化盐渍土中存在大量的微小团聚体，而石灰粉煤灰+水玻璃固化盐渍土中胶凝物将多个微小团聚体凝聚成致密的团聚体，致使土体结构更为致密。

9.2 展望

西北地区盐渍土路基的破坏是岩土体工程性质、水盐迁移、气候环境以及人为因素等多方面综合作用的结果，利用多学科深度交叉融合的方法研究不同环境条件下盐渍土的水盐迁移特征是治理该地区盐渍土病害的必由之路。本书研究内容和试验条件的模拟都参考了西北地区的环境特点，具有较强的针对性。大量试验结果的分析和研究，遵循了许多硫酸盐渍土的理论依据，为工程实践提供了重要指导依据。考虑到研究现状与自身的局限性，我们认为关于内陆硫酸盐渍土的相关理论仍需不断扩展和完善。盐渍土性质受多种因素影响，这些因素交互作用使盐渍土的研究存在巨大复杂性，本研究仅对个别盐渍土做了微小的探索，限于研究能力，试验和理论都存在诸多不足：

①水玻璃具有明显的老化性，老化作用可使其黏度降低、表面张力增大、黏结强度大幅度下降，在后续的研究中将对此多加关注，以寻求水玻璃的最佳改性途径。

②盐渍土三轴剪切试验中增加动三轴试验，研究在震动作用下的力学特征。如增加震荡方式模拟火车通过、汽车动态荷载等，分析经水玻璃固化后固化土的力学特征。

③研究含盐量对固化硫酸盐渍土强度特性的影响而进行的一系列试验均是在室内环境条件下完成的，实际盐渍土均处在室外环境条件下，为了能将本文得出的一些结论应用到实际工程中，还需要考虑室外环境因素的影响，比如在室外复杂的冻融循环和干湿循环作用条件下，含盐量对固化硫酸盐渍土的性质有何影响。试验过程中虽然探讨了含盐量对固化硫酸盐渍土物理力学性质的影响，并从微观角度研究其影响机理，但对不同含盐量固化土的水理性质的研究并不完善。

④受限于试验条件，在冻融-干湿联合作用过程中，只是对径向与轴向的应变加以观测，而没有深入研究强度变化规律等，故不能有效发掘两种作用之间的耦合关系、反馈机制等。

⑤复合改性水玻璃和无机材料掺温度改性水玻璃固化盐渍土的研究，多数属于定量分析，缺少定性的化学分析，若从化学角度解释固化机理，可以进一步加深研究。

⑥试验进行了常温常压下盐渍土水盐迁移特征的研究，迁移溶液采用蒸馏水和模拟玉门当地的地下水的复合盐溶液，但由于制样原因，土样的高度不足以模拟地下水的水深，也未能进行现场试验，因此本次试验未能得出毛细水最大迁移高度的观测值。此外，试验条件的选择相对单一，没有设置其他的温湿度情况，如冻融和干湿循环条件。西北地区盐渍土工程发生破坏的两大主要原因为盐胀和冻胀，本研究仅从水盐迁

移的角度解释了硫酸钠和盐胀现象对结构的破坏作用，没有深入探讨其他盐分（如氯化钠等）对当地盐渍土的影响。后续研究中应考虑这些因素的影响，设置降温、干燥等环境，对压实土和固化土在相应条件下的水盐迁移规律进行更加深入的研究。

⑦固化材料通过复杂反应生成的胶凝物的类型和数量影响盐渍土的固化效果。由于盐渍土固化过程中存在多种反应，试验仅通过固化机理、养护条件和微观结构推断固化过程中起主要作用的反应。不能定量确定胶凝物数量，及其所占比例及胶结物强度。温度、含水量和龄期等影响胶凝物生成数量的多少。试验在室内养护且仅有一个龄期，不能全面反映不同环境条件下和时间过程中孔隙特征和固化效果的变化，希望今后能够从不同养护环境及不同龄期，观察固化盐渍土的胶凝物生成情况变化和孔隙变化。